淮河流域及山东半岛
海水利用研究

郭有智　杨彦　刘利萍　郭风　彭得胜　姚文锋　著

中国水利水电出版社
www.waterpub.com.cn
·北京·

内 容 提 要

本书从淮河流域及山东半岛非常规水资源开发利用、水资源与社会经济可持续发展的角度出发，在摸清区域沿海地区水资源开发利用现状基础上，依据区域已有水资源供需预测成果，研究分析并量化区域充分节水挖潜后海水利用的需求空间，规划适合流域经济社会发展需要的海水利用合理开发目标和布局，提出进一步促进海水利用的对策与建议。本书的研究内容对淮河流域海水利用与水资源利用结构调整和可持续开发利用有重要的意义，对淮河流域经济社会可持续发展有重要的实用价值。

本书可供淮河流域及相关沿海地区水资源管理、海水利用行业的咨询管理工作使用，也可作为国内水处理企业人员和相关专业研究生的参考书。

图书在版编目（ＣＩＰ）数据

淮河流域及山东半岛海水利用研究 / 郭有智等著
. -- 北京 : 中国水利水电出版社，2018.10
ISBN 978-7-5170-7077-1

Ⅰ．①淮… Ⅱ．①郭… Ⅲ．①淮河流域—海水资源—综合利用—研究②山东半岛—海水资源—综合利用—研究
Ⅳ．①P746.1

中国版本图书馆CIP数据核字(2018)第243623号

书　　名	**淮河流域及山东半岛海水利用研究** HUAIHE LIUYU JI SHANDONG BANDAO HAISHUI LIYONG YANJIU
作　　者	郭有智　杨　彦　刘利萍　郭　风　彭得胜　姚文锋　著
出版发行	中国水利水电出版社 （北京市海淀区玉渊潭南路1号D座　100038） 网址：www. waterpub. com. cn E-mail：sales@waterpub. com. cn 电话：（010）68367658（营销中心）
经　　售	北京科水图书销售中心（零售） 电话：（010）88383994、63202643、68545874 全国各地新华书店和相关出版物销售网点
排　　版	中国水利水电出版社微机排版中心
印　　刷	天津嘉恒印务有限公司
规　　格	170mm×240mm　16开本　16印张　287千字
版　　次	2018年10月第1版　2018年10月第1次印刷
印　　数	0001—1000册
定　　价	**78.00元**

凡购买我社图书，如有缺页、倒页、脱页的，本社营销中心负责调换

前言
FOREWORD

　　"水是生命之源、生产之要、生态之基。"我国人多水少,水资源时空分布不均,水土资源与生产力布局不相匹配,加上受污染排放强度加大和全球气候变暖等影响,已出现严峻的水资源短缺局面。全国正常年份缺水达 500 亿 m^3 以上,2/3 的城市不同程度缺水。据 2010 年国务院批复的《全国水资源综合规划》,到 2030 年,沿海 11 个省(自治区、直辖市)的总缺水量高达 214 亿 m^3。十九大提出要促进人水和谐、建设美丽中国,推进绿色发展、资源全面节约和循环利用。因此,如何着力解决突出的水资源问题,积极应对气候变化,推动水资源可持续利用,促进经济长期平稳较快发展与社会和谐发展,已成为当前水资源配置优化、开发利用、节约保护与科学管理的重要工作内容之一。

　　水资源紧缺目前已成为全球性的危机。为解决这一问题,全球许多国家和地区实行了开源与节约并重的方针。在沿海地区,海水利用尤其是海水淡化利用作为解决区域水资源危机的重要举措,愈来愈受到各国的高度重视。我国淮河流域及山东半岛区域海岸线漫长,沿海地区海水利用条件优越,区域水资源供需矛盾却十分紧张。开展淮河流域及山东半岛海水利用研究,加快推进海水利用,对有效缓解本地区水资源供需紧张矛盾,保障区域经济社会可持续发展,具有十分重要的现实意义和战略意义。

　　本书是在"淮河流域及山东半岛海水利用研究"课题成果的基础上编写而成。该课题由水利部淮河水利委员会综合事业发展中心立项,河海大学海水淡化与非常规水资源开发利用研究中心承担。本书从水资源利用角度出发,结合作者多年从事淮河流域及山东半岛水资源管理、海水利用研究的成果和经验编写。在实地调研的基础上，通过定量、定性分析，全面呈现了淮河流域沿海地区水资源开发及海水利用现状，剖析了淮河流域海水利用存在的问题及原因，并根据经济社会发展的新形势及新时期节水型社会建设的新要求，重点分析了沿海城市、海岛居民工业用水与生活用水对水资源的需求及海水利用潜力，深入研究了海水利用发展目标和区域领域布局，形成本研究成果，以构筑多层次、全方位的促进淮河流域海水利用与水资源统一管理的立体格局，为淮河流域推进海水利用、优化沿海城市水资源合理配置和科学管理提供技术支撑。

本书由河海大学海水淡化与非常规水资源开发利用研究中心、水利部淮河水利委员会综合事业发展中心组织撰写。全书共分8章，其中第1章由彭得胜执笔，第2章、第8章由郭有智执笔，第3章、第7章7.2节由杨彦、郭风执笔，第4章、第6章由刘利萍执笔，第5章由姚文锋、彭得胜执笔，第7章7.1节由姚文锋执笔，附录由郭风、杨彦、刘利萍执笔。

本书可供淮河流域与山东半岛，及相关沿海地区从事海水利用咨询管理、节水管理和水资源管理的工作者参考，也可供国内水处理企业技术人员和相关专业研究生的学习使用。希望本书的出版能对读者有所禅益，为推进淮河流域海水利用、为其他大河流域与全国海水利用发展及区域的可持续发展战略研究提供参考，为推广我国海水利用技术和产业尽绵薄之力。

本书引用了大量文献及资料数据，在此特向文献成果的作者和单位表示衷心感谢。本书得到了淮河水利委员会领导的悉心指导以及流域内各沿海城市相关单位的大力支持和无私帮助，在此谨表真诚的谢意！最后，特别感谢为本书出版付出辛勤劳动和巨大努力的所有人员！

本书涉及面广，需要深入探讨的问题很多，由于作者水平有限，难免存在疏漏或不妥之处，敬请批评指正！

本书编写组

2018 年 5 月

目录

CONTENTS

第 1 章

绪 论

本书是在"淮河流域及山东半岛海水利用研究"课题成果的基础上编写而成的。课题组通过一年多的调研、分析和反复论证,力图解决以下几个方面的问题:①面对 2020 年和 2030 年淮河流域及山东半岛沿海地区的经济与社会发展目标,淡水资源能否支撑社会经济的可持续发展?②如何缓解水资源的供需矛盾,海水淡化、海水直接利用在沿海地区水资源供给中应扮演怎样的角色?如何定位?③目前淮河流域及山东半岛海水利用已发展到何种程度?目前在管理方面和水资源供给中境况如何?发展中面临哪些问题?④为保障流域沿海地区未来发展,应如何布局海水利用工程,未来该如何发展海水利用?

1.1 研究背景及意义

1.1.1 研究背景

"水是生命之源、生产之要、生态之基。"水资源不仅是生命之源也是重要的经济战略资源。我国的基本水情是人多水少、水资源时空分布不均、水土资源与生产力布局不相匹配。据统计,我国水资源总量为 28124 亿 m^3,约占世界水资源量的 7%,水资源总量少于巴西、俄罗斯、加拿大、美国和印度尼西亚,位居世界第六位,但我国人均水资源量仅为世界平均水平的 28%,排名在第 110 名之后[1],被联合国纳入 13 个水资源严重短缺的国家之列。同时,我国也是世界上用水量最多的国家之一,且用水量呈逐年上升之势。再加上污染排放强度加大和全球气候变暖的影响,我国呈现出严峻的水资源短缺局面,全国 2/3 的城市存在不同程度的缺水。据水利部统计,全国 669 座城市中有 400 座供水不足,110 座严重缺水,城市年均缺水总量达 60 亿 m^3。32 个百万人口以上的特大城市中,有 30 个长期受缺水困扰;46 个重点城市中,45.6% 的城市水质较差;14 个沿海开放城市中,有 9 个严重缺水。北京、天津、青岛和大连等城市缺水最为严重[2]。

为了缓解水资源危机，特别是北方地区的缺水问题，我国先后投资兴建了很多跨流域输水工程，如引滦入津、引滦入唐、引黄济青、引黄入晋、引江济太、东深供水、引大入秦以及南水北调等工程。其中，南水北调是我国目前正在实施的最大规模的调水工程，规划东线、中线和西线三条调水线路，与长江、黄河、淮河和海河四大江河联系，构成"四横三纵"为主体的总体布局，实施我国水资源南北调配、东西互济的配置格局。按照规划，南水北调工程东线、中线和西线到 2050 年的调水总规模为 448 亿 m^3，其中东线 148 亿 m^3、中线 130 亿 m^3、西线 170 亿 m^3[1]。

调水虽可在一定程度上缓解缺水地区的水资源保障问题，但不能从根本上解决我国水资源总量不足的问题。据 2010 年 11 月国务院批复的水利部《全国水资源综合规划》预测，到 2030 年，南水北调东线一、二、三期工程，中线一、二期工程全部建成，并考虑部分海水利用后，我国沿海 11 个省（自治区、直辖市）的年总缺水量仍将达到 214 亿 m^3。以京津冀为例，南水北调前总水资源量 258 亿 m^3、人均水资源量为 239m^3，调水后总水资源量 315.6 亿 m^3、人均水资源量为 288.7m^3，生活和生产用水仍未达到最低标准，而地表径流深在调水前后分别为 118mm 和 144.5mm，生态水也难以维系该地区森林生态系统。而且，远距离调水工程投资成本大，对生态环境的长期和潜在影响还难以准确预测[1]。

实践证明，仅仅通过兴建水利工程、实施跨流域调水、推广节水技术等途径并不能够从根本上解决水资源短缺问题。纵观中华民族的发展史，我们在历史上从来没有这么大的人口总量，也没有这么大的经济规模和发展速度。可以预见，随着人口增加、经济发展和城镇化推进以及人民生活质量的提高，如果水资源总量不能有效增加，我国水资源短缺的形势将更加严峻。寻求新的水源，通过增加淡水供应量来解决局部地区特别是沿海地区的用水供需矛盾，已逐渐成为全球共识[1]。从水资源利用角度看，海水淡化利用可直接增加区域的水资源量，其海水淡化工程具有水源工程的主要特征；海水直接利用可减少区域水资源开发利用量即间接增加区域的水资源量。借鉴国际先进经验，大力发展海水淡化、海水直接利用，向大海要淡水，可从根本上解决制约我国东部沿海地区经济社会可持续发展的瓶颈问题。由此，海水利用是解决水资源危机、为中国振兴开拓新的安全水源的必然选择[1]。

1.1.2　研究意义

党的十九大报告对实施区域协调发展战略进行了部署，并提出坚持陆海统筹，加快建设海洋强国。提出要推进绿色发展，推进资源全面节约和循环利用，实施国家节水行动，降低能耗、物耗，实现生产系统和生活系统循环链接。本书以淮河流域及山东半岛为典型区域，分析包括海水直接利用及海水淡化在内的海水利用技术、利用及管理机制现状，结合区域经济社会发展对水资源的要求，从绿色发展角度研究区域海水利用发展潜力，对深入贯彻党的十九大和习近平总书记系列重要讲话精神，缓解淮河流域沿海地区水资源紧缺、推进生态文明建设、建设美丽中国，促进经济社会可持续发展具有重要意义。

1.1.2.1 解决沿海地区水资源危机、优化水资源结构

淮河流域及山东半岛人口众多，人均水资源占有量不足 $448m^3$，仅为全国人均水资源占有量的 1/5，低于国际缺水的警戒线，且地处我国南北气候过渡带，降雨时空分布不均，年际变化剧烈，水资源开发难度大，人口分布、经济布局与水资源条件不匹配。随着沿海地区新一轮开发战略的实施，以及城镇化及岸线利用加快，港口、港城和临港产业协调发展的推进，沿海区域对淡水资源的需求势必会进一步增长。同时，在沿海已建或规划建设一定数量的火力发电厂、石油化工厂等也产生了大量的淡水需求。此外，不可预见因素的客观存在，迫切需要多途径供水，以使区域水资源供需缺口得到迅速、根本性地解决。而海水淡化供水稳定，可作为水资源的重要补充和战略储备，尤其在极端条件下是提高供水安全的重大战略举措。同时，海水直接利用亦可作为淡水资源有效替代。因此，发展海水利用能为淮河流域及山东半岛沿海地区提供新水源，减少对淡水资源的依赖，实现经济效益和环境效益的双赢。

此外，海水利用还是优化水资源结构的重要途径。缺水的沿海地区，除通过调水工程、污水回用和雨洪水利用等手段外，海水利用扩大了可利用水资源的范围。积极开发利用海水资源，可优化水资源配置方案，改善区域水资源结构。同时，对于地下水超采地区，可减少地下水开采，促进生态保护，具有显著的生态效益。

1.1.2.2 贯彻落实国家和地方政策规划、推进水利事业改革发展

（1）是贯彻国家有关法律法规、方针政策和财政资金支持方向的需要。近年来，海水利用尤其是海水淡化利用受到国家及各级相关政府的高度重视。海水利用发展已列入《中华人民共和国水法》（2016 年 7 月修订）、《水污染防治行动计划》、《国务院关于实行最严格水资源管理制度的意见》（国发〔2012〕3 号）、《中共中央、国务院关于加快推进生态文明建设的意见》（2015 年 4 月 25 日）、《中华人民共和国国民经济和社会发展第十三个五年规划纲要》、《全民节水行动计划》、《全国海水利用"十三五"规划》、《节水型社会建设"十三五"规划》、《水利改革发展"十三五"规划》、《全国海岛保护工

作"十三五"规划》等文件。

（2）是贯彻中央关于水安全重要讲话精神、推进水利事业改革发展的需要。2011 年，中央 1 号文件《中共中央国务院关于加快水利改革发展的决定》明确提出，加强水资源配置工程建设应"大力推进污水回用，积极开展海水淡化和综合利用。"2013 年，国务院通过《实行最严格水资源管理制度考核办法》（国办发〔2013〕2 号），将水资源管理情况与地方政府绩效挂钩。习近平总书记在关于保障水安全重要讲话中，提出"节水优先、空间均衡、系统治理、两手发力"的治水思路，提出要强化水源战略储备，着力构建布局合理、水源可靠、水质优良的供水安全保障体系。

（3）是贯彻落实国家、水利部及地方相关规划的迫切需要。海水利用在《全国水资源综合规划》《淮河流域综合规划（2012—2030 年）》《淮河流域及山东半岛水资源综合规划》《山东省水资源综合利用中长期规划》《江苏省水资源综合规划》，以及流域有关沿海城市的水资源规划中都有一定的利用体现。此外，《关于加快发展海水淡化产业的意见》《全国海水利用"十三五"规划》对海水利用都做了具体的规划和要求。同时，山东省和江苏省也出台了相关规划。山东省海水利用发展较早，且一直走在全国前列，陆续出台了《山东省人民政府关于加强海水利用工作的意见》《山东省水安全保障总体规划》《青岛市海水淡化产业发展规划》《青岛市水源建设及配置"十三五"规划》《青岛市"十三五"城市公用设施建设规划》《青岛市海水淡化矿化规划（2017—2030）》等，分别对山东省和青岛市海水淡化进行了布局。与山东省相比，江苏省海水利用较少，但近几年发展较快，2011 出台的《江苏省"十二五"海洋经济发展规划》、近年颁布的《江苏省实施海洋经济创新发展区域示范方案》也对海水利用提出了要求。

1.1.2.3　促进淮河流域及山东半岛水资源管理、完成重点工作

《国务院关于实行最严格水资源管理制度的意见》（国发〔2012〕3 号）等文件明确要求，将非常规水源开发利用纳入水资源统一配置。淮河水利委员会是水利部在淮河流域和山东半岛区域内的派出机构，代表水利部行使所在流域内的水行政主管职责，是淮河流域水资源综合规划、治理开发、统一调度和工程管理的专职机构。

因此，在淮河流域及山东半岛水资源相对紧缺的情况下，组织对海水等非常规水源开发利用与配置，实现流域海水利用项目的有序管理，避免重复、无序建设，积极促进淮河流域及山东半岛非常规水源利用发展，逐步实现流域常规与非常规水资源的统一管理与调度，缓解水资源危机，保障流域经济社会发展，是做好流域水资源管理的需要。

目前，淮河流域及山东半岛已具备海水利用的条件，通过实践取得了一些成果，累积了丰富经验。今后如何能更合理、深入地开发利用，实现非常规水源对淡水资源的有效补充，完成区域非常规水源利用与常规水资源的合理配置、统一调度，成为优化供用水结构的有效措施，迫切需要系统地规划和指导。因此，本研究具有十分重要的现实意义和深远的战略意义。

1.2 研究依据

（1）水资源、海水利用相关的法规政策和意见，包括新《中华人民共和国水法》（2016 年 7 月修订）、《中华人民共和国企业所得税法》（主席令第六十三号）、《中华人民共和国企业所得税法实施条例》（国务院令第 512 号）、《中共中央国务院关于加快水利改革发展的决定》（中发〔2011〕1 号）、《国务院关于实施最严格水资源管理制度的意见》（国发〔2012〕3 号）、《水污染防治行动计划》《全民节水行动计划》《"十三五"实行最严格水资源管理制度考核工作实施方案》等。

（2）水资源、海水利用相关的规划，包括《中华人民共和国国民经济和社会发展第十三个五年规划纲要》《全国水资源综合规划》《水利改革发展"十三五"规划》《节水型社会建设"十三五"规划》《全国海水利用"十三五"规划》《淮河流域综合规划（2012—2030 年）》《淮河流域及山东半岛水资源综合规划》《山东省水资源综合利用中长期规划》《江苏省水资源综合规划》；各相关重要城市的国民经济和社会发展"十三五"规划纲要、水资源综合规划、水中长期供求规划以及各阶段、各省市海水利用规划。

（3）本书相关的规程规范和技术文件，包括《水资源供需预测分析技术规范》（SL 429—2008）等规范标准，《全国水资源综合规划技术细则》等技术文件，及国家现行其他相关资料。

（4）本书相关的统计文件，包括省级及各相关重要城市的 2015 年水资源公报、2016 年统计年鉴等。

（5）其他资料，主要是调研资料，包括调研地的经济与社会发展、行业分布等其他调研资料与情况。

1.3 研究框架

淮河流域及山东半岛海水利用研究框架见图 1-1。

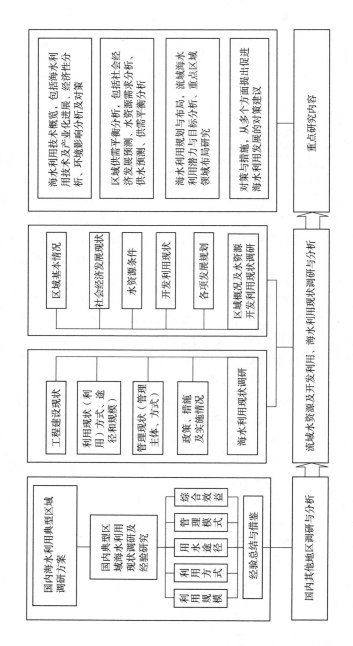

图1-1　淮河流域及山东半岛海水利用研究框架

1.4 研究方法与技术路线

本书以淮河流域和山东半岛为研究范围，瞄准该地区经济社会发展对海水利用的迫切需求，在摸清区域水资源及其开发利用现状、分析未来经济社会发展用水需求及供用水情况、考虑区域充分节水挖潜的基础上，研究分析并量化区域海水淡化、海水直接利用需求空间，提出适应淮河流域和山东半岛经济社会发展需要的水资源合理开发布局和方案，及促进非常规水源利用的对策建议。

1.4.1 研究方法

本书调查与研究的范围、具体内容应满足解决淮河流域及山东半岛沿海地区水资源短缺问题、完善水资源统一管理的要求。

1.4.1.1 研究区的选取

综合地理位置、海水利用的经济性和可行性等因素，研究区即淮河流域及山东半岛可利用海水的地域范围选定为沿海地区。其中，从流域边界看，江苏省的南通市和山东省的滨州市，仅有部分县市归属淮河流域及山东半岛地区，但考虑到资料数据的完整性和可获取程度，研究中以城市所在地级市为范围。

按行政区域划分，研究范围共涉及 10 个地市，分别为山东省的青岛、日照、烟台、威海、潍坊、滨州、东营和江苏省的连云港、盐城、南通，总面积 102154.26km^2。

1.4.1.2 研究内容范围的界定

本书对于海水利用研究内容界定为各行政区为增加或替代水资源、解决水资源短缺问题所进行的海水利用，仅含陆域范围内的海水直接利用。主要包括海水直流冷却、海水循环冷却和大生活用海水、海水淡化利用，不包括海域内的海水养殖、海水直接利用等。

1.4.1.3 研究水平年的选取

为保证资料数据的完整，并考虑到与现有相关规划的匹配，结合研究内容，选定现状水平年为 2015 年，近期水平年为 2020 年，远期水平年为 2030 年。

1.4.2 技术路线

按照本书研究目标和工作任务，采用"提出问题—分析问题—解决问题"的总体思路，实施外业调研和内业研究相结合的工作模式，采用外业调研点面结合，以省、主要城市面上调研和典型工程点上调研结合，通过现有成果

收集与梳理、现场调研、座谈讨论、问卷调查、文献查阅、理论研究、政策分析等多种措施，并力邀有关领导和专家，及时对项目进行指导和质量把控，完成项目主要工作，满足研究目标。

2017 年 7 月，为摸清、掌握流域区域水资源、海水利用工作的最新进展与需求，学习国内海水利用典型城市的先进经验，课题组先后赴威海、烟台、青岛、日照、潍坊、滨州、东营实地调研，与当地水利局、城市管理局、海洋与渔业局、经信委等相关部门座谈，并到华电青岛电厂、董家口开发区海水淡化厂等企业实地考察工程。此外，对江苏省连云港、盐城、南通进行了问卷调查。课题组按照任务要求，在完成典型城市调研和问卷调查工作外，采用成果梳理、文献查阅、网络搜索等手段，对国内典型城市进行了相关资料收集与整理分析。

第 2 章

海水利用技术进展

随着世界各国经济的高速发展以及人口的迅速增长和集中，世界各国对水的需求日益增加，而地球上的淡水资源非常有限，淡水资源缺乏已成为全球性难题。在寻求淡水资源方面各国纷纷将目光投向大海。据统计，目前全世界已有 100 多个国家缺水，其中严重缺水的达 20 个，严重影响着人类生存和社会发展。海水中水的储量为 1350919 万亿 m³，占全球的 97.47%[3]。如何对海水加以开发利用，成为亟须解决的问题。

2.1　海水利用技术

人类利用海水的方式，除了已形成的传统产业，如海洋渔业、传统盐业、海运业、海水养殖业、旅游业以外，正在快速发展的海水淡化、海水直接利用及海水化学资源利用等，也在形成新兴的产业。通常将沿海城市工业和居民生活的海水淡化、海水直接利用等方面统称为海水利用技术和产业[4]。

2.1.1　海水直接利用技术

海水直接利用技术是以海水为原水，直接替代淡水作为工业用水或生活用水等的海水利用方式的统称，在国外已有多年的发展历史。按照利用方式的不同，分为海水冷却、海水脱硫、大生活海水利用和海水灌溉等，以海水直流冷却为主。其中海水灌溉在我国的应用规模相对很小，且不在本书讨论范围内，故在此不做介绍。

2.1.1.1　海水冷却

海水冷却是以海水作为冷却介质带走工业生产中不需要的热量的工艺过程。根据冷却方式不同，又分为海水直流冷却和海水循环冷却两种形式。

海水直流冷却技术（seawater once-through cooling）是以原海水为冷却介质，经换热设备完成一次性冷却后，即直接排海的冷却水处理技术。国内外将海水用作工业冷却水，以直流冷却为主。历经近百年发展，其关键技术"防腐和防海洋生物附着"已基本成熟。目前海水直流冷却系统防腐以选材为主，辅以阴极保护、涂层防护、亚铁预膜等综合防腐技术，缓蚀剂则较少应用。防生物附着方面，使用低毒、经济、环保的海水杀生剂是主要发展趋势。在加氯处理时，往往在采取基本的加氯处理的同时，联合使用机械法、深海取水法、加热处理法等物理措施，以降低氯系杀生剂的使用量，提高处理效率[1]。系统流程如图 2-1 所示[5]。海水直流冷却技术具有深层取水温度低、冷却效果好、系统运行管理简单、成本低等优点。但也存在取水量大、工程一次性投资大、排污量大和海体污染明显等问题。随着国际环境保护（无公害）公约的出台，对海水直流冷却技术提出了更高的环保要求，原有技术尚需进一步改进和完善，并逐渐向无公害方向发展。

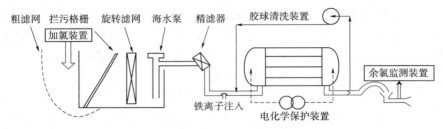

图 2-1 海水直流冷却水系统

海水循环冷却技术（seawater recirculating cooling）是基于海水直流冷却技术和淡水循环冷却技术发展起来的。同样以原海水为冷却介质，经换热设备完成一次冷却后，进入冷却塔冷却，达到循环使用海水的目的，简化流程如图 2-2 所示。与海水直流冷却相比，海水循环冷却因海水被循环使用，工程取水量和排污量均少 95% 以上[5]，应用前景广阔。但也存在一些问题，除需解决海水直流冷却同样的腐蚀、生物附着问题外，因海水中 Ca^{2+}、Mg^{2+} 等可结垢离子浓度远高于一般淡水，随浓缩倍数提高，结垢倾向增大；同时还有海水冷却塔的腐蚀、盐沉积、盐雾飞溅等问题。因此，海水循环冷却水处理较海水直流冷却和淡水循环具有更大难度[6]。其关键技术是防腐、阻垢、防生物附着和海水冷却塔技术。选材、涂层、阴极保护和添加缓蚀剂技术等是海水循环冷却系统的有效防腐技术。防止大型污损生物进入海水循环冷却系统的措施主要是机械拦截方式，而防止微生物在海水循环冷却系统中引起腐蚀、黏泥的控制方法中，投加菌藻抑制剂为最有效和常用的方法[1]。

我国海水冷却发展已有数十年历史，海水直流冷却技术成熟，已广泛应用于沿海火电和核电、石油和化工、钢铁等耗水大户。自"八五"计划开始，我国对海水循环冷却技术进行科技攻关，通过百吨级、千吨级和万吨级工程示范，相关技术日趋成熟，并在电力、化工行业产生显著的示范效应。单套

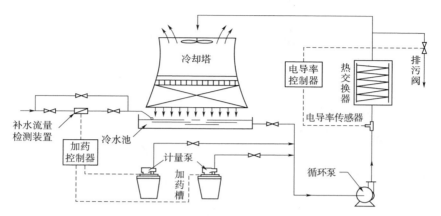

图 2-2　海水循环冷却水系统简化流程

系统循环量达 10 万 m^3 级的海水循环冷却示范工程也于 2009 年分别在浙江国华宁海电厂和天津北疆电厂建成投运，后续的推广应用不断增长。

2.1.1.2　海水脱硫

海水脱硫是以天然海水为吸收剂、利用海水自身的碱性吸收脱除烟气中二氧化硫（SO_2）的一种湿法脱硫技术。

海水脱硫工艺主要由烟气系统、供排海水系统、吸收系统、海水恢复系统、测量与控制系统等组成，见图 2-3[7]。其主要流程是：锅炉排出的烟气经除尘器后，由增压风机送入气-气热交换器（GGH）降温，然后进入吸收塔，在吸收塔中被来自循环冷却系统的部分海水洗涤。洗涤烟气后的海水进入海水恢复系统（曝气池），鼓风机向曝气池中鼓入大量空气，使 SO_3^{2-} 氧化为 SO_4^{2-}，并驱赶出海水中的 CO_2。处理后的海水排入海域，净化后的烟气通过 GGH 升温后经烟囱排向大气。

海水烟气脱硫技术成熟、工艺简单、脱硫效率达 90% 以上；投资及运行费用低，适用于沿海燃烧中低硫煤（含硫量低于 1.5%）并以海水为循环冷却水的电厂，可直接利用凝汽器下游循环水，降低建设成本，投资费用占电厂总投资的 7%～8%，电耗占机组发电量的 1%～1.5%。如 2017 年建设完成"一带一路"沿线的印尼爪哇 7 号 2×1050MW 燃煤发电工程，单台百万机组的投资成本约 60～80 元/（kW·h）。脱硫后的产物硫酸盐是海水的天然组分，不存在废弃物处理等问题。但近年来，我国 SO_2 排放标准日趋严格，2015 年 12 月国务院常务会议决定，在 2020 年前对燃煤电厂全面实施超低排放和节能改造，仅用海水脱硫难以满足排放标准，现已建海水脱硫工程的电厂已越来越多地采用海水脱硫结合石灰法脱硫。

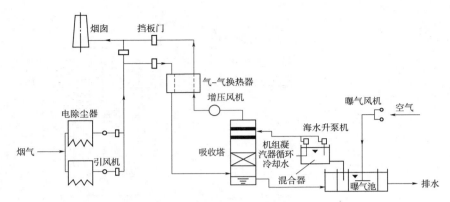

图 2-3 海水脱硫工艺流程

我国通过技术引进、联合设计等方式，已逐步掌握了海水脱硫工艺的主要设备制造、工艺系统设计等关键技术。海水脱硫工艺系统具有工艺简单、运行维护方便、投资少等特点，非常适合我国国情，在沿海发电厂得到了广泛应用。目前，海水脱硫应用规模不断扩大，单机容量由 80MW、125MW 向 300MW、700MW、1000MW 发展。华能海门电厂 1000MW 1 号机组作为世界首例采用海水脱硫的百万千瓦级机组已经投运。

2.1.1.3 大生活用海水

大生活用海水是利用预处理后的海水作为生活杂用水（主要用于冲厕）。作为一项综合技术，它涉及海水取水、海水净化、海水的输送和贮存、卫生洁具等系统的防腐和防生物附着技术，以及冲厕海水后处理技术，其关键技术是海水净化及冲厕后海水污水的后处理。后处理技术包括：①冲厕海水与城市污水混合后含盐污水的生化处理技术；②合理利用海洋稀释自净能力的冲厕海水海洋处置技术[8]。国内对此做了深入的研究，并在海水冲厕污水的生化、自然生物处理技术方面取得了一定的成果。

海水取之不尽，利用海水作为大生活用水可代替 35％左右的城市生活用淡水，具有重要的节水意义[8]。香港地区从 20 世纪 50 年代末开始采用海水冲厕，形成了一套完整的处理系统和管理体系。2013 年香港大约有 80％的人采用海水冲厕，日供应冲厕海水量 762560m³[9]。经过一系列国家科技攻关，大生活用海水技术在关键药剂、材料、装备开发、水质净化与处理研究等方面进展较大。2004 年年初，青岛市南姜小区海水冲厕示范工程获批，2006 年青岛胶南市海之韵小区 46 万 m³ 大生活用海水示范工程启动，其海水供水费用 0.627 元/m³，较利用自来水或中水更为经济。随即，大连、宁波、厦门、天津等地也逐渐开展相应的示范工程。2014 年，在海南省三沙市建成两个海岛大生活用水试点。大生活用海水发展关键是工程的投资建设与维护，目前仍主要靠政府投入。

2.1.2 海水淡化利用技术

海水淡化是综合运用科技手段除去海水中的大部分盐分，使处理后的水成为符合规定标准淡水的技术和过程，具有不受气候影响、出水水质好、供水稳定等特点。海水淡化可通过物理、化学或物理化学等方法实现。按照分离物质的不同，分为两条途径：一是从海水中取出水的方法；二是从海水中取出盐的方法。前者有蒸馏法、反渗透法、冰冻法、水合物法和溶剂萃取法等，后者有离子交换法、电渗析法、电容吸附法和压渗法等[10]。但截至目前，实际应用的仍以膜法反渗透（RO）、电渗析（ED）和热法多级闪蒸（MSF）、低温多效蒸馏（MED）为主。

国外海水淡化技术研究始于 20 世纪 50 年代，发展重点在膜法（以反渗透膜法为主）和蒸馏法（以多级闪蒸和低温多效为主）海水淡化。联合国关于非常规水源开发的研究报告称：1950—1985 年的 35 年间，主要研究蒸馏法、电渗析法、反渗透法和冷冻法（至今未实用）；1986 年后的 10 年，蒸馏法和反渗透法则发挥了突出作用，形成了当代海水淡化的主体。这期间，全世界海水淡化装置以蒸馏法为主。至 2000 年，两种方法的装机容量持平。进入 21 世纪后，由于反渗透海水淡化技术发展迅速，投资和制水成本大幅下降，其装机容量超过了蒸馏法的总和。目前，除海湾国家外，美洲、亚洲和欧洲，大中生产规模的装置都以反渗透法为首选。反渗透海水淡化技术应用于市政供水具有较大优势。然而，对于要求提供锅炉补给水和工艺纯水，且有低品位蒸汽或余热可利用的电力、石化等企业，低温多效蒸馏技术仍具有一定的竞争性[11]。

我国海水淡化技术研究始于 20 世纪 60 年代初，主要集中在膜法（电渗析法、反渗透法）和蒸馏法海水淡化技术研究。经过半个多世纪的发展，我国海水淡化取得了较快发展，特别是反渗透法海水淡化技术取得了突破性进展。通过国家科技、产业化项目等计划的实施，特别是浙江省重点科技项目"反渗透海水淡化示范工程"、国家重大科技攻关项目"日产千吨级反渗透海水淡化系统及工程技术开发"和国家科技支撑计划"万吨级膜法海水淡化关键技术与装备研究"的实施，先后建成了日产百吨级、千吨级和万吨级海水淡化示范工程，开发形成了一批具有自主知识产权的工程技术，使我国一跃成为世界上掌握海水淡化核心技术的少数几个国家之一。"十五"以来，我国的海水淡化装机容量以每年 25%～30%的速度增长。截至 2012 年年底，全国已建和在建的海水淡化工程及装置近 100 个，总装机规模已超过 100 万 m³/d。总装机规模与"十五"末相比,增加了十多倍,而反渗透海水淡化能耗降低了约 2/3(能耗由 8kW·h/m³ 降到 3kW·h/m³ 左右),淡化水成本降低了约 1/2(成本由 10 元/m³ 降到 5 元/m³ 左右)。依靠科技的有力支撑,通过海水淡化有效提高我国沿海地区水资源保障能力,已成我国沿海地区的重要选择[11]。

2.1.2.1　热法海水淡化技术

1. 多级闪蒸技术

多级闪蒸法(multi-stage flash distillation,MSF)是将热海水经过多个温度、压力逐级降低的闪蒸室进行蒸发冷凝而生产淡水的一种淡化方法。多级闪蒸工艺流程见图 2-4。

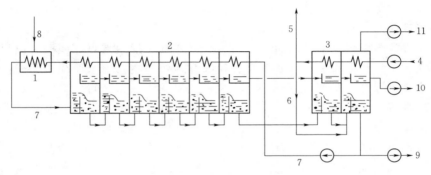

图 2-4　多级闪蒸流程示意图[12]

1—加热器;2—热回收段;3—排热段;4—海水;5—排冷却海水;6—进料水;
7—循环盐水;8—加热蒸汽;9—排浓盐水;10—蒸馏水;11—抽真空

多级闪蒸海水淡化工艺特别适合大型化生产,单机生产能力相对较大,目前单机最大规模达 90920m³/d;设备不易结垢,运行维护简单,海水预处理要求低,技术安全度高;产水纯度高,盐度为 3～10mg/L。但其动力消耗大,传热效率低;工程投资大,是反渗透法的 2 倍;设备操作弹性小,为设计值的 80%～110%,不适用于造水量变化大的场合;更适用于以火电站和核电厂汽轮机低压抽汽为热源的大型或超大型海水淡化工程。在造水比相同的前提下,多级闪蒸要利用温度更高的热源,且吨水动力消耗比多效蒸馏高。截至 2017 年,沙特阿拉伯 Jubail Ⅱ 工厂是世界上已建成的最大的 MSF 海水淡化厂,日产淡水 947890m³。我国只有一套进口设备,无国产设备,在目前的技术和市场条件下,进口设备的单位投资为 12000～18000 元/(m³/d)。

2. 低温多效蒸馏技术

多效蒸馏(multiple effect distillation,MED)是在单效蒸馏的基础上发展起来的蒸发技术,分低温和高温多效蒸馏。其中,低温多效蒸馏的盐水最高蒸发温度（TBT）不超过70℃，因此更加节能、高效。图2-5为低温多效海水淡化工艺流程。

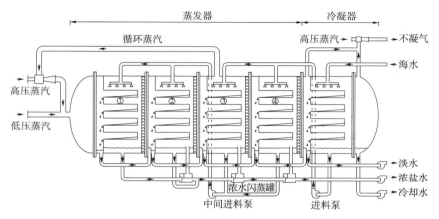

图2-5 低温多效海水淡化工艺流程图[13]

低温多效蒸馏技术具有传热效率高、产水水质好、负荷调节范围大（40%～110%）、操作温度低、动力消耗小（0.9～1.2kW·h/m³）、结垢腐蚀倾向小等优点，可利用电厂、化工厂、低温核反应堆或其他余热提供的低品位蒸汽将海水多次蒸发和冷凝达到很高的造水比，特别适合与低品位余热结合建设大中型海水淡化厂，是国际上主流的海水淡化技术之一。目前，正在运行的规模最大的低温MED淡化厂位于沙特的Marafiq，规模80万m³/d；单台规模最大的低温MED装置安装在沙特的ShoaibaⅡ期海水淡化厂，规模9.12万m³/d。当前，采用水电联产方式建设大型低温多效海水淡化厂是国际上共同的发展趋势，由于海水淡化厂与发电厂共建，可有效利用电厂的未上网电和发电过程产生的低压蒸汽生产优质淡化水，从而降低海水淡化的造水成本。

我国对低温多效的科技支持起始于"九五"科技攻关计划，通过国家"十五""十一五"科技支撑计划的持续支持，已在低温多效蒸馏海水淡化技术研究、装备制造、工程建设等方面取得了突破。形成了集技术研发、工程设计、设备制造、调试运行、仿真培训为一体的MED集成创新技术体系，在大型低温多效电水联产海水淡化技术集成及其标准化、产业化方面取得了重大进展。2004年，国内首个自主技术3000m³/d低温多效蒸馏示范工程建成投运；2008年，6套4500m³/d及3000m³/d装置出口国外；首套国产12500m³/d装置于2008年12月成功投运；2010年完成了2.5万m³/d装置设计；2013年12月，国内首套25000m³/d装置成功调试出水，实现了单机规模的一次重要跨越。在此工作基础上，形成了一批创新性突出、具有自主知识产权、技术水平高的科技创新成果。

2.1.2.2 膜法海水淡化技术

1. 电渗析技术

电渗析技术（electrodialysis，ED）是在直流电场的作用下，离子透过选择性离子交换膜而迁移，从而使电解质离子自溶液中部分分离出来的过程。电渗析原理及膜堆结构如图2-6所示。

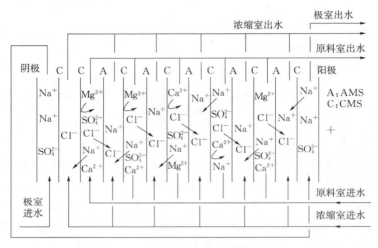

图2-6 电渗析原理及膜堆结构[14]

由于电渗析脱盐是以离子形式进行分离的，所能除去的仅是水中的电解质离子，对于不带荷电的粒子如水中的硅、硼以及有机物粒子不能分离，解离度小的物质难以分离。此外，对于水中的重碳酸根去除效率也较低，若水中溴含量高时，电渗析的脱除效果也不理想。因此电渗析技术用于海水淡化时逊于其他技术。在反渗透技术工业化前，电渗析法曾用于海水淡化，由于能耗较大，通常在 $17\sim20\mathrm{kW\cdot h/m^3}$，目前大型海水淡化工程基本不采用，但在低浓度苦咸水处理方面仍有部分应用。鉴于近期的电渗析技术进步，也适用于中小型海水淡化工程如海岛生活、工程用水等。

2. 反渗透技术

反渗透技术（Reverse Osmosis，RO）是当前国际上应用最广泛的淡化技术之一。其利用反渗透原理，集成海水取水、预处理、高压给水、淡化海水、能量回收等工艺技术和设备，将海水中的盐分脱除，变成可供饮用或生产生活使用的淡水。其工艺流程如图2-7所示。

近年来，反渗透海水淡化工艺因投资省、能耗低，装置结构紧凑、占地

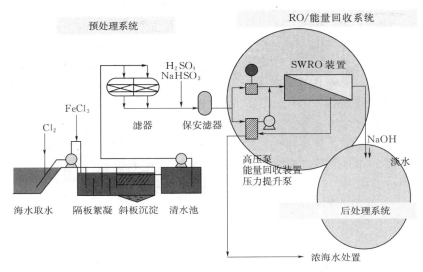

图 2-7 反渗透海水淡化工艺流程示意图

少，建设周期短、操作简便、易于自动控制和维护等优点，得到了广泛应用，其市场份额已达到 60%。目前，世界最大的反渗透海水淡化厂是以色列的索莱克海水淡化厂，日产淡水 62.4 万 m^3；世界上最大的沙特阿拉伯热膜耦合（MSF＋RO）海水淡化项目，日产淡水 103.5 万 m^3。在海水淡化规模不断扩大的同时，海水淡化成本也在逐渐降低。典型的大规模反渗透海水淡化成本已从 1985 年的 1.02 美元/m^3 降至目前的 0.52 美元/m^3。

经过半个多世纪的发展，我国海水淡化取得了较快发展，特别是反渗透法海水淡化技术取得了突破性进展。在工程设计方面，通过不断引进、吸收国外发达国家在海水淡化工程方面的应用技术和成功经验，我国已完成单机 1.25 万 m^3/d 反渗透膜法海水淡化装置，工程技术达到国外同规模先进水平。同时大中型海水淡化项目的工程设计能力也稳步提升，2011 年，首个自主设计并由国内企业总承包的日产 50000m^3 反渗透海水淡化工程在河北曹妃甸建成投产。

经过多年研发，我国反渗透关键配套设备水平上了新台阶。国产反渗透海水淡化膜性能已有了明显提高，膜通量提高约 40%，脱盐率由原来的 99.3% 提高到 99.7% 以上；2010 年，国产海水淡化膜组器已安装在六横岛 10000m^3/d 的国产单机上示范应用；海水高压泵也已开发出与国外同类产品相当的节段式高压泵，2014 年日产 1.25 万 m^3 淡水机组在舟山六横海水淡化二期工程中正式投入运营；反渗透压力容器已完成国产化并达到世界先进水平，已用于多项国外海水淡化工程；我国能量回收装置目前还处于研发示范阶段，目前已完成与日产万吨级反渗透配套的能量回收装置的研发。

"十五"以来，我国反渗透海水淡化装置能耗降低了约 2/3（能耗由 8kW·h/m³ 降到 3kW·h/m³ 左右），淡化水成本降低了约一半（成本由 10 元/m³ 降到 5 元/m³ 左右）。在目前的技术和市场条件下，反渗透海水淡化设备国产化的单位投资为 6000～8000 元/(m³/d)，采用进口设备的单位投资为 8000～10000 元/(m³/d)，综合产水成本为 5～7 元/m³。近几年，我国海水淡化装备制造能力、重大配套设备和组器部件生产技术水平及工程设计、施工能力都有很大提高，部分装备成套出口海外，一些重大配套组器件在国外海水淡化工程中中标使用。

2.1.2.3　其他海水淡化技术

2.1.2.3.1　新能源海水淡化

1. 核能海水淡化

核能海水淡化是利用核能产生的热和（或）电与海水淡化技术的结合来制备淡水，涉及三种技术：核技术、淡化技术和它们之间的结合技术。理论上各类海水淡化技术均可与核电站耦合，主要有两种方式：一是利用专门的低温供热反应堆与热法淡化技术结合，目前在全球范围内还没有规模实践的先例；二是利用核电站提供的热能或电能进行海水淡化，实施以发电为主的水电联产。由于核能发电优势较为明显，所以核电站应尽量多发电，少排蒸汽，核能淡化采用膜技术是比较合理的安排。如果采用蒸馏法，必须保证因系统的起停和突然事故造成的蒸汽需求的变化，不影响核反应堆的运行安全。

1989 年，国际原子能机构就核能海水淡化各方面的可行性开展联合研究，达成共识，认为在水资源紧缺地区，核能海水淡化无论技术还是经济方面都是可行的。全球现已有十几个核电站安装了海水淡化装置，用于提供饮水和核电站补水。在国内外核反应堆技术成熟的条件下，核能海水淡化技术上已不存在障碍。2001 年，我国开始投入人力、物力开展核能海水淡化技术研究。考虑到核能发电的安全性、稳定性，目前核能海水淡化技术仍是利用核能发电后的电力进行常规的海水淡化。福建宁德核电厂、浙江三门核电厂、辽宁红沿河核电厂、山东海阳核电厂等，均安装了海水淡化装置。

2. 太阳能海水淡化

太阳能海水淡化是应用集热技术或将太阳能转变成电能，供给海水淡化所需的全部或部分能量制取淡水的方法。由于太阳能系统与海水淡化技术易于结合，实现了用能方式、结构形式的多样化，使太阳能海水淡化技术逐渐走向成熟。

按照太阳能利用方式不同,太阳能海水淡化方法可分三类:①直接蒸馏法,即直接用太阳能加热海水,蒸馏制得淡水;②光热转换利用,用集热器将光能变成热能驱动海水的相变过程,即热法太阳能海水淡化法(如 MSF、MED、VC);③光电转换利用,用太阳能电池将光能变成电能驱动海水膜过滤(如 RO、ED),太阳能发电又分为光热发电和光伏发电。其中光伏发电按其应用形式分为独立发电和并网发电两类,其利用关键是光伏电池技术、光伏发电成本,及与海水淡化系统的对接等。

目前国内已实施各类太阳能海水淡化技术研发,但其应用装置规模较小,近年来国际上出现一些新动向,已开始建立规模化工程。如沙特开始建造世上最大规模的太阳能反渗透海水淡化项目 AlKhafji。根据规划,该项目一期在建产水规模 6 万 $m^3/d^{[15]}$;二期还将建设更大规模,最终在全境建设数个太阳能海水淡化厂,实现为沙特全境农业供水。随着太阳能技术进步,太阳能成本降低,最近 ACWA 国际电力以 0.06 美元/(kW·h) 的价格赢得了 200MW 的太阳能发电项目。这也为太阳能海水淡化的发展提供了广阔市场空间。

3. 风能海水淡化技术

风能作为清洁、可再生能源,利用日益广泛和深入,成为未来替代矿物燃料的主要新能源之一。风能海水淡化分为直接法和间接法。直接风能海水淡化,直接利用风力的机械能,即风力涡轮的旋转能驱动反渗透或机械蒸汽压缩单元淡化海水,这种直接连接存在一些问题,如风力波动会影响泵的流量或压缩机的稳定。间接风能海水淡化,利用风力发电的电能来驱动后续的脱盐单元(包括反渗透、机械蒸汽压缩或电渗析)。大多数情况下采用间接法。

基于风速时常变化、供应不稳定,具有间歇性、波动性的自然特点,将风能直接用于海水淡化需要克服一些必要的技术限制。目前世界各地虽已有许多案例,但大都规模较小,主要用于研究性质的示范。

非并网风电海水淡化技术,它将风电与新型海水淡化直接耦合。主要采取以下两种供电模式:①风网协同供电,风电 100% 全利用;②风蓄协调供电,储能系统配置全功率的 20% 以下,当风电较小时,储能系统与风电协调供电,维持系统稳定运行。

该技术国际上已有部分研究,国内江苏省发展改革委宏观经济研究院承担的国家 973 计划风电项目"大规模风电系统的基础研究"在此方面取得了一定成绩,突破传统电网为中心的供电形式,以海水淡化变工况运行为核心,使风电不并网协同供电,互不干扰,柔性对接,在保证风电优先、高效、低成本全部利用的前提下,不足部分由网电自动补充,保证海水淡化系统持续稳定运行。该成果已经在江苏大丰万吨级非并网风电海水淡化示范工程中得到应用。

2.1.2.3.2 膜蒸馏海水淡化

膜蒸馏是一种用于处理水溶液的新型膜分离过程，将膜技术与蒸发技术相结合。膜蒸馏中所用的膜是多孔的、不被料液润湿的疏水膜，膜的一侧是与膜直接接触的待处理的热的水溶液，另一侧是低温的冷水或是其他气体。由于膜的疏水性，水不会从膜孔中通过，但膜两侧由于水蒸气压差的存在，而使水蒸气通过膜孔，从高蒸汽压侧传递到低蒸汽压侧。膜蒸馏过程的推动力是膜两侧的水蒸气压差，一般通过膜两侧的温度差实现，所以属于热推动膜过程。

理论上膜蒸馏可达到100％脱盐率，其产品为高纯度水；与反渗透技术相比，膜蒸馏能耗低，设备投资低；具有较好抗污染性能，预处理要求低；无腐蚀造成的环境污染；可利用多种低温热源，如太阳能、地热、工业废热、热电厂排放蒸汽等。但目前对其膜过程的理论认识还较欠缺；尚无成熟的、商品化的膜产品，研究热点仍是膜材料和制备工艺；过程中存在相变，汽化潜热降低了热能利用率，需对蒸发潜热回收、利用；过程中存在膜污染与膜润湿，增加了传质阻力，降低了膜通量和膜效率。因此，迄今该技术还没有被大规模工业应用。

2.1.2.3.3 正渗透海水淡化

正渗透（forward osmosis，FO）是用只能透过溶剂和不能透过溶质的半透膜将盐水与淡水隔开，水分子在渗透压的作用下，自发地从淡水侧透过膜进入盐水侧，渗透过程的驱动力是膜两侧的渗透压差。FO海水淡化技术利用正向渗透的原理，在半透膜的一侧通以海水，另一侧通以渗透压远大于海水的"提取液"，水将在膜两侧渗透压的驱动下，从海水侧通过半透膜进入"提取液"侧，而海水中的盐分被膜截留；同时，利用其他手段将"提取液"中的水分离出来得到淡水。

正渗透工艺以其能耗低、产水率高等优点，已成为近年来膜分离技术领域的研究热点之一，其在海水淡化领域具有广阔的应用前景。但FO工艺的关键在于提取液的选择和渗透膜的制备，目前正渗透膜元件和提取液还存在不足，不具备工业化条件。同时，FO工艺并不能单独地完成海水淡化过程，一般需要将其与另一项工艺进行耦合，如反渗透、纳滤过程，用来分离浓缩提取液并得到产水。目前商业化应用只有百吨级的示范工程。

2.1.2.3.4 流动电容（吸附法）海水淡化

流动电容技术又称电容去离子技术（capacitive deionization，CDI）。该技术是利用一对高比电容的电极组成一个流通电容器（flow‑though capacitor），海水或苦咸水从两平行电极板之间流过，并通过交替进行的电容器充电

（离子吸附）和放电（离子脱附）过程实现原料液的淡化和排浓。

CDI 过程操作便捷可控，能耗低；电容器放电过程中的电能可被回收利用或储存；无须消耗化学药品，也不产生污染；可以处理高盐度海水；过程产水回收率高，无浓缩液排放问题。正是由于上述特点和技术优势，CDI 已成为目前最有发展前景的一种海水淡化新技术。CDI 的技术研究和装置开发目前国际上还处于起步阶段，尚无采用该技术实现海水淡化的成套技术。

2.1.2.3.5　冷冻法海水淡化

冷冻法淡化技术基于无机盐和有机杂质在水中的分配系数比冰中的分配系数大 1～2 个数量级的性质。当海水结冰时，盐分会隔离在冰晶以外，之后对冰晶进行洗涤、分离、融化，就可得到淡水。冷冻法海水淡化就是利用这一原理得到淡水的过程，可分为自然冷冻法与人工冷冻法两大类。

自然冷冻法，是指海冰固体淡化技术与海冰融水淡化技术。我国学者 20 世纪末提出了将海冰作为淡水资源的设想，在国家 863 课题的支持下，海冰淡化经过前期小试，工艺成熟，目前主要问题是规模扩大后，相应工程配套，设备长期工作性能考验，成本核算比较等工作需完善。

人工冷冻法，根据冷媒与海水的接触方式，分为直接法和间接法两种。目前的实际研究与应用中，间接法使用较多。由于冷冻法海水淡化方法的制冷系统耗电量大，目前还停留在基础研究和小型试验层面。随着近年来循环经济发展，冷能淡化引起关注。由于液化天然气（LNG）在其汽化过程中会释放出大量冷能，据文献统计[16]，当 LNG 在 1 个标准大气压下气化时，将释放出 $-162 \sim 5 ℃$ 的冷量约 $230 kW \cdot h/t$。故可将 LNG 蒸发和海水冻结两个过程结合起来，在汽化 LNG 的同时制取淡水。

2.1.3　后处理技术

海水淡化水是一种高纯度、高品质的非常规水，但无法直接用于饮用。对照《生活饮用水卫生标准》（GB 5749—2006），不论采用何种工艺（蒸馏法、反渗透法），其产水 pH 值均较低，矿物质含量少（如表 2-1 所示，镁、钙、硫酸盐、重碳酸盐均低于 GJB 1335—92 指标范围，属典型软水），不经处理长期饮用对人们健康或有影响；同时水体稳定性较差，对原有铸铁市政供水管道具有较强腐蚀性和侵蚀性。不经处理将海水淡化水直接引入原有的城市生活用水管网系统[17]，必将打破旧管网系统的化学平衡，加速管道内水垢的溶解，从而降低输水水质，所以对淡化水进行一定的矿化处理非常必要。此外，对于反渗透淡化水而言，受硼形态和膜材料特性影响，现有商品化反渗透膜的脱硼率不足 80%，后续还需进一步脱硼处理。目前青岛市已将海水淡化水作为市政用水。

表 2-1　　　　　　　　　岛礁反渗透海水淡化装置原海水与
淡化水的水质检测结果

水质指标	《生活饮用水卫生标准》（GB 5749—2006）限值	《低矿化度饮用水矿化卫生标准》（GJB 1335—92）		检测结果		水质评价
		适宜浓度范围	最高限量值	海水	淡化水	
pH	不小于6.5且不大于8.5	7.0～8.5	6.5～9.0	8.98	6.94	↓
色度/度	15	/	/	5	＜5	
浊度/NTU	1	/	/	＜0.1	＜0.1	
铁/(mg/L)	0.3	/	/	0.008	＜0.002	
锰/(mg/L)	0.1	/	/	0.017	＜0.002	
铜/(mg/L)	1.0	/	/	＜0.002	＜0.002	
锌/(mg/L)	1.0	/	/	＜0.002	＜0.002	
钾/(mg/L)	/	5～10	20	486	9.70	
钠/(mg/L)	200	20～100	200	10700	118	↑
镁/(mg/L)	/	10～20	50	875	6.30	↓
钙/(mg/L)	/	20～50	75	385	5.65	↓
氯化物/(mg/L)	250	50～100	250	14800	126	↑
硫酸盐/(mg/L)	250	30～100	250	2160	5.52	↓
硼/(mg/L)	0.5	/	/	2.86	0.69	△
重碳酸盐/(mg/L)	/	50～150	250	122	4.0	↓
总硬度（以 CaCO₃ 计）/(mg/L)	450	100～200	450			
溶解性总固体/(mg/L)	1000	200～500	1000			

注　水质按《生活饮用水标准检验方法》（GB/T 5750—2006）检测。

　　/ 表示 GB 5749—2006、GJB 1335—92 未作明确规定的水质项目。

　　↓ 表示该项检测结果低于《低矿化度饮用水矿化卫生标准》（GJB 1335—92）指标范围。

　　↑ 表示该项检测结果超过《低矿化度饮用水矿化卫生标准》（GJB 1335—92）指标范围。

　　△ 表示该项检测结果超过《生活饮用水卫生标准》（GB 5749—2006）限值。

2.1.3.1　脱硼技术

　　之所以在海水淡化中对脱硼提出要求，主要是由于硼元素对农业灌溉以及人体健康均有不利的影响。不同海水淡化工艺所得产水水质存在差异。通常热法蒸馏海水淡化产水中几乎不含硼。反渗透工艺虽能除去海水中99%的离子，但目前商品化的反渗透膜对硼的截留效果不够理想。通常海水中的硼元素含量为4～5mg/L，普通的海水淡化膜对硼的去除率为78%～80%，甚至更低[18]。如表2-1所示，反渗透法所得淡化海水中硼含量略微超出国家生活饮用水卫生标准，但满足世界卫生组织规定的灌溉水标准（硼含量不得高于1.0mg/L）。

目前用以提高反渗透脱硼率的方法主要有：①调高海水的pH值。这也是目前的常规方法，但高pH值条件下，会增大难溶盐在膜表面结垢的风险，同时也会增加药剂消耗。②多级反渗透法。即通过使用多级反渗透或纳滤膜、反渗透膜组合，提高脱硼效果。通常将二级反渗透进一步脱硼后与一级海水反渗透产水掺混保证水质。③采用硼选择性树脂吸附脱硼。④掺混勾兑。将反渗透产水与由地下水或地表水制成的饮用水或经蒸馏法海水淡化的几乎不含硼的淡化水混合，使硼含量控制在规定范围内。⑤开发高脱硼率的海水反渗透膜。这是解决海水淡化脱硼问题的根本途径。改进方法包括进一步降低反渗透膜的孔径，在原有膜的基础上添加微孔载体等[19]。如日本东丽近年来研发的高脱硼反渗透膜TM820A-370具94%～96%的脱硼率[18]。

2.1.3.2 再矿化技术

改善水质的思路是对淡化海水进行矿化处理，即在淡化海水中添加矿物质离子，提高其碱度和硬度。通常添加的矿物质离子是钙离子，采用的方法有：与其他水源勾兑、直接添加药剂以及溶解矿物质等[20]。其中混配勾兑法操作简便，但受源水水质和季节影响很大，与不同水源混配勾兑时，混配比例不易控制，且此法不能单独完成要求，一般都要结合其他方法。添加化学药剂法是向淡化水中投加所需的药剂，操作运行简便，但是成本较高，适合小型的海水淡化水矿化装置。溶解矿石法具有更高的经济性和可行性，现已成为大型海水淡化厂后处理的最常用方法[21]。如以色列Palmachim反渗透海水淡化厂采用溶解石灰石工艺，其出水水质稳定。国内对溶解石灰石法的应用研究尚停留在实验室小试阶段。但该法经济性好，以10000m³/d项目为例，年运行时间按330d（每天运行24h）计，处理淡化水年运行耗费为：$CaCO_3$年耗量约17万kg/a，CO_2约8万kg/a，电耗约2.5万kW·h/a，年费用总计约38万元，吨水耗费约0.12元[22]。除经过上述后处理再矿化外，投加缓蚀剂以及选取合适的管材和控制管网运行状况等措施也可稳定水质，保证淡化水安全可靠地通过市政管网输配到用户。

2.2 海水利用经济性分析

海水利用的成本和效益受海水利用技术方式、输水距离、水质水量，以及应用区域和领域（行业）等多种因素影响。

2.2.1 海水直接利用经济性分析

2.2.1.1 海水冷却

海水冷却主要用于电厂冷却，使用量巨大，占海水直接利用总量的 90% 以上。以威海华能电厂海水直流冷却为例，系统总投资 7000 万元，为发电装机容量 8.5×10^5 kW 的机组提供 1.8×10^6 m^3/d 冷却水，海水冷却投资低于 100 元/kW。若使用淡水，则采用循环冷却工艺，耗水率约 10%，每天需补充新水。按工业用水价 2.77 元/m^3 计算，补充新水费用约 50 万元/d。使用海水冷却具有巨大的经济效益，同时也节约了大量的新鲜淡水。在相同的冷量要求和普遍情况下，与海水直流冷却和淡水循环冷却技术相比，海水循环冷却在环保、技术和经济等方面更具优势（表 2-2）[5]，是海水冷却技术的主要发展方向之一。

表 2-2 10000m^3/h 海水循环与海水直流、淡水循环冷却经济性对比

项 目	海水直流冷却	海水循环冷却	淡水循环冷却
循环水量/(m^3/h)	10000	10000	10000
浓缩倍数	1.0	2.5	3.0
补充水量/(m^3/h)	10000	288	260
排污水量/(m^3/h)	9300*	115	87
水价/(元/m^3)	0.10（自备）	0.40（水厂供）	2.00
水费/(元/h)	1050	115	520
水处理药剂费/(元/h)		115	45
水、药剂费用合计/(元/h)	1050	230	565
年水、药剂费用/(万元/a)	920	201	495

注 经济对比未考虑动力消耗、固定资产折旧和人工费等。

* 考虑 7% 的蒸发损失。

2.2.1.2 海水脱硫

海水脱硫主要用于沿海电厂。对 300MW 机组而言，采用海水脱硫（脱硫效率 90%）单位运行费用约 0.018 元/(kW·h)。单台百万机组投资费用约 60~80 元/(kW·h)。以某电厂为例，安装了 4 台 330MW 燃煤机组，年发电

量 71.2 亿 kW·h。安装脱硫设备以后，电厂新增两项收入：脱硫电价收入及节省的排污费，这两项收入合计 13774.77 万元/a。在减少排污保护环境的同时也可为电厂创造经济效益。表 2-3[7]对应用较多的石灰石-石膏法脱硫与海水脱硫技术的经济性进行了比较。由表 2-3 可知，石灰石-石膏技术的脱硫效率比海水脱硫略高，但其总投资和运行成本都比海水脱硫技术高很多，海水脱硫具有一定的经济性优势。

表 2-3　　　　　　石灰石-石膏法脱硫与海水脱硫经济性比较

经济指标	脱硫效率/%	机组容量/MW	总投资/万元	运行费用/（万元/a）	单位运行费用/［元/(kW·h)］	运行时间/a
石灰石-石膏法	95	360	32000	5000	0.0231	30
海水法	90	300	20000	3250	0.0181	30

2.2.1.3　大生活用海水

大生活用海水对改善沿海城市居民的生活质量有重大的现实意义，也是缓解沿海城市淡水紧缺局面的有效措施之一，具有显著的社会效益和经济效益。在青岛海之韵住宅小区建成了我国大陆首例大生活用海水示范工程，工程规模 1000m³/d，总投资 471.42 万元，海水供水费用 0.627 元/m³[23]（表 2-4），较利用自来水或中水更为经济。

表 2-4　　　　　　大生活用海水项目成本核算表

项　目　名　称	数额	项　目　名　称	数额
动力费/(万元/a)	12.66	总成本/(万元/a)	40.65
工资及福利费/(万元/a)	2.40	固定成本/(万元/a)	27.99
折旧费/(万元/a)	16.44	可变成本/(万元/a)	12.66
修理费/(万元/a)	4.70	经营成本（扣除折旧、摊销及流动资金利息）/(万元/a)	24.03
维护检修费/(万元/a)	2.35	制水量/(万 m³/a)	38.33
摊销费/(万元/a)	0.06	单位制水成本/(元/m³)	1.061
财务专用（流动资金贷款利息）/(万元/a)	0.11	单位经营成本/(元/m³)	0.627
其他费用/(万元/a)	1.93		

青岛市节约用水办公室也曾对解决青岛市水资源短缺的两种方案的经济效益进行了比较，一种为供水量为 100m³/d（方案一），另一种为供水量为

10000m³/d（方案二），其运行成本分析结果见表2-5[9]。如表2-5所示，海水冲厕是一项规模效益明显的技术，即其利用规模越大，固定投资和运行成本则明显降低。与黄河水、中水两种水源相比，供水量较小时，海水利用的相对建设成本略高，运行成本相差不大；供水量较大时，采用海水冲厕无论从原水成本、运行成本还是建设投资方面，均体现出明显的经济性优势。

表 2-5　　　　　青岛市不同水源冲厕方案运行成本经济分析　　　单位：元/m³

水源	方案	原水成本	运行成本	污水处理	运行成本合计	建设总投资
黄河水	方案一	0.91	1.18	0.3	2.39	3300
	方案二	0.91	1.18	0.3	2.39	3300
海水	方案一	0	1.80	0.3	2.10	17700
	方案二	0	0.50	0.3	0.80	2000
中水	方案一	2.09		0.3	2.39～2.74	5500～15000
	方案二	0	2.09	0.3	2.39～2.74	5500～15000

2.2.2　海水淡化利用经济性分析

2.2.2.1　成本效益分析

海水淡化的成本主要由投资成本和运营管理成本等组成，包括建设投资、能源费用、药剂费用、人工费用、膜更换费用、生产负荷、贷款利息[24]等。海水淡化水成本的计算比较复杂，一部分原因是成本核算方法和数据来源方面，由于国内目前还没有统一核算的标准和规范，不同行业、企业对中间产品估价差别很大，取值条件不一致。例如，钢铁、电力行业对淡化海水水质要求，取水设施成本影响，设计规范差别，项目电价补贴和税赋减免等因素都会影响到吨水投资成本和运行成本的计算结果。随着技术的发展，我国海水淡化成本为5～10元/m³。常见海水淡化技术综合成本构成对比详见表2-6～表2-8。

表 2-6　　　　　常用万吨级海水淡化技术成本对比　　　单位：元/m³

技术种类	技术名称	投资成本		综合制水成本
		国产设备	进口设备	
热法	多级闪蒸（MSF）		12000～18000	7～17
	低温多效蒸馏（MED）	9000～12000	12000～18000	5～14
膜法	反渗透（RO）	6000～8000	8000～10000	5～7

注　综合制水成本主要由运行成本和管理成本两部分组成，其构成主要包括建设投资、能源费用、人工费用、膜更换费用（仅限膜法）、生产负荷、贷款利息等。

表 2-7　　　　　三种常用海水淡化技术综合成本构成　　　　单位：元/m³

序号	项　目	多级闪蒸	低温多效蒸馏	反渗透
1	变动成本	3.59～13.0	2.32～10.64	1.77～3.95
2	固定成本	0.49～0.55	0.39～0.45	0.72～0.78
3	生产成本	4.08～14.45	2.71～11.99	2.49～4.73
4	折旧成本	2.32～2.69	1.73～2.12	1.55～1.93
	综合成本	6.4～16.24	4.44～13.21	4.04～6.66

表 2-8　　　六横 10000m³/d 海水淡化系统吨水生产成本测算表

项 目 名 称	年支出金额/万元	吨水费用/(元/m³)
电费	1458.6	2.21
药剂费	180.18	0.273
膜与材料费	369.94	0.561
维修费	68.98	0.105
工资及福利费	100	0.152
其他费用	50	0.076
合 计		3.377

注　膜与材料费包括微孔滤芯和反渗透膜元件更换费，反渗透膜元件寿命按 3 年计算。

2.2.2.2　典型工程成本示例

我国典型海水淡化工程制水成本比较如表 2-9 所示。

表 2-9　　　　国内典型海水淡化工程投资与制水成本比较

项　　　目	华能浙江玉环电厂海水淡化工程	曹妃甸京唐钢铁海水淡化工程	天津大港新区新泉海水淡化厂	青岛百发海水淡化厂
工程规模/(万 m³/d)	3.56	5.0	10.0	10.0
海水淡化工艺	SWRO	MED	SWRO	SWRO
竣工年份	2007	2009	2009	2013
水域	东海	黄渤海	渤海	黄海
预处理工艺	膜法	混凝沉淀	膜法	混凝沉淀
取水工序	不含	不含	包含	包含
后处理工序	无	无	无	有

续表

项 目	华能浙江玉环电厂海水淡化工程	曹妃甸京唐钢铁海水淡化工程	天津大港新区新泉海水淡化厂	青岛百发海水淡化厂
电价/［元/(kW·h)］	0.3（自发电）	0.37（自发电）	0.68	0.86
当地水价/(元/m³)	3.1	4.7	6.3	3.4
用水性质	锅炉补给水（两级反渗透）	锅炉补给水和工艺用水	锅炉补给水和工艺用水	市政供水
吨水投资/［元/(m³·d⁻¹)］	5577	13200	10200	11830
制水成本/(元/m³)	6.18	6.5	7.58	4.57（不含电费）

注 制水成本由企业按照各自的取费标准计算得到。天津大港新区新泉海水淡化厂吨水投资相对较高，其原因是该项目总规模 15 万 m³/d，在一期建设中基础设施大都按照 15 万 m³/d 规模建造。青岛百发淡化厂投资较高是因为其全部采用国外装置建造。

不同规模的海水淡化工程，制水成本也不相同。同等条件下，随着规模的增大单方水制水成本呈现降低趋势。规模相同的海水淡化工程，RO 法成本低于热法。以 RO 法海水淡化项目为例，通常情况下小型千吨级规模的工程制水成本 6～10 元/m³；中等规模（1 万～5 万 m³/d）的工程制水成本约 6～8 元/m³；大型规模（5 万～10 万 m³/d）的工程制水成本约 5～7 元/m³。

2.2.3 海水利用与其他水源技术、经济性对比研究

目前，我国城市供水价格即终端用户水价，由自来水价格、污水处理费、水资源费（受益地区还加收了南水北调基金）等构成。各地区主要根据本地的实际情况制定水价，价格受当地缺水情况及经济发展状况等因素影响。一般来讲，在水资源较为短缺的地区水价较高，在水资源较为丰富的地区水价较低。我国主要沿海城市自来水供水价格情况如表 2-10 和图 2-8 所示。沿（近）海城市的民用自来水价为 1.85～4.90 元/m³，工业用水价 2.40～7.85 元/m³ 不等。

表 2-10　　　　2017 年 12 月全国主要沿（近）海城市水价　　　　单位：元/m³

城 市	自来水单价（含污水处理费）					再生水单价
	居民生活	工业	行政事业	经营服务	特种行业	
北京市	5.00	9.92	9.83	9.70	161.68	3.50
大连市	3.10	4.40	4.40	6.20	21.70	0.75
营口市	2.65	4.15	4.15	6.60	13.65	

续表

城　　市	自来水单价（含污水处理费）					再生水单价
	居民生活	工业	行政事业	经营服务	特种行业	
锦州市	2.45	4.15	4.10	6.00	13.00	
葫芦岛	2.64	3.74		6.74	11.54	
天津市	4.90	7.85	7.85	7.85	22.25	5.70
秦皇岛	3.60	6.04	6.04	6.04	24.96	
唐山市	3.35	5.84	5.84	5.84	26.49	0.91
沧州市	4.00	6.26	6.26	6.26	17.50	0.90
滨州市	2.30	2.80	2.70	4.30		0.90
烟台市	2.90	3.40	3.40	3.50	9.26	1.20
青岛市	2.50	3.45	3.05	3.35	3.85	1.00
威海市	2.85	3.70	3.70	3.70	6.85	1.40
日照市	2.81	3.11	3.11	3.11	5.85	0.70
上海市	2.93	3.70	3.70	3.70	12.30	0.90
宁波市	3.20	5.95	5.95	5.95	12.80	
舟山市	3.50	3.60	3.50	4.60	7.40	
嘉兴市	2.50	5.00	4.60	4.60	6.90	
杭州市	1.85	3.55	3.25	3.25	4.30	1.00
台州市	2.40	3.68	3.53	3.68	6.23	
南通市	2.60	3.00	2.60	3.00	4.30	
盐城市	2.28	4.00	1.35	4.00	4.45	
连云港市	2.95	3.60	3.60	3.60	5.57	
厦门市	2.80	3.00	2.80	3.00	4.30	1.20
泉州市	2.45	2.70	2.45	2.70	3.60	
广州市	2.88	4.86	4.66	4.86	22.00	
深圳市	3.20	4.40	4.40	4.55	17.00	
汕头市	2.60	2.70	3.60	3.90	5.50	
珠海市	2.64	2.49	3.30	3.35	6.30	
汕尾市	2.18	2.40	2.65	3.70	4.70	
湛江市	2.41	2.64	2.66	3.56	4.40	

注　数字摘自中国水网（http://price.h2o-china.com/）。对于宁波、厦门、深圳、舟山等一批已实行阶梯式水价的城市，居民生活用水价格为第一级水量的价格。

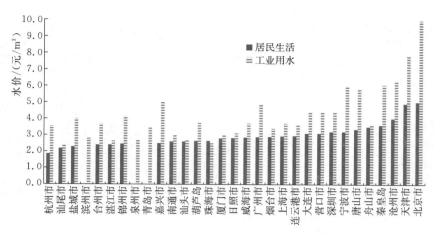

图 2-8　2017 年 12 月全国主要沿海城市水价

目前世界上常用的淡水取用方式主要有地下取水、远程调水、海水淡化等。其中海水淡化水是高品质水，水质远高于其他供水水源。目前我国海水淡化多由企业自主投资实行全成本核算，相比于市政供水、远程调水等政府补贴性工程，成本自然较高。如果抛开政府补贴等政策性因素而单从经济技术方面分析，海水淡化单位成本具有一定竞争力。

受价格因素制约，与城市自来水、再生水等其他水源相比，海水淡化水成本较高，缺乏竞争力，严重制约了我国海水淡化产品水纳入城市供水系统，造成现有海水淡化工程供需不能有效对接、淡化厂开工率不足等现象，供水企业处于挂账亏损状态，不能实现正常盈利。为缓解海水淡化水差价亏损，浙江省、河北省和山东省尝试采取了一些措施。2013 年浙江省通过"降低企业用电价格"的方式给予淡化厂政策优惠；河北省通过给予国华沧州发电有限公司"增加电厂发电时数"的政策弥补电厂对外供水的部分成本；山东省也采用"降低企业用电价格"的方式，从 2018 年起三年内对青岛百发及董家口两大海水淡化项目执行优惠电价 [含税 0.555 元/(kW·h)]。但从全国范围来看，我国海水淡化长期以来缺乏水价支持政策，水价偏高问题仍然制约着海水淡化进入城市供水系统的发展，海水淡化生产企业承担着"接收用户不足"和"造水即亏损"的双重风险。但是，《中共中央国务院关于推进价格机制改革的若干意见》提出，在水价改革方面，放开竞争性环节价格，充分发挥市场决定价格作用。随着该政策的出台和逐步落实，未来的水价会与水资源市场价值逐渐接轨，在此背景下，海水淡化优势将得以彰显，尤其在工业、特种行业等用水领域，海水淡化未来发展前景广阔。

2.3 海水利用环境影响分析及对策

2.3.1 海水利用对环境的影响

2010 年国家海洋局发布了《海水综合利用工程废水排放海域水质影响评价方法》，规定了海水综合利用工程废水排放海域水质标准，详见表 2-11 和表 2-12。《海水水质标准》（GB 3097—1997）中对不同类海水水温也有一定的限制，详见表 2-13。

表 2-11　　　　　循环冷却污水中部分污染物排放浓度限制　　　　单位：$\mu g/L$

项　目	每日最大排放浓度	月均排放浓度
总残留氯	95	47
钙	0.47	0.25

注　表中数据节选自美国华盛顿污染物排放标准 WA-002496-1。

表 2-12　　　　　　海水综合利用工程废水排放海域
水质部分项目评价标准

项目	评　价　标　准
钙	盐水中的钙对 5 种鱼类的急性致死浓度为 577~114000$\mu g/L$，对 30 种无脊椎动物的急性致死浓度为 15.5~135000$\mu g/L$
盐度	河口等盐度线上盐度的变化不大于其自然变化的 10%
镁	饮用水为 50$\mu g/L$，在海洋软体动物的觅食海域浓度不超过 100$\mu g/L$

注　表中数据节选自美国国家水质标准 EPA 440/5-86-001。

表 2-13　　　　　《海水水质标准》中对海水水温的限制

项目	第一类	第二类	第三类	第四类
水温	人为造成的海水温升夏季不超过当时当地 1℃，其他季节不超过 2℃			人为造成的海水温升不超过当时当地 4℃

注　按照海域的不同使用功能和保护目标，海水水质分为四类：
第一类，适用于海洋渔业水域，海上自然保护区和珍稀濒危海洋生物保护区。
第二类，适用于水产养殖区，海水浴场，人体直接接触海水的海上运动或娱乐区，以及与人类食用直接相关的工业用水区。
第三类，适用于一般工业用水区，滨海风景旅游区。
第四类，适用于海洋港口水域，海洋开发作业区。

海水利用对环境的影响主要包括两个方面：海水取水和浓海水排放等对海洋环境的影响、海水利用对陆地和大气环境的影响。海水利用排放水要满足上述环保标准。

2.3.1.1 海水取水对海洋环境的影响

海水利用取水过程中对生态系统影响最大的是海洋生物。海水利用取水系统中时常吸进大量的悬浮在海上的小海洋生物，消耗浮游生物量，潜在地破坏鱼类繁殖的生态环境。

2.3.1.2 浓盐水排放对海洋环境的影响

现行海水利用技术，尤其海水直流冷却、海水循环冷却、海水淡化，大部分浓盐水被直接排海。浓盐水排放对海洋环境的影响主要体现在浓盐水、化学药剂及温排水排放三个方面。

1. 浓盐水的环境影响

大洋海水平均盐度为 34.7‰，而海水循环冷却、海水淡化排放盐水的盐度约为其两倍。由于蒸发速率高和淡水汇入量小，加之浓盐水排放，可能导致部分地区的海水盐度远超平均值。尤其处于半封闭区域（如我国渤海地区）的海水更新速度慢，盐度呈现分布不均的态势，极有可能引起浮游生物分布紊乱[6]。

2. 化学药剂排放的环境影响

无论海水直接利用还是淡化利用，海水必须进行杀菌、降浊、脱碳、脱氧、加缓蚀剂、阻垢剂、消泡剂等一系列的预处理，以稳定水质，保证海水利用过程的顺利进行。此外，海水淡化预处理后须添加还原剂，反洗过程如每年 RO 膜清洗要用到除垢剂、弱酸等[6]。处理后的残留化学药剂和系统中结垢与腐蚀产物随清洗剂一起进入排放系统，大量的长期排放可能会对周围海洋生态环境和海洋物种产生潜在不利影响。如海水冷却早期使用的含磷配方阻垢分散剂，长期使用会造成水体富营养化。传统的杀菌剂以液氯和次氯酸钠等氧化物为主，长期使用、排放易对环境产生危害。其他关注的问题还有浓盐水毒性和溶解氧的消耗量等问题。

3. 温排水的环境影响

海水冷却排放水伴随着一定的热量排放，这一过程可能会使局部海域水温升高，有可能改变海洋生物生长繁殖等生理机能，同时引起赤潮，改变海水 COD 含量，直接或间接影响海水水质。

30℃被认为是大多数水生生物所能承受的温度上限，海洋生物的幼虫对其尤为敏感。通常 RO 海水淡化系统浓盐水排放温度比环境温度要高出 3～5℃，而热法海水淡化浓盐水温度则要高出 3～15℃[6]。此外，热法海水淡化过程中，部分海水经预热后直接排放，会造成海洋环境的热污染。

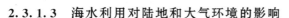

2.3.1.3 海水利用对陆地和大气环境的影响

在使用海水循环冷却时，蒸发散热使部分海水变为水蒸气进入空气中，未被拦截的水滴中含有大量可溶性盐分，随风飘落至周围环境，有可能对设备表面产生腐蚀，抑或造成周围土壤的盐碱化，而且冬季会在冷却塔周围结冰，甚至影响交通[6]。通常可用收水器来捕获这部分水分，减少环境影响。

此外，海水淡化需要消耗大量能源，且多以燃烧化石燃料获得。目前，MSF、MED 和 RO 能耗分别为 $24\sim36kW\cdot h/m^3$、$18\sim30kW\cdot h/m^3$ 和 $3\sim6kW\cdot h/m^3$。一座 10 万 m^3/d 的海水淡化厂，日耗能 40 万～80 万 $kW\cdot h$，CO_2 排放量约 60 万～80 万 kg/d。此外，热法海水淡化为防止结垢与腐蚀必须进行脱气，脱除的 CO_2 直接排入大气，同时用于发电与蒸汽锅炉的煤炭燃烧也会产生大量 CO_2 气体。

海水淡化设施与厂区建设占据部分海岸线，而且海水淡化厂还需要相应的辅助设施，导致海岸向工业区发展，破坏自然景观，沿岸地区的土地价值降低；大量用于输送海水和浓盐水的管路埋设地下，管道腐蚀或渗漏会污染地下蓄水层。

除上述提到的环境影响因素外，海水利用过程中还存在其他一些影响。例如，海水淡化反渗透工程中高压泵和能量回收装置大约能产生 $90\sim100dB$ 的噪声，形成严重的噪场污染。热法海水淡化过程中，传热管中铝、铜、锌等金属材料产生的腐蚀产物会随着浓盐水一同排放，对海洋环境也会产生不利影响。同时，海水中过量的重金属元素除直接对海洋生物造成毒害外，还可能由生物体富集和食物链传递，通过海产品进入人体并造成危害[6]。

2.3.2 海水利用环境影响的应对措施

降低海水利用对环境的影响，最主要的是发展相应的技术，以技术进步减少潜在环境影响。大力发展海水淡化、海水冷却关键技术和装备研发，开发绿色环保水处理药剂，优化取排水设计，实现浓海水综合利用。

2.3.2.1 取排水口的优化设计

海水利用装置的设计与建设应充分考虑海洋环境优化设计取排水。取排水设计应考虑：取排水口设计与布局要避免选址于生态敏感地区；尽量在深水区、远离岸边或采用滩井方式取水，减小取水流速，采用设计合理的取水结构，降低对浮游生物、卵和幼虫影响，同时获取较好的取水水质减少化学预处理；设计合理的取水方式，减小对生物的影响（如在取水口安装过滤器），或利用岸上的水井取水、地下渗透消除海洋物的夹带。排水口选址和设计应具有充足的混合速率和淡化体积来最小化不利冲击；排水口要选在水动力好的地方，浓盐水应向开放性海域排放，避免向封闭的河流或其他区域排放。

2.3.2.2　能源的综合利用

针对海水利用尤其淡化过程能源消耗问题，首先，需对海水淡化装置进行能量及技术经济性能分析，根据具体情况选择合适匹配的工艺，如小型淡化装置多采用 VC、ED 法，大型装置多采用 RO、MSF、MED 法。其次，单一海水淡化过程的水回收率、能源利用率较低，可通过多种淡化工艺耦合、联产实现二者提升。另外，结合新型可再生能源，如太阳能、风能、潮汐能等，可从根本上减少传统石化能源的消耗。最后，海水淡化厂最好选址在离发电厂近且有利于废热回收利用的地方，以充分利用低成本的低品位废热，并可结合热泵的应用提高低品位热源品质，实现废热的回收利用，节约能源。

2.3.2.3　浓盐水排放方式的优化

浓盐水排放方式可从以下几方面考虑：采用与污水处理装置、动力装置冷却水排放相结合冲稀后排放的方式，可缓解浓盐水盐度高造成的影响；为避免热污染，可将其通入冷却系统充分散热或选择散热与扩散较好的排放地点；排放口采用多管道，排放管道末端 50～100m 范围内使用端口扩散，强化排放浓盐水的混合与扩散过程，并优化设计扩散装置的安装角度；根据潮汐规律，确定排放时间以减小浓盐水排放对海洋环境的影响。

2.3.2.4　减少有害化学物质的污染

海水利用前预处理过程中尽量少采用或不采用危险化学品。此外，开发防腐抗垢性能好的新材料，采用抗腐蚀管路，以减小腐蚀产物中有害物质的影响（如相比于铜管和镍合金管，聚乙烯管或者钛管更具有优越性）。对排放废水进行合适的化学处理，尽可能去除其中有害的化学物质，避免化学物质对海洋生物的毒害作用。

2.3.2.5　浓盐水综合利用

对海水利用后产生的浓盐水再利用，是从根本上解决浓盐水海洋环境危害的有效途径。基于浓盐水温度、盐度都较高，可采用太阳能池、电渗析或自然蒸发等方法制盐或提取化工原料，在减轻环境影响的同时，还能有效利用资源、创造一定经济效益。

不同地区浓盐水排放对环境的影响程度不同，这取决于海洋水体环境（深度、潮汐、海浪、洋流等）、海洋生物的敏感度以及海水利用类型、规模、辅助设施等条件。深入了解海洋环境，优化海水利用工艺，可降低其对环境的负面影响。各海水利用厂可结合自身实际，综合配置合理的应对措施。如澳大利亚珀斯淡化厂，经过一年半的运行证明，所排放的浓盐水并未对海洋环境产生负面影响。

第 3 章

国内外海水利用现状和经验

水资源短缺是一个全球性问题。据《2017 年联合国世界水资源发展报告》，全球 2/3 的人口生活在缺水地区，大约有 5 亿人生活在水资源消费量占水资源再生两倍的区域[25]。预计 2020 年，全球经济产业的 40％将面临严重的水资源危机，到 2030 年，全球水危机系数将持续升高。

海水是一种非常规水源，通过有效的开发利用，可以成为淡水资源的重要补充。目前，海水淡化和海水直接利用已经成为解决沿海地区淡水资源短缺问题的重要途径之一。海水淡化技术的广泛应用为满足许多国家，特别是位于干旱地区的国家日益增长的淡水需求作出了重要贡献；工业冷却水、大生活用水等海水直接利用也为缓解淡水资源的紧缺发挥了巨大作用。

3.1 全球海水利用概览

3.1.1 海水直接利用

国际上大多数沿海国家和地区大量采用海水作工业冷却水。全球年海水冷却水量已超 7000 亿 m³，以海水直流冷却为主。广泛应用于电力、化工、石化、钢铁等耗水大户，许多沿海国家工业用水量 40％～50％来自海水[26]。

3.1.1.1 海水冷却

1. 海水直流冷却

美国、日本、欧洲各国是海水直流冷却技术应用的大国。美国大约 25％的工业冷却用水直接取自海水，沿海地区火电、核电等行业更是广泛应用海水直流冷却技术，年用量 1000 多亿 m³[25]。日本人多地狭，非常重视海水利用。早在 20 世纪 30 年代，日本就开始利用海水作为工业用水，到 60 年代，几乎沿海所有的电力、钢铁、化工等企业都采用海水直流冷却。目前，工业冷却水总用量的 60％为海水，每年海水冷却水量高达 3000 亿 m³。日本有 17 座核电站，55 个核电机组，总装机容量达到 49469MW，全部采用海水直流冷却技术。欧洲各国海水直接利用量也达到 3000 亿 m³。英国几乎所有的核电站都建在海边，以海水作为直流冷却水[1]。

2. 海水循环冷却

海水循环冷却技术使用范围越来越广泛，是未来海水冷却技术的主要发展方向。20 世纪 70 年代初，比利时哈蒙公司在意大利建造了世界上第一座自然通风海水冷却塔，标志着海水循环冷却技术的发展进入到一个崭新的阶段。在国外，海水循环冷却技术经过三十多年的发展，已经进入大规模应用阶段，单套系统最大海水循环量已达 $180000 \mathrm{m}^3/\mathrm{h}$ 之多。目前，世界上已建造了上百座自然通风和上千座机械通风大型海水冷却塔，美国、德国、英国、意大利、比利时、西班牙等国应用较为广泛，甚至印度、泰国、墨西哥等发展中国家都在积极采用海水循环冷却技术，广泛应用于沿海电力、石化、化工等多种行业。海水循环冷却技术正朝着应用广泛化、规模大型化和环境友好化的方向发展[1]。

3.1.1.2　海水脱硫

海水脱硫的设想最早由美国 L. A. Bromley 教授于 20 世纪 60 年代提出，而后挪威 ABB 公司、德国能捷斯·比晓夫公司（Lentjes Bischoff）和日本富士水化株式会社（Fujikasui Engineering）等相继开发出海水脱硫工业化技术。经过四十多年的发展，海水脱硫已成为一种成熟的并有着较好工业应用业绩的脱硫工艺。近年来，海水脱硫工艺在燃煤电厂中的应用规模不断增大，单机容量由 80MW、125MW 向 300MW、700MW 发展，成为沿海电厂脱硫的重要工艺方法[27]。

海水脱硫在国外应用较早，其工艺技术的成熟性已得到美国和欧盟环境机构的认可，完全可满足空气及水质方面的环境要求。膜吸收法海水脱硫是近年来兴起的一项脱硫新技术，尚处于实验室研究和中试阶段。电厂海水脱硫工程应用以吸收塔工艺为主。最初，海水脱硫主要应用于炼铝厂和炼油厂，如挪威南部铝厂、挪威 Statoil Mongstad 炼油厂等。1988 年，印度 TATA 电力公司 125MW 燃煤机组采用挪威 ABB 公司技术建成一套海水脱硫装置，烟气处理能力达 $445000 \mathrm{m}^3/\mathrm{h}$，成为世界上首个应用海水脱硫技术的火电厂[28]。此后，海水脱硫工艺在电厂的应用获得较快发展，挪威、英国、美国、泰国、西班牙、塞浦路斯、委内瑞拉、瑞典、马来西亚、印度和印度尼西亚等国均有工业装置投入运行。2009 年，全球已投运或在建有近百台海水脱硫装置用于发电厂和冶炼厂的烟气脱硫，发电机组总容量达 20000MW。同时，海水脱硫的单机容量不断扩大，由 80MW、125MW 向 300MW、700MW 发展，目前单机最大容量达 1000MW，海水烟气脱硫已进入大规模应用阶段，电力行业成为海水烟气脱硫的主要客户[1]。

1988 年挪威 Husnes 炼铝厂实施了烟气脱硫（FGD）工艺。同年印度 TATA 电力公司对处于海边河口地区的 Trombay 电厂 5 号机组（500MW）部分烟气分期实施了 FGD 脱硫工艺，其中第一期 125MW 的烟气量脱硫采用预冷却器，这是世界上第一台用海水进行火电厂烟气脱硫的装置；第二期 125MW 容量的烟气脱硫则已改用气-气热交换器，1994 年投产。运行结果表明，系统运行可靠，洗脱效果好，脱硫率达 90% 以上，最高可达 98%。1995 年，西班牙 UNELCO 公司先后在位于加那利群岛的 Gran Carnaria 和 Tenerife 两个燃油电厂的 4 台 80MW 机组上安装了海水脱硫装置，运行良好。印度尼西亚爪哇岛的 Paiton 电厂的 4×335MW 新建机组采用 ABB（现 Alstom）公司海水脱硫工艺，亦已投入运行。英国第二大燃煤电厂——Longannet 电厂采用苏格兰地区所产的低硫煤（含硫量 0.5%）为燃料，经过对比多种脱硫工艺，决定为其 4×600MW 电力机组安装海水脱硫装置，至 2010 年该电厂烟气脱硫率已达 90% 以上。马来西亚发电厂 4×700MW 机组先后于 2002 年、2003 年投入运行。日本炼油厂 270MW、塞浦路斯 130MW 以及马来西亚扩建 3×700MW 机组也先后建成投产。泰国东海岸 Map TaPHut 的 BLCP 电厂 2×717MW 燃煤发电机组采用海水脱硫技术，分别于 2006 年 10 月和 2007 年 2 月投入运行。美国关岛的 Cabras 电厂采用挪威 ABB 公司的 Flakt - Hydro 工艺来解决日益严格的环保要求。挪威国家电力公司在奥斯陆附近建造的一座 1200MW 的燃煤电厂，也选择 Flakt - Hydro 工艺对烟气进行脱硫[27]。挪威的烟气脱硫全部采用 F - FGD 脱硫工艺。

3.1.1.3　大生活用海水

大生活海水利用主要用于冲厕。目前，高效微絮凝-直接过滤工艺和高效澄清处理工艺已成为发达国家海水净化水厂的主流技术。高效澄清技术在国外研究较多，并已在法国、德国推广应用。近些年来，国外还成功开发出适合不同海域海水水质的新型高效海水净化专用絮凝剂。但除我国香港地区外，世界上尚未有其他城市大规模使用海水作为大生活用水。此外，大生活用海水的水质目前尚没有国际标准。

3.1.2　海水淡化利用

海水淡化作为淡水资源的替代与增量技术，越来越受到各国的重视和支持，成为未来解决全球水资源短缺的可行性方案和重要途径之一。截至 2015 年年底，全球海水淡化规模为 5121 万 m³/d，可以解决全球 2 亿多人的用水问题（图 3-1）。

从图 3-1 可以看出：

（1）2007—2010 年是全球海水淡化利用增长最迅速的时期。一是中东和北非地区对水资源需求强劲，投入了大量的资金建设海水淡化厂；二是西班牙海水淡化利用的快速增长，2004—2008 年，西班牙政府发布 AGUA 规划，放弃了"北水南调"工程计划，采用显著加大海水淡化的利用，以解决东南地区日益增长的供水需求；三是 21 世纪初期澳大利亚遭遇了"千年干旱"，淡水资源极度短缺，国家建设了 6 个大型海水淡化厂共计规模 150 万 m^3/d 以应对干旱问题。

（2）2008—2014 年，全球海水淡化规模年增加量开始下降。主要是全球经济危机波及海水淡化利用，此外中东政局不稳定，如利比亚战争和制裁伊朗也影响到海水淡化规模的增加。

（3）2015 年以来海水淡化利用再次快速增长。全球经济回暖，缺水地区尤其是干旱和半干旱地区，如中东、北非及亚洲，对淡水资源的需求量逐步增加，从而推动了海水淡化利用发展。

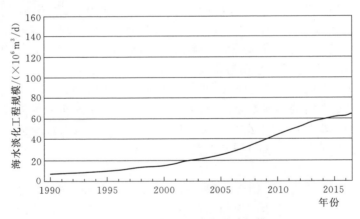

图 3-1　全球海水淡化累计规模

3.1.2.1　工艺技术

反渗透技术具有建设成本低、耗能低、适应性好等优势，近年来增长迅速，成为海水淡化的主导技术，目前其市场规模占比超过了 50%；热法技术中的多级闪蒸和低温多效技术也占有一定规模，尤其在中东地区。2010 年以前，中东地区由于大量的投资，多级闪蒸和低温多效技术占海水淡化的主导地位。然而，随着全球经济低迷，油价下降影响中东地区国家的财政预算，很多中东国家开始评估他们的能源组合及提供饮用水的成本，大量的项目开始采用反渗透技术。未来中东地区，乃至全球的脱盐市场都将会以膜技术为主导。

3.1.2.2　淡化水价

水价是海水淡化厂的重要经济衡量指标。早期的淡化厂主要集中在中东和北非等极度缺水而多油的地区，这些国家投资兴建淡化厂的驱动力是没有地表水和地下水可以利用。如今，全球各国纷纷上马淡化项目的原因有很多，如经济的发展、人口的增长、气候的变化，以及由于过度开发、污染和盐碱化导致的传统水源在数量和质量上的下降，但最主要的一个原因是近年来传统供水价格的不断上涨和淡化水价格的不断下降[29]。尤其是反渗透海水淡化厂由于技术革新，膜效率提高，广泛使用能量回收装置，使得海水淡化的能耗不断降低，如今海水淡化水价比 20 世纪 90 年代早期降低了 0.3～0.75 美元/m³，最低价达到了 0.32 美元/m³。不同的地域因素导致不同海水淡化水厂的水价差别比较大，为避免极值影响，此处选用水价中位数。自 2000 年，膜法海水淡化厂水价中位数约为 0.80 美元/m³，海水淡化各工艺的水价如图 3-2 所示。

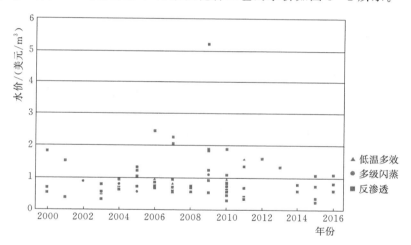

图 3-2　不同海水淡化技术水厂的水价分布图
（数据来源：GWI/DesalData）

3.1.2.3　淡化水用途

从全球来看，淡化产品水主要用于市政供水和工业用水。2010 年以前，用于市政领域的海水淡化规模达到总规模的 50% 以上。2010—2014 年，随着全球海水淡化市政用户的投资紧缩，工业应用规模加大。2014 年以后，全球饮用水需求增加，市政应用再次增加，如图 3-3 所示。

3.1.2.4　区域分布

全球淡化厂数目众多，但是分布不均。全球的海水淡化产能主要分布在中东、北非、亚太、欧洲及美洲等区域。图 3-4 总结了 2006—2016 年全球海水和苦咸水淡化区域分布。由于极度缺水和石油经济效益提供的足够资本，中东地区成为目前海水淡化规模最大的地区，据统计中东六个国家（沙特、

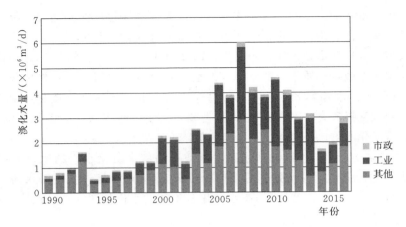

图 3-3 全球海水（苦咸水）淡化水的用途分布

（数据来源：GWI/DesalData）

（注：图中工业用户包含发电和海水淡化联合厂）

阿联酋、科威特、巴林、卡塔尔和阿曼）的海水淡化容量占到全球总产量的 61%，其次是欧洲，约有 11% 的海水淡化厂分布在欧洲南部，另外有 7% 的海水淡化厂分布在北非地区，剩下的则分布在亚洲环太平洋地区[29]。近年来，美洲和亚太地区海水淡化增长迅速。

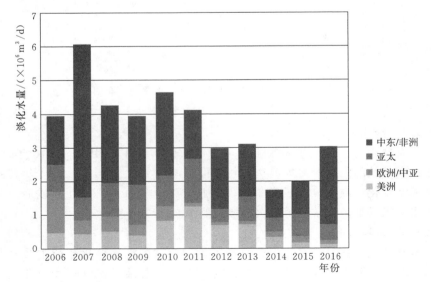

图 3-4 全球海水（苦咸水）淡化产能的区域分布

（数据来源：GWI/DesalData）

3.1.3 海水利用典型国家——以色列

以色列地处地中海西岸，地域狭窄，南部的内盖夫沙漠地区常年干旱缺水，北部的加利利湖是以色列境内唯一的淡水湖泊，也是其最大、最重要的饮用水源与蓄水库，年人均淡水量低于 300m³。其年均用水总量达 20.3 亿 m³，但年均自然水补给仅有 11.7 亿 m³，一年的用水缺口高达 45%。

为解决南部地区用水问题，以色列政府于 1964 年投入运营"北水南调"国家输水工程，通过长 300km 的输水管线将北方较为丰富的水资源输送到干旱缺水的南方。同时，以色列致力于提高水资源利用效率，形成了以滴灌技术为代表的智能水利管理系统，循环水利用率高达 75%，居全球首位。然而，再高的水资源利用效率也改变不了天然淡水供应量不足的事实。尤其是随着以色列的经济发展和人口增加，淡水供需缺口越来越大。20 世纪 90 年代中期的连续干旱，加之对淡水资源的过度抽取，使加利利湖水位经常低于安全红线，直接威胁以色列水安全。而以色列濒临地中海，具有较长的海岸线，所以政府认为解决水资源问题的根本出路只能靠开发新水源，海水利用就是一项重要举措。为此，以色列政府于 1999 年制定了"大规模海水淡化计划"，以期缓解淡水的供需矛盾。根据该项计划，至 2025 年，海水淡化水将占淡水需求量的 28.5%，生活用水的 70%；至 2050 年，海水淡化水将占全国淡水需求量的 41%，生活用水的 100%。如有多余淡化水，将用于以色列自然水资源的保护。

目前，以色列 6 家大型发电厂有 5 家坐落于海边，均采用海水冷却，节约了大量淡水资源。此外，以色列从 20 世纪 60 年代开始进行海水、苦咸水淡化，技术不断进步，2003—2015 年建成 5 座超大型海水淡化厂，规模达 212.5 万 m³/d。其中索莱克海水淡化厂是全球最大规模的反渗透海水淡化厂，详见表 3-1。海水淡化水成本达 0.50 美元/m³，主要用于市政领域，满足了 70% 的饮用水需求。

表 3-1　　　　　　　　以色列超大型海水淡化厂

名　　称	规模/(万 m³/d)	技术类型	建设模式
索莱克海水淡化厂	62.4	反渗透	BOT
阿什多德海水淡化厂	33.7	反渗透	BOT
海德拉海水淡化厂	45.6	反渗透	BOT
帕勒马希姆海水淡化厂	27.3	反渗透	BOO
阿什克隆海水淡化厂	39.2	反渗透	BOT

以色列在利用海水淡化解决水资源短缺方面取得了很好的成效，值得推

广和借鉴，主要表现在以下方面：

（1）强化统一管理。1959 年颁布的《水法》，对国家水资源的所有权、开采权和管理权等做了详细的规定。根据这一法律，全国一切水资源归国家所有，由国家统一分配使用。成立了国家水利委员会，对水源统一归口管理。国家水利委员会除宏观上制定全国水政策外，还负责调节水价、分配水源、海水淡化及废水回收和再利用等。除了国家水利委员会，还设置部长委员会，协助对水资源进行开发、监督、管理和使用等。

（2）科学规划。20 世纪 90 年代末，以色列政府就对未来 20 年的海水淡化做出了全面评估和规划，因需定产，充分估算供水量和需求量之间的差额，确定各地区的海水淡化规模目标。国家投入资金，建设管网，连接海水淡化厂与国家供水系统，合理配置水资源。

（3）创新投融资机制。以色列在保证政府对淡化水控制权的前提下引入竞争机制，将海水淡化项目面向国际招标，吸引私人资本参与海水淡化设施建设。政府与建设企业风险共担，譬如企业在按计划生产淡化水出现供大于求时，政府将保证购买多余的水量。

（4）推动技术进步。海水淡化成本高、投入大，以色列政府始终支持海水、苦咸水淡化的技术研究和工程示范，使以色列的低温多效和反渗透海水淡化技术处于世界领先地位。

3.1.4　国外典型海水淡化工程案例

3.1.4.1　智利埃斯康迪达铜矿海水淡化工程

1. 项目概况

智利位于拉丁美洲，其海水淡化市场已较为成熟，海水淡化主要用于工业，尤其采矿业，已成为其海水淡化市场的主要驱动力。近年来，包括埃斯康迪达铜矿项目在内的智利海水淡化工程获得了一系列投资。

埃斯康迪达铜矿是全球最大的铜矿，位于阿塔卡玛——世界上最干旱的沙漠之一，年降水量仅 15mm，因此如何管理好其所需水资源成为必须解决的巨大挑战。因此为解决供水问题，2013 年在沿海设计并建造了一座处理能力为 345000m³/d 的海水淡化厂。

此外，因铜矿位于 3100m 高海拔区域，大大提升了水资源输送的难度。故埃斯康迪达海水淡化项除了常规的取水、排水系统，以及反渗透系统外，还设计、建造了将水输送至矿区新水库的双管线和泵站。输水时，借助 4 个高压泵站通过长 180km、直径 426″（1066mm）的管道将产品水输送至矿山。工程概况如表 3-2 所示。

表 3-2   智利埃斯康迪达铜矿海水淡化工程参数

工 程 名 称	智利埃斯康迪达铜矿海水淡化工程
处理规模/(m³/d)	216000
交付运行时间	2016 年
进水 TDS/(mg/L)	34400
电导率/(μs/cm)	54000
水回收率/%	50
进水温度/℃	14.5
脱盐工艺类型	一级 RO
RO 运行压力/bar	60
取水方式	地下式
浓水排放方式	扩散排放
膜组数	9
能量回收装置	DWEER 双效能量转换装置
膜供应商	海德能
预处理	双介质过滤
后处理	磷酸锌、纯碱、二氧化碳
RO 设备供应商	斗山重工
项目承建单位	埃斯康迪达铜矿

2. 取水管道

取水系统不仅要保护当地海洋生态系统，还要保证海水淡化厂一直拥有充足的海水供应。为满足要求，在本项目中，采用地下隧道取水。取水隧道采用传统式离岸施工技术进行设计与建造——在太平洋安托法加斯塔附近海面下 20m 处建造了两座长 530m、内径为 2000mm 的隧道。原海水经过 3mm 细带式格栅过滤。

3. 工艺流程

该项目预处理工艺流程如下：首先在管内添加酸、混凝剂、选定的聚合物的凝聚工艺，过滤后的水进入 Doosan Enpure 砂-无烟煤双介质过滤器与压力滤器，出水通过保安过滤器过滤后再进入反渗透系统。预处理和反渗透段都由 5 台设备组成规模为 800L/s 的独立装置，其中一期包含 1~3 个此类装置。每套装置均由三级反渗透组成，产水量为 269L/s，回收率为 50%。每个压力容器中由两种不同类型的海德能 RO 膜组成——3 支 SWC5 - LD 和 4 支 SWC6 - LD 低污染膜元件。此外，项目选用福斯 DWEER 能量转换装置回收浓水中的能量，以降低整体耗能。后处理工艺中采用添加碳酸盐、调 pH 值来达到稳定产品水水质的作用，以更好地保护下游设备、泵和输送管道。通常加入的有磷酸锌、碳酸钠和二氧化碳等。

3.1.4.2　沙特 Yanbu 3 海水淡化工程

1. 项目概述

作为全球最大的海水淡化市场之一，沙特在水资源匮乏地区建设大型海水淡化项目以满足日益增长的人口和工业活动需求方面积累了丰富的经验。该项目是沙特大型海水淡化项目之一，项目处理规模达 550000m³/d，于 2013 年开始建设，原水采自红海，淡化水用以保障距淡化厂约 300km 的麦地那圣城（麦地那）的供水，同时也为 Yanbu 市及邻近乡镇、村庄提供水资源供应。工程参数详见表 3 - 3。该厂于 2016 年投运，2017 年荣获 GWI "年度城市海水淡化厂"奖项。

表 3 - 3　　　　　　　　沙特 Yanbu 3 海水淡化工程参数

工　程　名　称	沙特 Yanbu 3 海水淡化工程
处理规模/(m³/d)	550000
脱盐工艺类型	MSF
单套规模/(m³/d)	94360
交付运行时间	2016 年
原水 TDS/(mg/L)	45000
进水温度（最大值/最小值）/℃	35/17
最高盐水温度/℃	105（设计值），110（最大值）
造水比	10.6
取水方式	浸没式提升管闭式取水
浓水排放方式	开放渠外排
能耗/(kW·h/m³)	4.5
预处理	MGPS（加氯装置）
后处理/(m³/h)	22917，MSF 产水脱气（CO_2）后，通入 CO_2，溶解石灰石
设备供应商	斗山重工
项目类型	EPC
项目承建单位	SWCC
运营和维护成本/(美元/a)	6700 万
工程总造价/美元	11 亿

项目最初设想建成一个独立水电项目，除淡化厂外还包括一座 1700MW 的电厂，以便为海水淡化装置提供动力。2009 年中期，项目采购由最初的私有化模式改为采用传统的 EPC 总承包模式。在热法技术仍主导海湾海水淡化市场的背景下，技术的选择由 EPC 承包商决定：Doosan 和 Fisia 提出了较为简单的 MSF 工艺方案，而 Veolia - Sidem 和 Samsung/ACWA Sasakura 选择了投资更大、运行效率更高的 MED。最终，更简单、可靠的 MSF 设计胜出，Doosan 获得最终合同。与预期相反，最终报价与最低报价相比高出了 1 亿美元。

期间，低成本的反渗透技术不断扩大市场，沙特签署了多个反渗透海水淡化项目。较低的能耗和预付资本成本带来的利益远大于较为复杂的设计和运行成本，特别是该地区的海水很难处理，且容易出现有害的季节性藻华现象。

2. 工艺流程

项目原海水取自红海，通过浸没式取水装置送入海水淡化装置。原水在进入脱盐系统前，需进行简单的预处理——氯化以控制附着生物的生长。整个淡化厂由 6 座单机产水规模为 94360m^3/d 的装置组成。这也反映了当时热法技术的效数战，项目承建方试图通过创造最大的效数来超越竞争者。该做法有助于提高工厂整体效率，Yanbu 3 的造水比达到了 10.6，电耗为 4.5kW·h/m^3。淡化水采用 CO_2 和溶解石灰石进行后矿化，然后储存在与其他 Yanbu 设施共用的饮用水储存装置中。工艺中产生的浓盐水的排放遵循环境保护污染控制标准，先用于预热原水进水后再通过明渠排回大海。

3.1.4.3　美国圣地亚哥 Carlsbad 海水淡化工程

1. 项目概述

作为西半球最大的海水淡化厂，美国圣地亚哥 Carlsbad 海水淡化厂 2015 年才投运，由于其漫长的开发史，多年来在海水淡化领域一直备受关注。圣地亚哥镇位于半干旱地区，是美国人口第五大的城镇，人口超过 300 万。之前，来自北加利福尼亚州和科罗拉多河的水满足了该城镇 80% 以上的用水需求。因此，建设 Carlsbad 海水淡化厂的主要驱动因素之一就是减少该地区对外来水的依赖，以防外来水受干旱和监管限制影响。

Carlsbad 海水淡化厂的建设早在 1998 年就提上日程，但获得全部必需许可证和与潜在承购商谈判购水协议的过程要比预期困难得多。该厂总共面临 13 个法律挑战，最后一个挑战于 2011 年 6 月 20 日完成，这些诉讼大部分与环境有关。为了减轻工厂取用海水对环境造成的影响，Poseidon 水务同意在圣地亚哥湾建立 66 英亩的湿地并且购买碳排放额度。经过漫长的行政拖延，最终于 2013 年年初签订了长达 30 年的 BOT 合同,至此该海水淡化厂的建设才正式开始。该项目由 IDE 设计、运营,由基威特基础设施和 JF Shea 成立的合资企业负责基建,最终于 2015 年 6 月完工,之后在 12 月正式投运前进行了一段时间的测试。工程参数详见表 3 - 4。

表 3 - 4　　　　　　美国圣地亚哥 Carlsbad 海水淡化工程参数

工 程 名 称	美国圣地亚哥 Carlsbad 海水淡化工程
处理规模/(m³/d)	204390
交付运行时间	2015 年
进水 TDS/(mg/L)	34500
水回收率/%	约 50
进水温度/℃	14～30
脱盐工艺类型	4 段 RO,部分两级
RO 运行压力/bar	62
取水方式	海岸格栅取水
浓水排放方式	与冷却水混合排放
固体预处理	板框过滤、气浮、压滤、渗滤液处置
膜堆数	14
能耗/(kW·h/m³)	<3.3(不带产品水泵)
制水总成本/(美元/m³)	1.66～1.86
能量回收装置	ERI
膜供应商	陶氏
预处理	重力双介质过滤器,硫酸铁
后处理	方解石过滤器、pH 调节、加氯
设备供应商、运营商	IDE
合同模式	BOT,30 年
承购商	圣地亚哥水管局
海水淡化装置投资成本/美元	5.37 亿

由于在 Encina 电厂附近建造，海水淡化厂利用现有的电厂格栅取水口从阿瓜黑得昂达咸水湖取水和冷却水排放水。给水通过重力双介质过滤器和硫酸铁进行预处理，然后经过 4 段 14 列 SWRO 系统（部分两级配置）进行脱盐处理，之后获得的淡化产水通过方解石过滤器并进行 pH 值调节和氯化后处理，成为最终可饮用的水。

2. 水价

Poseidon 与圣地亚哥城镇水务局签订了 30 年水务购买协议，以确保 30 年内消费者购买淡化水的价格保持不变。2012 年吨水价格为 1.37～1.51 美元/m³，加上新的输送管网和配送系统，最终吨水价格为 1.67～1.89 美元/m³。随着外来水价格的不断上涨，预计在不久的将来，淡化水有望成为不太昂贵的水源选择。

自 2015 年 12 月项目启动至 2016 年 7 月，工厂已为该地区交付了超过 15 亿 gal（折合 567.8 万 m³）的淡化水，在确保圣地亚哥城镇居民未来拥有可靠的水源方面发挥着重要作用。该厂的供水主要是为了抗旱，使该地区的区域水资源保存目标从 20% 降至 13%。目前，圣地亚哥 1/3 的清洁水来自 Carls-bad 海水淡化厂，该厂为当地 40 万居民提供了水源。

3.1.4.4 沙特萨达尔 Marafiq 海水淡化厂

1. 项目概述

萨达尔（Sadara）项目位于沙特朱拜勒（Jubail）工业城海湾沿岸 20km 处，是沙特阿美石油公司和美国 DOW 化学公司合资创建的一家大型石化企业。为满足对不同质量的高品质工业用水的需求，承购商萨达尔化学公司与海水淡化厂的所有者——Jubail 和 Yanbu 两座工业城市的水电公司 Marafiq 签署了 148800m³/d 的淡化水购买协议。海水淡化厂以 20 年的 BOO 合同建造，由 Marafiq 公司拥有和运行。威立雅子公司 Sidem 于 2013 年 6 月获得了该项目的工程、采购、施工和调试（EPCC）及 10 年的运行合同。萨达尔海水淡化厂已于 2016 年 12 月完工。工程参数详见表 3-5。

表 3-5　　　　　　　沙特萨达尔 Marafiq 海水淡化工程参数

项　目　名　称	沙特萨达尔 Marafiq 海水淡化厂
总容量/(m³/d)	148000（峰值 178560）
签约时间	2013 年
交付时间	2016 年
给水 TDS/(mg/L)	<45000

续表

项 目 名 称	沙特萨达尔 Marafiq 海水淡化厂
产水回收率/%	一级 45，二级 90，总 37
产水 TDS/(mg/L)	<40（矿化前）
给水温度/℃	15～38
RO 工艺	两级
RO 运行压力/bar	<71
取水	Marafiq 冷却海水系统
浓水排放	Marafig 冷却海水排放系统
膜堆数	30 个 UF，11 个一级 RO，5 个二级 RO
能耗/(kW·h/m³)	4.35
能量回收装置	ERI PX
膜供应商	陶氏化学
预处理	DAF，自清洗过滤器，UF
后处理	石灰水，CO_2，Cl_2
产水用途	冷却塔补给水
设备供应商	SIDEM
采购模式	20 年 BOO（Sadara 与 Marafiq 公司之间），EPC＋10 年运维（Marafiq 与 Sidem 公司之间）
承购商	Sadara 化学公司

萨达尔 Marafiq 海水淡化厂提供三种不同水质的产品水——冷却塔补给用水、去离子工艺水和公用事业用水。工厂根据用水需求，可提供 20%～100% 不等的水量。工厂设计时充分考虑了冗余，可确保维持最大产水量，而且由于去除了超滤预处理、一级 RO、二级 RO 之间的中间水箱，减少了占地面积。此外，通过 1 个自动化的远程控制系统使海水淡化厂运行得到优化，同时该控制系统还接入了萨达尔石化项目综合平台，与火、气、炼化工艺以及通信系统形成交互。

2. 工厂特点

由于海水淡化厂位于内陆，因此需通过 Marafiq 的冷却海水供应网向 Jubail 供应海水。海水通过疏浚的取水隧道从阿拉伯湾抽取海水，海水流经各个泵站的粗细拦污栅，经氯化处理后被泵入明水渠，然后由数公里外的中间增压站加压，通过地下管道输送至淡化厂。

海水输送和浓盐水排放管道设施均受压。此外，淡化厂配有一个中间海水露天断流水箱，用于预处理生产线的专用泵站，以及盐水断流水箱，使盐水重力流至约 20km 外的排水管。浓盐水通过 Marafiq 回流冷却海水网排出。该海水网包括一组倒虹吸管、离岸排水隧道、排水口和疏浚排水隧道。

在进入反渗透工艺之前，给水需进行预处理，预处理单元由威立雅的专利 Spidflow® 溶气气浮装置、自清洗过滤器和超滤组成（图 3-5）。为了获得不同的出水水质并全年严格遵守质量限制，该厂采用两级 RO 工艺，配有高效等压能量回收装置、全自动冲洗和现场清洗系统，使其能耗降低至 4.35kW·h/m³ 左右，其中一级和二级 RO 约占 3.1kW·h/m³，海水淡化系统的能耗分布如图 3-6 所示。

图 3-5　海水淡化厂威立雅 Spidflow® 溶气气浮
装置（DAF）预处理系统外观图

后处理包含一座澄清饱和石灰水厂，配置有威立雅 Multiflo® 饱和器、CO_2 投加系统和加氯气消毒系统，然后储存在每种产品水质专用的水箱中（图 3-7）。

3.1.5　国外典型海水直接利用工程概况[1]

3.1.5.1　海水直流冷却

1. 日本姬路第二发电厂和加古川制铁所海水直流冷却系统

始建于 1963 年的日本姬路第二发电厂，位于本州岛姬路市南部滨海工业区，占地面积 750000m²，拥有 6 套发电机组，总装机容量 2550MW，自 1979 年开始采用清洁能源液化天然气作燃料发电。电厂采用海水直流冷却技术，

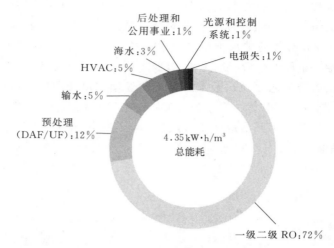

图 3-6　海水淡化系统的能耗分布

图 3-7　用于冷却塔补给水的产水储罐

冷却总规模为 371808m³/h。

　　凝汽器为铝黄铜材质，配有冷凝管清洗装置清除异物。系统采用亚铁预膜兼以阴极保护技术进行腐蚀防护，正常运行时亚铁离子的连续投加浓度为 0.01mg/L。海水冷却系统设置三道滤网：即取水口设有粗滤网，取水泵入口前设置拦污格栅和旋转滤网，在凝汽器入口前设置精滤网以有效防止海生物和异物进入系统。同时采用电解海水制氯防生物附着，保持凝汽器入口处次氯酸钠浓度为 0.05～0.1mg/L。另外，电厂在排污口设置余氯连续监测装置，当余氯浓度超标时，实时、自动控制电解制氯装置停止加药，将余氯对海洋环境的不良影响控制在最小范围内。为了降低温排水对周围海洋环境的热污染，海水冷却系统设有旁路，凝汽器出口的温海水与旁路低温海水混合后排放，且排水口设计成多孔斜坡状，可加快温排水输移扩散。

日本神户制钢所加古川制铁所海水直流冷却总规模为 288 万 m^3/d，换热器列管为钛材，海水泵采用特种不锈钢，直径 2.6m 的主管道涂有非金属涂层。为防止海洋生物进入系统，在管道入口处装有第一道金属滤网，泵入口前设置旋转滤网。设备内生物污垢定时用清洗球去除，整个海水冷却系统运行良好。

2. 法国格拉弗林海水直流冷却系统

位于法国北部大西洋沿岸的格拉弗林（Gravalines）核电站是世界上规模排名第五的核电站，占地面积 150hm^2，电站有 6 个核反应堆，总发电容量为 5400MW，约为法国总发电量的 10%。核电站冷却系统利用北海海水进行直流冷却，总规模为 900000m^3/h，抽水器设置金属滤网防止海洋大生物进入系统。冷却系统采用加氯防生物附着，加氯量为 0.8～1.0mg/L。

3. 美国水晶河电厂海水直流冷却系统

位于佛罗里达州的水晶河（Crystal River）电厂是美国第七大电厂，占地 1900hm^2，先后建成 5 套发电装置，总装机容量 3000MW。电厂 1 号、2 号燃煤机组（400MW、500MW）和 3 号核电机组（800MW）分别于 1966 年、1969 年、1977 年投入商业运营。1～3 号机组均采用海水直流冷却，海水补充水取自濒临的墨西哥湾，总规模 308792m^3/h。随着环保法规的日益严格，电厂于 1988—1993 年对 1～3 号机组的海水直流冷却系统进行技术改造，采用海水直流辅助冷却塔技术，建成 4 座美国最大的逆流式机械通风辅助海水冷却塔，对直流温排水进行冷却后再排放。辅助冷却塔为钢筋混凝土结构，采用点滴式喷溅型填料，塔入口处加氯防海生物附着，塔排水口处通入二氧化硫中和海水中残留的余氯以满足环境排放标准。2013 年 2 月，水晶河单机组核电站退役。

3.1.5.2 海水循环冷却

1. 美国 B. L. England 电站 14423m^3/h 海水循环冷却系统

大西洋城电力公司 B. L. England 电站 3 号机组 14423m^3/h 海水循环冷却系统始建于 1973 年，是美国第一座海水循环冷却装置。建有一座高 63.4m、底部直径 54.9m 的自然通风海水冷却塔，钢筋混凝土结构，最初采用石棉填料，后更换为 PVC 填料，冷却塔关键部位采用环氧防腐涂层处理，塔内金属部件采用耐腐蚀的蒙乃尔合金或不锈钢材料，冷却塔飘水率控制在循环量的

0.002%。系统采用电解海水制氯防生物附着，保持余氯浓度为 1.0mg/L。数十年的运行实践证明：通过添加防腐、阻垢和菌藻抑制剂等海水处理药剂，系统仅在 1992 年进行过一次改造（更换冷却塔填料等），冷却系统运行稳定、正常[30]。

2. 美国 Hope Creek 核电站 152200m³/h 海水循环冷却系统

美国新泽西州 Hope Creek 核电站发电能力为 3300MW（1100MW×3 套），其中建于 1979 年的两套 1100MW 机组，采用海水直流冷却技术；而建于 1986 年的第三套 1100MW 机组，考虑经济、环保等要求，采用了海水循环冷却技术，其海水循环量高达 152200m³/h。循环系统配置一座逆流式自然通风海水冷却塔和 4 台循环泵；为防止海洋生物进入系统，取水口设置滤网，取水泵入口前加次氯酸钠防海生物附着，循环冷却排污水投加硫酸氢氨中和余氯后排放回海，以最大限度地降低余氯对海洋环境的不良影响。

3. 德国罗斯托克电厂 44400m³/h 海水循环冷却系统

位于德国北部的罗斯托克电厂装机容量为 550MW 燃煤机组，1994 年 10 月投入运行。电厂距波罗的海约 7km，由于采用海水直流冷却系统输水管线较长，投资和运行费用均较高，电厂最终采用海水循环冷却结合"烟塔合一"技术[31]，海水循环量达 44400m³/h。海水经过预处理后进入循环冷却系统，循环水泵房为钢筋混凝土结构，露天布置在冷却塔旁约 10m 处，泵房采用进水前池，前池上为钢筋混凝土盖板。循环水管道表面做防腐处理。工程配置一座大型自然通风海水冷却塔，淋水面积 6720m²，冷却塔高 141.5m，出口直径 60m，底部直径 100m，冷却塔筒壁竖向加柱，支柱为放射状"一"字柱，而不是通常的圆形断面"人"字柱。淋水填料采用塑料薄膜式填料，填料高 1.0m，填料淋水面积较淡水冷却塔增加约 3.3%。塔筒内壁、塔顶部外壁、淋水构架、水池内壁及栏杆、钢梯等均刷涂料防海水和烟气腐蚀，筒壁内侧防腐采用环氧树脂 2 道加聚氨酯类涂料 1 道，筒壁外侧防腐采用含丙烯酸树脂成分的涂料 1 道。电厂烟气经脱硫后由一根直径 7m 的玻璃钢烟道通入冷却塔中部排放，烟气流量 1772000m³/h，排烟道的出口方式为箱式侧向连续排放。经过多年运行，除淋水构架 A 形柱混凝土表面和入塔金属门周边出现局部腐蚀、塔内栏杆表面涂料脱落之外，冷却系统状况良好。

4. 海湾地区海水循环冷却应用情况

在严重缺水的海湾地区，沿海石化企业非常重视利用海水循环冷却技术。2005 年，沙特化肥公司 66000m³/h 海水循环冷却系统投入运行，其海水冷却塔高 52m，底部直径 80m，出口直径 50m，塔体采用涂层、阴极保护等防腐处理以避免海水侵蚀。2007 年建成的沙特 Sharq 3 石化厂海水冷却塔高

71.3m，底部直径 127m，出口直径 80m。2009 年，位于 Al-Jubail 工业城的 Saudi Kayan 石化公司建成两座海水冷却塔，塔高 56.6m，底部直径 93.8m，出口直径 63m，塔体做特殊防腐处理。此外，科威特、卡塔尔的石化工业城均已建成或规划建设海水循环冷却工程。

3.2 国内海水利用现状

从国际平均水平看，我国水资源较为匮乏且分布不均，北方呈资源型缺水、南方呈水质型缺水，人均淡水资源量仅为世界人均量的 1/4，被联合国列为 13 个贫水国之一。沿海地区作为我国人口聚集和经济发展的中心，也是我国水资源最为紧缺的地区，天津、青岛等 70 多个大中城市用水状况日趋紧张，已严重制约经济社会可持续发展。根据国务院 2010 年批复的《全国水资源综合规划》，到 2020 年和 2030 年，全国用水总量力争分别控制在 6700 亿 m^3 和 7000 亿 m^3 以内。我国沿海地区在考虑南水北调的条件下，到 2030 年缺水量仍将高达 214 亿 m^3。

为缓解水资源危机，我国在大力推进节水的同时，积极开发利用海水等非常规水资源。海水作为稳定的水资源增量与替代水源，已逐步成为水资源的重要补充和战略储备。积极发展海水利用，对缓解我国沿海地区缺水和海岛水资源短缺形势，合理优化用水结构，促进水资源可持续利用具有非常重要的意义。党中央、国务院高度重视海水利用工作。2015 年，海水利用先后被列入《中共中央关于制定国民经济和社会发展第十三个五年规划的建议》《中共中央、国务院关于加快推进生态文明建设的意见》《水污染防治行动计划》。截至 2015 年年底，全国年冷却用海水量达 1125.66 亿 m^3[32]，海水淡化产水规模近 103 万 m^3/d。形成了具有自主知识产权的万吨级海水淡化技术，开展了 10 万吨级海水循环冷却技术的示范应用，发布了 40 项海水利用国家及行业标准。实施了以电补水、供电价格优惠等政策，探索建立了海水淡化循环经济发展、工业园区"点对点"海水淡化供水、控制用水指标促进海水淡化应用、PPP 模式[33]。

3.2.1 海水直接利用

3.2.1.1 工程规模

在各级政府的大力支持下，近年来，海水直接利用尤其海水冷却技术在我国沿海火电、核电、石化等行业得到广泛应用，年利用海水量稳步增长（图 3-8），并以海水直流冷却为主。截至 2015 年年底，年利用海水作为冷却水量为 1125.66 亿 m^3。其中，2015 年新增用量 116.66 亿 m^3[32]。

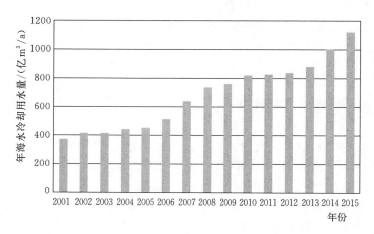

图 3-8　全国海水冷却工程年海水利用量增长图

3.2.1.2　区域分布

　　截至 2015 年年底，辽宁、天津、河北、山东、江苏、上海、浙江、福建、广东、广西、海南 11 个沿海省（自治区、直辖市）均建设有海水冷却工程，年用水量见图 3-9。海水循环冷却工程主要分布在天津、河北、山东、浙江和广东等省（直辖市）。2015 年，年海水冷却利用量超过百亿吨的省份有浙江、广东、福建、辽宁，利用量分别为 336.00 亿 m^3/a、332.18 亿 m^3/a、142.34 亿 m^3/a 和 113.81 亿 m^3/a[32]。

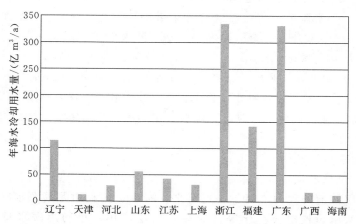

图 3-9　全国沿海省（自治区、直辖市）年海水冷却用水量统计图

3.2.1.3 利用方式与技术应用

1. 海水直流冷却

海水直流冷却在我国已有数十年的应用历史,沿海工业城市如青岛、大连等是较早开发利用海水作为直流冷却水的地区,在广东、浙江、山东、辽宁、福建等沿海省份应用较广。截至 2015 年,我国的海水直流冷却用海水量已超过 1000 亿 m^3,主要应用于沿海火电、核电及石化、钢铁等行业。其中,电厂是海水直流冷却的最大用户,电力行业的应用以配合 1000MW 和 600MW 级发电机组为主[1]。2015 年沿海核电企业新增年海水利用量 110.78 亿 m^3,占 2015 年新增总量的 94.96%。

2. 海水循环冷却

我国的海水循环冷却技术从 20 世纪 90 年代起步,近年来发展迅速。历经"八五""九五""十五"和"十一五"的持续科技攻关,我国已形成系列具有自主知识产权的海水缓蚀剂、阻垢分散剂、菌藻抑制剂和海水冷却塔关键技术,总体技术达到国际先进水平。"十五"期间,我国海水循环冷却技术进入工程示范阶段,2004 年,先后建成天津碱厂 2500m^3/h、深圳福华德电厂 2×14000m^3/h 海水循环冷却示范工程,经济、社会和环境效益显著。2009 年,宁海电厂二期 2×1000MW 超超临界机组配套的 2×100000m^3/h 海水循环冷却示范工程投运,应用规模已与国际接轨,标志着海水循环冷却技术在我国进入了大规模应用阶段。在上述工程的示范推动下,我国海水循环冷却技术产业化应用不断深入,山东海化集团 21000m^3/h 和北疆电厂一期 2×1000MW 超超临界机组配套的 2×100000m^3/h 海水循环冷却工程相继建成投运[1]。截至 2015 年年底,我国已建成海水循环冷却工程 15 个,总循环量为 94.38 万 m^3/h,新增海水循环冷却循环量 32 万 m^3/h。2015 年,相继建成浙江浙能台州第二发电有限责任公司 2×10 万 m^3/h 海水循环冷却工程、华润电力(渤海新区)有限公司 3.8 万 m^3/h 海水循环冷却工程、山东滨州魏桥电厂海水循环冷却工程 2×4.1 万 m^3/h 海水循环冷却工程。

3. 烟气脱硫

我国海水烟气脱硫工程应用初期以引进国外技术为主,1999 年 3 月,深圳西部电厂 4 号 300MW 燃煤机组引进原挪威 ABB 公司海水脱硫技术和设备,建成我国首例海水脱硫示范工程。1999—2003 年,福建漳州后石电厂(6×600MW)1~4 号机组采用日本富士化水株式会社海水脱硫技术,脱硫效率达到 90% 以上。在消化吸收国外技术的基础上,2006 年,中国东方锅炉集团自行研发并掌握了具有自主知识产权的海水脱硫关键技术,研制出无填料的钢结构喷淋空塔,并在厦门嵩屿电厂 4×300MW 机组海水脱硫装置上获得成功应用，各项指标均达到国际领先水平。2009 年，广东华能海门电厂 1 号机组采用 Alstom 公司技术，建成世界首例百万千瓦级发电机组海水脱硫装置。此外，华电青岛电厂、华能大连电厂、华能日照电厂、秦皇岛电厂等陆续建成一批海水脱硫项目[1]。

4. 大生活用海水

2015 年，我国没有新建大生活用海水工程。主要是完成涉及居民生活的多用途海水利用关键技术及装备研究，并在多功能复合絮凝剂、新型海水高速过滤技术、景观及娱乐海水处理等技术研究方面取得进展。

3.2.1.4 工程取排水

我国海水冷却工程多依托沿海电厂、石化厂建设，取排水口在我国沿海地区均有分布，多位于工业与城镇用海区、港口航运区，少数位于特殊利用区等。工程用海方式大部分为取排水口用海，部分为用于厂区建设的填海造地用海和蓄水池、沉淀池等用海。取水方式方面，海水冷却工程取水方式以管道取水为主，少数工程采用引水渠取水、借用已有取水设施取水和海滩井取水方式。排水方式方面，主要为直接排海和降温后排海。

3.2.2 海水淡化利用

3.2.2.1 工程规模

近年来，全国海水淡化工程总体规模不断增长，具体见图 3 - 10。截至 2015 年年底，全国已建成海水淡化工程 139 个，产水规模 1026545m³/d，较 2014 年增长 11.72%。其中，2015 年，全国新建成海水淡化工程 11 个，新增产水规模 107660m³/d。据《全国科技兴海规划（2016—2020 年）》统计，2015 年，我国海水利用实现增加值 14 亿元，同比增长 7.8%。

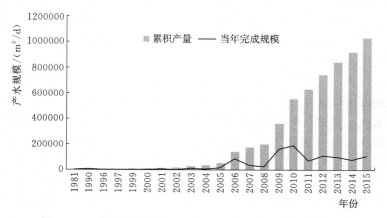

图 3 - 10 全国海水淡化工程规模增长图（1981—2015 年）

　　随着我国海水淡化产业的不断发展，单个海水淡化工程的规模不断增大。2006年建设完成一批万吨级及以上规模的海水淡化工程，使我国海水淡化工程规模开始呈现明显增长，如图3-10所示，并在2009和2010年出现爆发式的增长，当年完成的海水淡化工程规模各达到161724m³/d和192145m³/d。对各年份完成规模，按照省份细化分析可知，全国海水淡化工程规模在2006年以后的增长主要得益于天津、山东、浙江、河北和广东等几个省份，尤以天津规模增长最快。具体见图3-11。

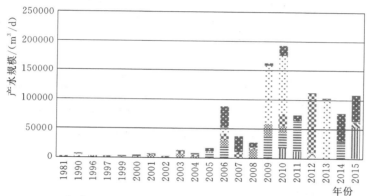

图3-11　全国海水淡化工程规模逐年变化图（当年完成规模）

　　截至2015年12月，全国已建成万吨级以上海水淡化工程31个，产水规模890960m³/d；千吨级以上、万吨级以下海水淡化工程37个，产水规模119500m³/d；千吨级以下海水淡化工程71个，产水规模16085m³/d（图3-12、图3-13）。目前全国已建成的最大海水淡化工程规模达20万m³/d（图3-14）。

3.2.2.2　区域分布

　　海水淡化工程在全国沿海9个省（直辖市）都有分布，主要位于水资源严重短缺的沿海城市和海岛，如图3-15所示。其中，天津、浙江、河北及山东的海水淡化产能较大。北方以大规模工业利用为主，主要集中在天津、河北、山东等地的电力、钢铁等高耗水行业；南方以海岛民用工程居多，主要分布在浙江、海南等地，以百吨级和千吨级工程为主，近几年也建成了一批万吨级及以上的海水淡化工程。此外，天津市、舟山市和青岛市的海水淡化工程通过"点对点"供水或与常规水源按比例掺混后，进入市政管网为居民提供生活用水。

　　沿海各省海水淡化工程规模逐年变化如图3-16所示。南部沿海省份除浙江发展历史较长外，其他各省即福建、广东、海南、江苏大都是2012—

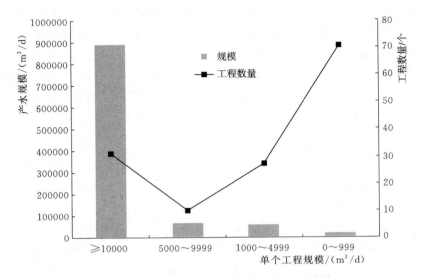

图 3 - 12　不同产水规模的海水淡化工程统计

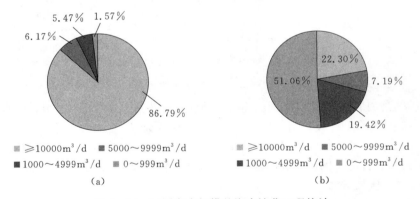

图 3 - 13　不同产水规模的海水淡化工程统计

（a）按照产水规模统计；（b）按照工程数量统计

2015 年间才有所发展，其中广东在 2015 年发展较快。北部沿海地区一直是我国海水淡化利用的领头羊，2014—2015 年基本没有项目完成。南方近年来海水淡化项目增多。

3.2.2.3　淡化水用途

我国淡化水用途比较单一，终端用户主要分为两类：一类工业用水，用于电力、石油和化工及钢铁等高耗水行业，如首钢京唐钢铁、天津大港石化、黄岛电厂等；另一类是市政供水，如青岛、浙江嵊泗、西沙永兴岛等城市和海岛饮用水。目前仍以工业应用为主，截至 2015 年 12 月，用于工业供水的

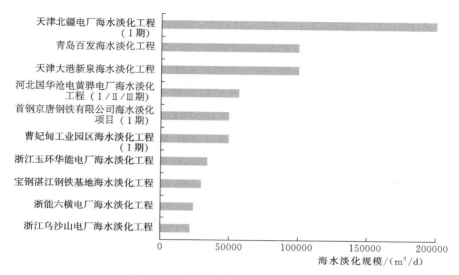

图 3-14 十大产水规模海水淡化工程

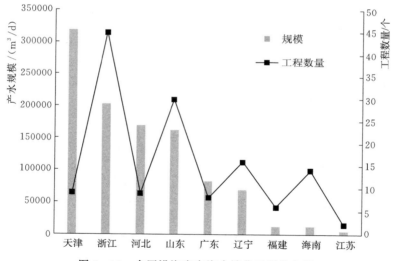

图 3-15 全国沿海省市海水淡化工程分布图

海水淡化工程规模为 652840m³/d，占我国已投建海水淡化产能的 63.60%。其中，电力企业为 35.82%，石化企业为 12.37%，钢铁企业为 9.75%，造纸企业为 2.92%，化工企业为 2.64%，建筑和矿业共占 0.10%。用于居民生活用水的工程规模为 366175m³/d，占总工程规模的 35.67%。用于试验、港务等其他用水的工程规模为 7510m³/d，占 0.73%。图 3-17、图 3-18 为全国已建

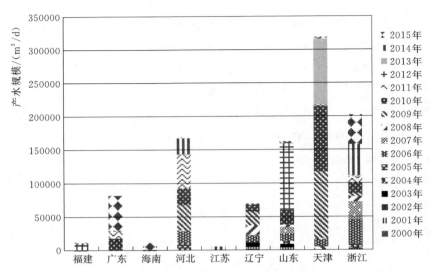

图 3-16　沿海各省海水淡化工程规模逐年变化图（当年完成规模）

成海水淡化工程产水用途分布情况。

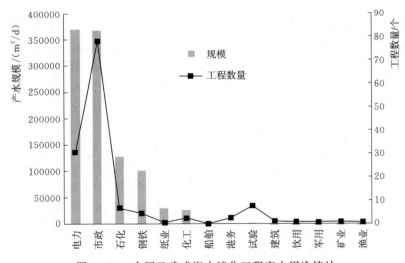

图 3-17　全国已建成海水淡化工程产水用途统计

　　在实际运行中，根据工程产水用途的不同，其海水淡化工程投产情况也
各不相同。其中，海岛居民用海水淡化工程，因不同年份降水量存在差异，
多根据居民需水量调节产水量；工业用海水淡化工程，其规模多根据厂区需
水量设计，实际产水量可达到设计规模的 60%～70%；为城市市政供水的海

水淡化工程，以及工业与民用结合的海水淡化工程，受淡化水进入市政供水管网的限制，实际产水量相对较低。但近年来积极与海水淡化水接收用户对接，通过开发多目标用户、加快建设海水淡化输水管道等，提高海水淡化水的输送与应用，实际产水量有所提高。

3.2.2.4 建设资金来源

目前，在我国已建成的海水淡化工程中，由政府提供资金的有 78 个，占总工程数的 56%；企业自筹的有 57 个，占 41%；外部投资的有 4 个，占 3%（图 3-19）。这 4 个工程分别为：天津大港新泉海水淡化工程，采用 BOO 模式，由新

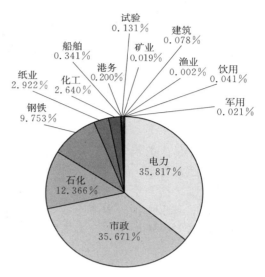

图 3-18　全国已建成海水淡化工程产水用途分布图

加坡凯发集团投资；曹妃甸工业园区海水淡化项目一期工程，采用 BOOT 模式，由阿科凌与曹妃甸管委会出资；青岛百发海水淡化工程，采用 BOOT 模式，原本由阿本戈水务、青岛碱业、青岛水务共同出资，后青岛水务收购了阿本戈水务的全部股份；江苏盐城大丰风电海水淡化装置，由大丰港控股、中医药、哈电、江苏高科技集团共同出资。

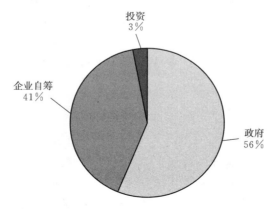

图 3-19　全国已建成海水淡化工程资金来源分布图

3.2.2.5　工程建设与管理

海水利用管理包括海水直接利用管理和海水淡化利用管理，目前我国海水直接利用管理主要由海水直接利用单位自筹、自建、自管。海水淡化利用方面，按工程属性可分为公益性、准公益性和经营性三种，目前多为准公益性和经营性项目，其投融资、运行管理和收入模式如下。

1. 准公益性工程

对于实行水务一体化的区域，由项目所在地政府或当地水行政主管部门组织建设，县乡的自来水厂或政府组建的供水公司作为投资主体，负责具体的建设和运营管理。多采用类似自来水厂供水模式，将淡化水纳入供水一体化管理范围，按当地政府物价部门核定的水价收取水费。这类工程的供水价格一般低于制水成本，成本不足部分由政府财政进行补贴。如浙江六横岛海水淡化项目，除收取水费、享受电价补贴外，浙江省政府还会补贴制水/供水差价的 45%～50%。

2. 经营性工程

通常采用 BOT 模式建设，由投资方筹集资金成立海水淡化公司，与当地政府和相关用水单位签署供水采购协议，海水淡化公司独立运营，自负盈亏，按采购协议保证产水量。投资方按当地政府物价部门核定的水价收取水费，或通过股权转让实现盈利，前者如天津大港新泉，后者如青岛百发海水淡化工程。

3.2.3　管理政策及措施

海水利用尤其是海水淡化利用作为一门跨学科综合性技术，其产业发展涉及范围广，涉及的管理部门多，涵盖海域使用、海洋环境保护、科技研发、装置设备发展等方方面面。目前，海水利用作为一种可持续、长久解决水资源短缺问题的有效途径，得到了党中央、国务院、各部委和沿海地方各级政府的高度重视，在多个法律、政策中鼓励、支持沿海地区发展海水利用，节约水资源。

3.2.3.1　管理政策与规划

3.2.3.1.1　管理体制

相对于海水淡化利用而言，海水直接利用工艺链条和环节较为简单，涉及的管理部门较少，管理体制较为顺畅。根据《国务院办公厅关于印发国家海洋局主要职责、内设机构和人员编制的规定》，海水直接利用由国家海洋局承担相应的管理职责[34]。省级及城市层面也实行职能上的上下对口，由地方海洋部门进行管理。

海水淡化利用管理方面，随着海水淡化利用管理实践的开展，在国家层面、省级层面和城市层面已经初步形成了一定的管理体制。

1. 国家层面

国家部委中，与海水淡化利用事务相关的有国家发展改革委、财政部、工信部、科技部、水利部、国家海洋局、环保部等。至 2017 年，海水淡化利用管理基本形成了"一家为主，多部门合作"的体制格局。2012 年 2 月《国务院办公厅关于加快发展海水淡化产业的意见》（国办发〔2012〕13 号）明确了海水淡化中各部委间的组织协调关系，由国家发展改革委牵头，科技部、工信部、财政部、环保部、住建部、水利部、税务总局、海洋局等有关部门参与，国家发展改革委负责综合协调和指导推动，各有关部门按照职责分工共同推进。按照现行分工规定，国家发展改革委、财政部、工信部、科技部分别从发展战略、产业政策、财税政策、技术装备发展、科技研发等方面为海水淡化利用事业提供发展条件；水利部从指导非常规水源开发利用方面，国家海洋局从海洋管理与海水利用研究、应用与管理方面，环保部从海水淡化利用的污染防治与环境保护方面对海水淡化利用实施具体管理[35]。

2. 省级层面（不含直辖市）

浙江省成立了海水淡化产业发展协调小组，初步形成了省级统筹的管理体系，省发展改革委牵头编制海水淡化产业发展规划，省水利厅从非常规水资源管理的角度入手逐步对海水淡化利用实施管理；福建省海洋部门开展了一些海水淡化利用科技研发的指导工作。但总体上讲，绝大多数省（自治区）的海水淡化利用管理体制尚未完全建立，各部门的职责分工大体与国家部委相对应，多依照部门职责和相关政策法规根据实际情况开展一定的管理工作[35]。

3. 城市层面（含直辖市）

城市层面对海水淡化利用的管理职能主要是归水务、建设、海洋三家，且多数在水务部门或建设部门。部分实行了水务一体化管理的城市，海水淡化利用已纳入水资源统一管理体系，由水务部门进行行业管理，如天津、上海、深圳、浙江舟山，其中浙江舟山市还建立了海水淡化的市县乡三级管理体系；在没有实现水务一体化管理的城市，有的将海水淡化利用与城市供水职能归属同一部门管理，如青岛市由承担城市供水管理职能的市政公用局同时承担海水利用的行业管理职能；有的将海水淡化利用管理工作分散给多个部门，如厦门市，市海洋局、市建设与管理局下属的计划用水节约用水办公室等部门均承担一部分海水淡化利用的管理职责[35]。

3.2.3.1.2　法律法规

海水利用产业是我国海洋战略性新兴产业,是海洋经济的重要组成部分。但现有产业政策手段措施尚不健全,目前,我国并无法律、行政法规对海水利用发展作出专门性规定。现有法律对海水利用的规定主要见于《中华人民共和国水法》《中华人民共和国海岛保护法》和《中华人民共和国循环经济促进法》。现有的法律规定尚未将海水利用上升为国家水资源管理战略的高度,仅以鼓励性规定为主,在具体实施办法、措施上缺乏有力支撑和保障[34]。

《中华人民共和国水法》第二十四条规定:"在水资源短缺的地区,国家鼓励对雨水和微咸水的收集、开发、利用和对海水的利用、淡化。"

我国针对海水、海域的使用管理和海洋环境的保护分别颁布实施了《中华人民共和国海域使用管理法》(2002 年 1 月 1 日起施行)、《中华人民共和国海洋环境保护法》(修订后于 2000 年 4 月 1 日起施行)和《中华人民共和国海岛保护法》(2010 年 3 月 1 日实施)及其配套的行政法规,对海水利用进行了规范。《中华人民共和国海岛保护法》和《中华人民共和国循环经济促进法》对海水利用的规定分别是:"支持有居民海岛淡水储存、海水淡化和岛外淡水引入工程设施的建设";"有居民海岛的开发、建设应当优先采用风能、海洋能、太阳能等可再生能源和雨水集蓄、海水淡化、污水再生利用等技术";"国家鼓励和支持沿海地区进行海水淡化和海水直接利用,节约淡水资源"[34]。《中华人民共和国企业所得税法实施条例》第八十八条明确规定:企业从事海水淡化项目的所得,自项目取得第一笔生产经营收入所属纳税年度起,第一年至第三年免征企业所得税,第四年至第六年减半征收企业所得税。

在财政部、国家税务总局、国家发展改革委发布的《环境保护专用设备企业所得税优惠目录》《节能节水专用设备企业所得税优惠目录》均将海水淡化设备列入其中。

3.2.3.1.3　国家和沿海地方政府政策措施

发展海水淡化产业,对缓解我国沿海缺水地区和海岛水资源短缺,优化用水结构,保障水资源可持续利用具有重要意义。"十二五"期间,我国海水淡化能力快速增长,已具备进一步发展的条件。

1. 国家层面

国家十分重视海水淡化产业的发展。国家近年来相继颁布相关政策措施见表 3-6。

表 3 - 6　　　　　　　　与海水淡化相关的政策措施（国家层面）

发布年份	名　称	主　要　内　容
2005	《海水利用专项规划》	以 2003 年为基准年，展望了 2020 年我国海水淡化发展重点、区域布局和重点工程；并重点陈述了投资分析与环境影响评价以及保障措施。该规划是我国海水淡化项目的建设依据
2010	《全国水资源综合规划》	鼓励沿海火电和核电、石油和化工、钢铁等高用水行业积极采用海水淡化、海水冷却技术，降低对新鲜水的取用量。鼓励沿海缺水城市积极发展海水淡化、海水直接利用技术。加大沿海及海岛地区海水淡化利用的水平，重点用于解决缺水及海岛地区的部分生活用水
2012	《国务院办公厅关于加快发展海水淡化产业的意见》《海水淡化科技发展"十二五"专项规划》《国家海洋局关于促进海水淡化产业发展的意见》	提出了"十二五"期间我国海水淡化产业的发展目标，以及推动使用海水淡化水、加大财税政策支持力度、实施金融和价格支持政策、完善法律法规、加强监督管理等措施
	《海水淡化产业发展"十二五"规划》	到 2015 年，我国海水淡化能力达到 220 万～260 万 m^3/d，对解决海岛新增供水量的贡献率达到 50% 以上，对沿海缺水地区新增工业供水量的贡献率达到 15% 以上；完善海水淡化产业体系，海水淡化产业产值达到 300 亿元以上，海水淡化原材料、装备制造自主创新率达到 70% 以上；建立较为完善的海水淡化产业链，关键技术、装备、材料的研发和制造能力达到国际先进水平
2012	《国务院关于实行最严格水资源管理制度的意见》	提出："鼓励并积极发展污水处理回用、雨水和微咸水开发利用、海水淡化和直接利用等非常规水源开发利用。加快城市污水处理回用管网建设，逐步提高城市污水处理回用比例。非常规水源开发利用纳入水资源统一配置。"
2013	第一批海水淡化产业发展试点单位名单发布	浙江舟山市和深圳市入选试点城市，天津滨海新区、河北沧州渤海新区入选试点园区，浙江鹿西乡（岛）入选试点海岛，杭州水处理技术研究开发中心入选产业基地，天津国投津能发电有限公司为供水试点
2014	《关于进一步加强城市节水工作的通知》	提出要因地制宜推进海水淡化水利用。鼓励沿海将海水淡化水优先用于工业企业生产和冷却用水，开展海水淡化水进入市政供水系统试点，完善相关规范和标准

发布年份	名　称	主　要　内　容
2015	《中共中央关于制定国民经济和社会发展第十三个五年规划的建议》	提出要实行最严格的水资源管理制度，以水定产、以水定城，建设节水型社会。合理制定水价，编制节水规划，实施雨洪资源利用、再生水利用、海水淡化工程
2015	《节水型社会建设"十三五"规划》	将海水淡化等非常规水利用纳入作为重点领域节水任务纳入其中
2016	《全国海水利用"十三五"规划》	提出海水利用具体目标："十三五"末，全国海水淡化总规模达到 220 万 m^3/d 以上。沿海城市新增海水淡化规模 105 万 m^3/d 以上，海岛地区新增海水淡化规模 14 万 m^3/d 以上。海水直接利用规模达到 1400 亿 m^3/a 以上，海水循环冷却规模达到 200 万 m^3/h 以上。新增苦咸水淡化规模到 100 万 m^3/d 以上。海水淡化装备自主创新率达到 80% 及以上，自主技术国内市场占有率达到 70% 以上，国际市场占有率提升 10%
2016	《水利改革发展"十三五"规划》	提出要鼓励非常规水源利用，把非常规水源纳入区域水资源统一配置。加强海水淡化和直接利用，因地制宜建设海水淡化或直接利用工程，鼓励沿海地区和工矿企业开展海水淡化水利用示范工作，将海水淡化水优先用于适用的工业企业
2016	《"十三五"国家科技创新规划》	将海水淡化与综合利用纳入了保障国家安全和战略利益的技术体系。突破低成本、高效能海水淡化系统优化设计、成套和施工各环节的核心技术；突破环境友好型大生活用海水核心共性技术，积极推进大生活用海水示范园区建设
2016	《全民节水行动计划》	沿海缺水城市和海岛，要将海水淡化作为水资源的重要补充和战略储备。在有条件的城市，加快推进海水淡化水作为生活用水补充水源，鼓励地方支持主要为市政供水的海水淡化项目，实施海岛海水淡化示范工程
2016	《全国科技兴海规划（2016—2020 年）》	"十三五"期间，海水淡化与综合利用关键装备自给率达到 80%，成套装备和工程走向国际市场。通过中央政策引导和奖励支持，鼓励地方创新体制机制，完善财税、金融、产业激励等政策，引导更多资源要素投向海水淡化等海洋战略性新兴产业，全方位、体系化地促进海水淡化产业规模化发展。推进现有企业海水循环冷却替代海水直流冷却试点示范，在滨海新建企业推广应用海水循环冷却技术。在沿海城市和海岛新建居民住宅区，推广海水作为大生活用水

续表

发布年份	名　　称	主　要　内　容
2016	《工业绿色发展规划（2016—2020 年)》	推进中水、再生水、海水等非常规水资源的开发利用，支持非常规水资源利用产业化示范工程，推动钢铁、火电等企业充分利用城市中水，支持有条件的园区、企业开展雨水集蓄利用
2017	《全国海洋经济发展"十三五"规划》	规划部署培育壮大海水利用业，提出推动海水淡化水进入市政供水管网、实施沿海缺水城市海水淡化民生保障工程、推动海水冷却技术在沿海电力等高用水行业的规模化应用、支持城市利用海水作为大生活用水的示范、推进海水化学资源高值化利用等举措
2017	《非常规水源纳入水资源统一配置的指导意见》	编制非常规水源开发利用规划，将非常规水源利用作为建设项目和规划水资源论证、取水许可审批中优先考虑的配置对象，将非常规水源纳入用水计划管理，将非常规水源开发利用工程纳入水源工程，完善非常规水源利用统计制度

　　有关部门涉及的海水利用专门的规划、指导性文件有 2005 年国家发展改革委、财政部、国家海洋局联合发布的《海水利用专项规划》，"十二五"期间国家发展改革委发布的《海水淡化产业发展"十二五"规划》、科技部发布的《海水淡化科技发展"十二五"规划》、国家海洋局发布的《关于促进海水淡化产业发展的意见》，以及"十三五"期间国家发展改革委、国家海洋局联合发布的《全国海水利用"十三五"规划》等一系列规划引导文件。其中《海水利用专项规划》是我国第一部海水淡化规划。《中华人民共和国国民经济和社会发展第十三个五年规划纲要》提出"推动海水淡化规模化应用"。其他相关部门发布多项规划，从产业发展、科技创新、体制优化、工程建设等方面对海水利用业发展进行全方位部署。2016 年年底，国家发展改革委、国家海洋局联合发布《全国海水利用"十三五"规划》，提出了发展海水利用的总体要求，从扩大海水利用应用规模、提升海水利用创新能力、健全综合协调管理机制、推动海水利用开放发展等方面指明了海水利用业的发展方向。2017 年 5 月，国家发展改革委、国家海洋局联合印发《全国海洋经济发展"十三五"规划》，规划部署培育壮大海水利用业，提出推动海水淡化水进入市政供水管网、实施沿海缺水城市海水淡化民生保障工程、推动海水冷却技术在沿海电力等高用水行业的规模化应用、支持城市利用海水作为大生活用

水的示范、推进海水化学资源高值化利用等举措。同时，海水利用也列入了《"十三五"国家科技创新规划》《全民节水行动计划》《全国科技兴海规划（2016—2020 年）》《工业绿色发展规划（2016—2020 年）》《"十三五"海洋领域科技创新专项规划》等重要规划和行动计划[36]。

尽管"十二五"期间《国务院关于加快海水淡化产业的意见》对海水利用中的淡化产业发展提出了总体思路和发展目标，对重点工作、政策措施和组织协调作出了比较全面的安排，国家海洋局、国家发展改革委、科技部等相关部门结合自身职能对海水淡化产业发展做了相应规划，但这些规划本质上属于行政规划，其核心含义即为如何有效达成未来行政目的所做的主观的理性设计与规划，更多的是目标要求与鼓励支持，对海水利用产业实现预期目标的保障途径和激励手段不多，特别是有利于海水利用的价格体系尚未建立，有利于拓宽海水利用途径的政策措施尚未出台，有利于海水利用与市场对接的多元融资渠道尚未打开，有利于海水利用的发展促进保障机制尚未研究形成……这些政策措施的不健全在很大程度上影响和制约了海水利用的规模化发展，海水利用相比海洋其他新兴产业[34]，发展基础就显得较为薄弱。

2. 地方层面

沿海地方政府积极布局海水利用业，山东、河北、天津、浙江、江苏、福建和广东等省（直辖市）纷纷将海水利用业纳入地区"十三五"海洋经济、战略性新兴产业、循环经济等发展规划。如《山东省"十三五"海洋经济发展规划》《河北省海洋经济发展"十三五"规划》《天津市建设海洋强市行动计划（2016—2020 年）》《浙江省循环经济发展"十三五"规划》《江苏省"十三五"海洋经济发展规划》《福建省"十三五"海洋经济发展专项规划》《福建省"十三五"战略性新兴产业发展专项规划》《广东省海洋经济发展"十三五"规划》等[36]。

此外，各沿海地方政府也出台了相应的优惠政策。

（1）天津市。《天津市海水淡化产业优惠政策》中将淡化海水纳入水资源进行统一配置，政府给予差价适当补贴；减免海水淡化企业用地的出让金；减免海水淡化企业海水资源税；建立海水淡化专项资金，对海水淡化项目建设给予贷款贴息；将海水淡化的专用供电、供水设施纳入城市基础设施建设范畴；将海水淡化项目列入天津市高新技术和基础建设的重点工程，在规划、用地、设计、建设、管理等诸方面，简化审批程序，减免相应收费。《天津市海水资源综合利用循环经济发展专项规划（2015—2020 年）》《关于加强海水淡化水配置利用工作的通知》也作出相关要求。

（2）浙江省。浙江省积极研究制定在税收优惠、产业技术、价格扶持和

用地保障、项目运营、技术和设备出口、人才培养与知识产权保护、行业组织与管理等方面的海水淡化利用扶持政策。2013 年，浙江省物价局转发《国家发展改革委调整销售电价分类结构有关问题的通知》，要求自 12 月 1 日起，海水淡化用电由工业用电转为农业生产用电。同年省发展改革委出台《浙江省海水淡化产业发展"十二五"规划》，提出要加大财政投入力度，完善税收支持政策，加大价格扶持和土地保障力度，积极探索海水淡化企业向电厂直购电，加大金融支持力度。此外，还设立了海水淡化专项补偿资金，政府给予差价适当补贴。

（3）河北省。《河北省加快发展海水淡化产业三年行动方案（2013—2015 年)》提出：将淡化海水纳入省市水资源计划统一配置，探索对进入市政供水系统的淡化水价格补贴，将淡化水输送管网纳入城市供水管网建设；严格限制沿海地区特别是曹妃甸区、渤海新区内新建以地下水、地表水为水源的高耗水项目；建立按质论价的水价形成机制，加大对海水淡化的补贴力度；积极争取曹妃甸区、渤海新区列为国家大用户直购电试点，对海水淡化用电执行优惠电价；完善政策措施，简化项目审批程序，建立促进海水淡化发展的价格机制、财税机制及投融资机制。

（4）山东省。《山东半岛蓝色经济区发展规划》提出：鼓励有条件的生活小区、工业企业使用海水淡化水，加快建设一批海水淡化及综合利用示范城市。《威海市人民政府关于实行最严格水资源管理制度的实施意见》提出：做好辖区内淡化海水等各类水资源的统一调度配置，鼓励并积极发展淡化海水等非常规水源开发利用。《青岛市海水淡化产业发展规划》提出，到 2015 年全市海水淡化能力达到 40 万 m^3/d，海水淡化产业总产值达到 120 亿元，带动相关行业产值增加 400 亿元。

（5）辽宁省。大连市将海水淡化产业纳入循环经济发展，并从立法、政策、技术、工程建设等多方面加以引导。《大连市海水利用规划（2008—2020 年)》《加快推动海水淡化产业发展实施海水淡化示范工程的意见》提出：要严控高耗水工业项目用水审批，严格要求沿海石化企业、电厂实施海水淡化；实行特许经营权，拓宽融资渠道，给予合理水价补贴；探索实施新的水价形成机制，合理制定购售水分类水价，实行鼓励海水淡化的价格政策；对纳入市政府专项规划，并经批准建设的示范项目，给予投资补贴或贷款贴息等资金支持；对海水淡化生产企业、设备研发制造企业给予相应的税费减免。

（6）广东省。广东省的海水淡化还处于试点阶段。《珠海市特色海洋经济发展规划（2013—2020 年)》提出：到 2020 年，实现海水淡化产业聚集；

海水淡化在无居民海岛的利用实现推广，在桂山、万山、外伶仃等海岛优先建设海水淡化厂。深圳提出将常规与非常规水资源开发利用并重。《深圳海水淡化试点城市工作方案》提出：到 2015 年实现对海水淡化水新增工业供水量的贡献率达到 15% 以上，依托中广核和深能源，打造 2 个 5 万吨级以上海水淡化示范工程；推广淡化水作为高水耗企业的工业锅炉补给水、工业冷却水等。

3.2.3.2　各地区实施与落实情况

1. 规划落实情况

对比规划提出的目标不难发现，当前我国交出的"海水淡化 102.65 万 m³/d 的产水能力"的成绩单，还远远没有达到《海水淡化产业发展"十二五"规划》中提及的 2015 年"我国海水淡化产能达到 220 万 m³/d 以上，海水淡化产业产值达到 300 亿元以上"的目标。数据显示，目前完成规模尚不足规划目标的一半。

由于广东等多个沿海省份没有可依据的"十二五"规划目标，表 3-7 和图 3-20 中仅列出了沿海五个省（直辖市）的"十二五"末完成情况对比。从中可知，同全国海水淡化的规模完成情况相同，"十二五"末沿海各省（直辖市）的海水淡化也未能如期达到规划目标。若以全国的实际完成率作为参考基准，则天津、浙江的完成情况较好，完成率分别达到规划目标的 66.10% 和 57.66%；河北、山东的完成情况稍逊，但也与全国的完成率基本相当；辽宁的完成情况较差，仅完成规划目标的一成左右，为 13.63%。

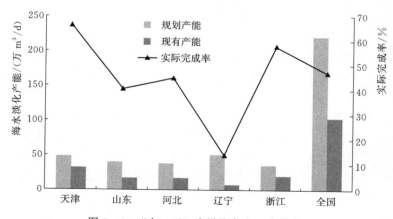

图 3-20　"十二五"末沿海各省（直辖市）
海水淡化产能与规划目标对比情况

表 3-7 "十二五"末沿海各省（直辖市）海水淡化产能与规划目标对比情况

省（直辖市）	天津	山东	河北	辽宁	浙江	全国
规划目标/（万 m³/d）	48	40	37.67～87.67	50	35	220～260
产能/（万 m³/d）	31.73	16.07	16.86	6.82	20.18	102.65
实际完成率/%	66.10	40.18	44.76	13.63	57.66	46.66

2. 政策措施落实情况

在前述对沿海各省（直辖市）海水淡化发展的政策、措施等系统整理与分析的基础上，可看出目前海水淡化政策措施在天津、浙江、河北、山东 4 个沿海省（直辖市）得到了具体的落实与执行。

3. 小结

综合规划和政策措施的落实情况来看，目前政策导向较为明确、贯彻落实情况优异的省（直辖市）主要是：天津、浙江、河北和山东。但同时，广东、福建等省份近几年来加大了对海水淡化的投入，海水淡化工程规模得到了飞速发展，同时也在抓紧出台具体的政策措施，如近期厦门市人民政府办公厅印发 2015 年全市海洋经济工作要点时提出，要由市海洋渔业局牵头，市发改委、科技局、各区人民政府配合，抓紧编制《厦门市海水淡化产业发展规划》。因此，除了天津、浙江、河北、山东这些在海水淡化产业发展取得成效的省（直辖市）外，南部沿海省市的海水淡化市场和政策措施动向也值得密切关注。

3.2.4 海水利用标准

海水利用是涉及多方面的系统工程，要加速海水利用进程、提升海水利用产业化水平，必须以海水利用行业的标准化作为基础与支撑[37]。同时，海水利用标准化工作对改变水资源供水结构、推进水资源可持续利用也具有重要的支撑作用[38]。

3.2.4.1 我国海水利用标准体系的构建与框架

按照标准所起的作用和涉及的范围，标准分为国际标准、区域标准、国家标准、行业标准、地方标准和企业标准等不同层次和级别。按照《中华人民共和国标准化法》（2017 年 11 月 4 日修订）[39]的规定，我国通常将标准划分为国家标准、行业标准、地方标准和团体标准、企业标准 4 个层次。各层次之间有一定的依从关系和内在联系，形成一个覆盖全国又层次分明的标准体系。其中，国家标准分为强制性标准、推荐性标准，行业标准、地方标准是推荐性标准。标准的复审周期一般不超过五年。

在我国，国家标准化管理委员会是国务院授权的履行行政管理职能，统一管理全国标准化工作的主管机构。国务院有关行政主管部门分工管理本部门、本行业的标准化工作。2018 年 3 月，根据国务院机构改革方案，国家标准化管理委员会职责划入国家市场监督管理总局，对外保留牌子。

1. 标准化规划和指导政策

近年来，随着我国海水利用尤其是海水淡化利用的蓬勃发展，海水利用标准化工作逐渐受到国家有关部门重视。2006 年，国家标准委、发展改革委、科技部和海洋局联合发布了《海水利用标准发展计划》，共设计了 96 项标准。此外海水淡化标准还作为重要内容列入《标准化"十一五"发展规划纲要》。2012 年，《国务院办公厅关于加快发展海水淡化产业的意见》（国办发〔2012〕13 号）提出要重点研究制定海水淡化取排水、原材料药剂、淡化水水质及卫生检验、海水淡化工艺技术、检测技术、工程设计规范和运行管理、海水淡化监管标准以及相关设备的设计和质量等方面的标准。2014 年，国家标准化管理委员会等十二部委又联合发布了《2014 年战略性新兴产业标准综合体指导目录》，将"海水淡化标准综合体"纳入其中，涉及水资源、机械制造、化工、树脂制造、分离膜等领域。2016 年 8 月国家质检总局、国家标准委、工信部联合印发《装备制造业标准化和质量提升规划》，其中提到"重点研制海水淡化生产工艺、成套装置及管件部件等技术标准"。

2009 年，结合海水利用行业发展现状和趋势，根据《标准体系表编制原则和要求》（GB/T 13016—2009）等有关规定，初步建立了全面成套、层次恰当、划分明确的海水淡化标准体系。

2. 海水利用标准体系框架

根据专业领域特点，标准体系细分为三个领域：海水淡化（蒸馏法海水淡化、膜法海水淡化、移动式海水淡化），海水直接利用（海水冷却、大生活用海水利用、海水脱硫）和海水化学资源提取。其中，海水化学资源提取不在本书讨论范围内。每个领域可细分为：①分类、术语、型号编制、结构要素等方面的基础标准；②规划、设计、配备、评价、验收等方面的规范、规程；③劳动安全、卫生和环境保护方面的标准；④工程系统运行、质量、能耗等管理；⑤工程作业的装备及产品标准[40]；⑥原水、产水水质要求相关标准。我国海水利用标准体系框图如图 3-21 所示。

3.2.4.2　现有标准体系结构和布局分析

随着《海水利用标准发展计划》等有关标准规划文件的出台，我国海水利用标准化工作取得了长足进步，如图 3-22 所示。据不完全统计，截至

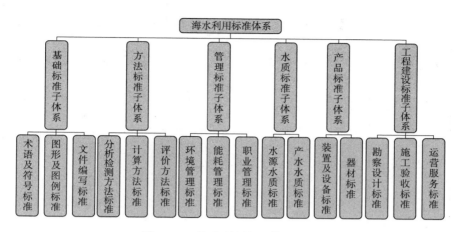

图 3-21 海水利用标准体系框图

2018 年 7 月底已发布国家及行业标准共 125 项，标准覆盖海水淡化、海水冷却、大生活用海水、海水利用膜产品等海水利用领域[40]（表 3-8），其中即将实施标准 6 项。现行的海水淡化标准 84 项，占总量的 70.59%；海水冷却 20 项，占总量的 16.81%；大生活用海水 6 项，占总量的 5.04%；海水脱硫 2 项，占总量 1.68%；另外还有海水利用通用标准 7 项，占总量 5.88%，如图 3-23 所示。此外，2009 年之前海水利用标准全集中在海水淡化领域，2009 年开始逐步发布海水冷却、海水脱硫、大生活用海水领域标准。其中，2013 年当年出台大生活用海水标准 5 项，2015 年、2017 年各出台海水冷却标准 5 项和 10 项，如图 3-24 所示。

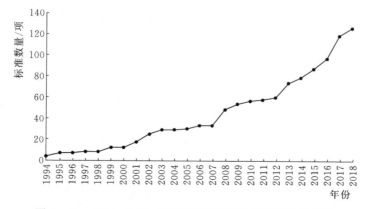

图 3-22 1994—2018 年海水利用标准数量年度增长情况

表 3 - 8　我国海水利用标准汇总

序号	一级类别	二级类别	标准中文名称	标准号	发布日期	实施日期	级别	标准状态	技术类型
1	基础标准	术语及符号标准	膜分离技术　术语	GB/T 20103—2006	2006 - 2 - 16	2006 - 8 - 1	国标	现行	海水淡化
2	基础标准	术语及符号标准	膜组件及装置型号命名	GB/T 20502—2006	2006 - 9 - 4	2006 - 12 - 1	国标	现行	海水淡化
3	基础标准	术语及符号标准	海水利用术语　第 1 部分：海水冷却技术	HY/T 203.1—2016	2016 - 5 - 5	2016 - 8 - 1	HY 海洋	现行	海水淡化
4	基础标准	术语及符号标准	海水利用术语　第 2 部分：海水淡化技术	HY/T 203.2—2016	2016 - 5 - 5	2016 - 8 - 1	HY 海洋	现行	海水冷却
5	基础标准	术语及符号标准	海水利用术语　第 3 部分：大生活用海水技术	HY/T 203.3—2016	2016 - 5 - 5	2016 - 8 - 1	HY 海洋	现行	大生活用海水
6	基础标准	术语及符号标准	海水淡化水源地保护区划分技术规范	HY/T 220—2017	2017 - 2 - 21	2017 - 6 - 1	HY 海洋	现行	海水淡化
7	方法标准	分析检测方法标准	反渗透膜测试方法	GB/T 32373—2015	2015 - 12 - 31	2016 - 6 - 1	国标	现行	海水淡化
8	方法标准	分析检测方法标准	海水淡化反渗透装置测试评价方法	GB/T 32359—2015	2015 - 12 - 31	2016 - 5 - 1	国标	现行	海水淡化
9	方法标准	分析检测方法标准	超滤膜测试方法	GB/T 32360—2015	2015 - 12 - 31	2016 - 5 - 1	国标	现行	海水淡化
10	方法标准	分析检测方法标准	纳滤膜测试方法	GB/T 34242—2017	2017 - 9 - 7	2018 - 4 - 1	国标	现行	海水淡化

续表

序号	一级类别	二级类别	标准中文名称	标准号	发布日期	实施日期	级别	标准状态	技术类型
11	方法标准	分析检测方法标准	中空纤维超滤膜和微滤膜组件完整性检测方法	GB/T 36137—2018	2018-5-14	2018-12-1	国标	即将实施	海水淡化
12	方法标准	分析检测方法标准	渗透气化透水膜性能测试方法	GB/T 34243—2017	2017-9-7	2018-4-1	国标	现行	海水淡化
13	方法标准	分析检测方法标准	分离膜外壳循环压力试验方法	GB/T 33896—2017	2017-7-12	2018-2-1	国标	现行	海水淡化
14	方法标准	分析检测方法标准	海水冷却水质要求及分析检测方法 第1部分：钙、镁离子的测定	GB/T 33584.1—2017	2017-5-12	2017-12-1	国标	现行	海水冷却
15	方法标准	分析检测方法标准	海水冷却水质要求及分析检测方法 第2部分：锌的测定	GB/T 33584.2—2017	2017-5-12	2017-12-1	国标	现行	海水冷却
16	方法标准	分析检测方法标准	海水冷却水质要求及分析检测方法 第3部分：氯化物的测定	GB/T 33584.3—2017	2017-5-12	2017-12-1	国标	现行	海水冷却
17	方法标准	分析检测方法标准	海水冷却水质要求及分析检测方法 第4部分：硫酸盐的测定	GB/T 33584.4—2017	2017-5-12	2017-12-1	国标	现行	海水冷却
18	方法标准	分析检测方法标准	海水冷却水质要求及分析检测方法 第5部分：溶解固形物的测定	GB/T 33584.5—2017	2017-5-12	2017-12-1	国标	现行	海水冷却

续表

序号	一级类别	二级类别	标准中文名称	标准号	发布日期	实施日期	级别	标准状态	技术类型
19	方法标准	分析检测方法标准	海水冷却水质要求及分析检测方法 第6部分：异养菌的测定	GB/T 33584.6—2017	2017-5-12	2017-12-1	国标	现行	海水冷却
20	方法标准	分析检测方法标准	海水淡化装置能量消耗测试方法	HY/T 245—2018	2018-7-9	2018-10-1	HY海洋	即将实施	海水淡化
21	方法标准	分析检测方法标准	反渗透膜亲水性测试方法	HY/T 212—2016	2016-11-7	2017-2-1	HY海洋	现行	海水淡化
22	方法标准	分析检测方法标准	卷式反渗透元件测试方法	HY/T 107—2017	2017-7-20	2017-11-1	HY海洋	现行	海水淡化
23	方法标准	分析检测方法标准	中空纤维反渗透技术 中空纤维反渗透组件测试方法	HY/T 054.2—2001	2001-7-27	2002-1-1	HY海洋	现行	海水淡化
24	方法标准	分析检测方法标准	中空纤维反渗透膜测试方法	HY/T 049—1999	1999-4-24	1999-7-1	HY海洋	现行	海水淡化
25	方法标准	分析检测方法标准	中空纤维超滤膜测试方法	HY/T 050—1999	1999-4-26	1999-7-1	HY海洋	现行	海水淡化
26	方法标准	分析检测方法标准	中空纤维超/微滤膜断裂拉伸强度测定方法	HY/T 213—2016	2016-11-7	2017-2-1	HY海洋	现行	海水淡化
27	方法标准	分析检测方法标准	微孔滤膜孔性能测定方法	HY/T 039—1995	1995-2-20	1995-7-1	HY海洋	现行	海水淡化
28	方法标准	分析检测方法标准	中空纤维微孔滤膜测试方法	HY/T 051—1999	1999-4-26	1999-7-1	HY海洋	现行	海水淡化

续表

序号	一级类别	二级类别	标准中文名称	标准号	发布日期	实施日期	级别	标准状态	技术类型
29	方法标准	分析检测方法标准	管式陶瓷微孔滤膜测试方法	HY/T 064—2002	2002－12－30	2003－2－1	HY 海洋	现行	海水淡化
30	方法标准	分析检测方法标准	海水冷却水中铁的测定	HY/T 191—2015	2015－7－30	2015－10－1	HY 海洋	现行	海水冷却
31	方法标准	分析检测方法标准	海水冷却塔测试规程	HY/T 232—2018	2018－2－13	2018－5－1	HY 海洋	现行	海水冷却
32	方法标准	分析检测方法标准	海水水处理剂分散性能的测定 分散氧化铁法	HY/T 163—2013	2013－11－13	2014－5－1	HY 海洋	现行	海水利用
33	方法标准	计算方法标准	电渗析技术 脱盐方法	HY/T 034.4—1994	1994－12－17	1995－7－1	HY 海洋	现行	海水淡化
34	方法标准	评价方法标准	海水综合利用工程环境影响评价技术导则	GB/T 22413—2008	2008－10－20	2009－5－1	国标	现行	海水利用
35	方法标准	评价方法标准	海水冷却水处理药剂性能 评价方法 第1部分：缓蚀性能的测定	GB/T 34550.1—2017	2017－9－29	2018－1－1	国标	现行	海水冷却
36	方法标准	评价方法标准	海水冷却水处理药剂性能 评价方法 第2部分：阻垢性能的测定	GB/T 34550.2—2017	2017－9－29	2018－1－1	国标	现行	海水冷却
37	方法标准	评价方法标准	海水冷却水处理药剂性能 评价方法 第3部分：菌藻抑制性能的测定	GB/T 34550.3—2017	2017－9－29	2018－1－1	国标	现行	海水冷却

续表

序号	一级类别	二级类别	标准中文名称	标 准 号	发布日期	实施日期	级别	标准状态	技术类型
38	方法标准	评价方法标准	海水冷却水处理药剂性能评价方法 第4部分：动态模拟试验	GB/T 34550.4—2017	2017-9-29	2018-1-1	国标	现行	海水冷却
39	方法标准	评价方法标准	海水综合利用工程废水排放海域水质影响评价方法	HY/T 129—2010	2010-2-10	2010-3-1	HY 海洋	现行	海水利用
40	管理标准	环境管理标准	污水海洋处置工程污染控制标准	GB 18486—2001	2001-11-12	2002-1-1	国标	现行	海水利用
41	水质标准	原水水质标准	海水水质标准	GB 3097—1997	1997-12-3	1998-7-1	国标	现行	海水利用
42	水质标准	产水水质标准	生活饮用水卫生标准	GB 5749—2006	2006-12-29	2007-7-1	国标	现行	海水淡化
43	水质标准	产水水质标准	食品安全国家标准 包装饮用水	GB 19298—2014	2014-12-24	2015-5-24	国标	现行	海水淡化
44	水质标准	产水水质标准	海水淡化产品水水质要求	HY/T 247—2018	2018-7-9	2018-10-1	HY 海洋	即将实施	海水淡化
45	水质标准	产水水质标准	电渗析技术 用于锅炉给水的处理要求	HY/T 034.5—1994	1994-12-17	1995-7-1	HY 海洋	现行	海水淡化
46	产品标准	装置及设备标准	反渗透水处理设备*	GB/T 19249—2003	2003-7-14	2003-12-1	国标	现行	海水淡化

续表

序号	一级类别	二级类别	标准中文名称	标准号	发布日期	实施日期	级别	标准状态	技术类型
47	产品标准	装置及设备标准	卷式聚酰胺复合反渗透膜元件	GB/T 34241—2017	2017-9-7	2018-4-1	国标	现行	海水淡化
48	产品标准	装置及设备标准	反渗透能量回收装置通用技术规范	GB/T 30299—2013	2013-12-31	2014-8-1	国标	现行	海水淡化
49	产品标准	装置及设备标准	多效蒸馏海水淡化装置通用技术要求	GB/T 33542—2017	2017-3-9	2017-10-1	国标	现行	海水淡化
50	产品标准	装置及设备标准	碟管式膜处理设备	GB/T 33758—2017	2017-5-12	2017-12-1	国标	现行	海水淡化
51	产品标准	装置及设备标准	中空纤维帘式膜组件	GB/T 25279—2010	2010-9-26	2011-8-1	国标	现行	海水淡化
52	产品标准	装置及设备标准	燃煤烟气脱硫设备 第3部分：燃煤烟气海水脱硫设备	GB/T 19229.3—2012	2012-11-5	2013-6-1	国标	现行	海水淡化
53	产品标准	装置及设备标准	连续膜过滤水处理装置	HY/T 165—2013	2013-11-13	2014-5-1	HY海洋	现行	海水淡化
54	产品标准	装置及设备标准	GTL-D型膜孔测定仪	HY/T 038—1995	1995-2-20	1995-7-1	HY海洋	现行	海水淡化
55	产品标准	装置及设备标准	反渗透透用能量回收装置	HY/T 108—2008	2008-3-31	2008-4-1	HY海洋	现行	海水淡化
56	产品标准	装置及设备标准	反渗透透用高压泵技术要求	HY/T 109—2008	2008-3-31	2008-4-1	HY海洋	现行	海水淡化

续表

序号	一级类别	二级类别	标准中文名称	标准号	发布日期	实施日期	级别	标准状态	技术类型
57	产品标准	装置及设备标准	移动式反渗透淡化装置	HY/T 211—2016	2016－11－7	2017－2－1	HY 海洋	现行	海水淡化
58	产品标准	装置及设备标准	海岛反渗透海水淡化装置	HY/T 246—2018	2018－7－9	2018－10－1	HY 海洋	即将实施	海水淡化
59	产品标准	装置及设备标准	饮用纯净水制备系统 SRO 系列反渗透设备	HY/T 068—2002	2002－12－30	2003－2－1	HY 海洋	现行	海水淡化
60	产品标准	装置及设备标准	反渗透海水淡化装置	CB/T 3753—1995	1995－12－19	1996－8－1	CB 船舶	现行	海水淡化
61	产品标准	装置及设备标准	反渗透海水淡化高压泵	JB/T 13152—2017	2017－4－12	2018－1－1	JB 机械	现行	海水淡化
62	产品标准	装置及设备标准	反渗透海水淡化高压增压泵	JB/T 13153—2017	2017－4－12	2018－1－1	JB 机械	现行	海水淡化
63	产品标准	装置及设备标准	中空纤维反渗透技术中空纤维反渗透组件	HY/T 054.1—2001	2001－7－27	2002－1－1	HY 海洋	现行	海水淡化
64	产品标准	装置及设备标准	蒸馏法海水淡化蒸汽喷射装置通用技术要求	HY/T 116—2008	2008－3－31	2008－4－1	HY 海洋	现行	海水淡化
65	产品标准	装置及设备标准	低温多效蒸馏海水淡化装置技术条件	DL/T 1285—2013	2013－11－28	2014－4－1	DL 电力	现行	海水淡化
66	产品标准	装置及设备标准	喷淋式海水淡化装置	CB/T 3803—2005	2005－12－12	2006－5－1	CB 船舶	现行	海水淡化

续表

序号	一级类别	二级类别	标准中文名称	标准号	发布日期	实施日期	级别	标准状态	技术类型
67	产品标准	器材标准	板式海水淡化装置规范	CB 1397—2008	2008-3-17	2008-10-1	CB 船舶	现行	海水淡化
68	产品标准	装置及设备标准	闪发式海水淡化装置	CB/T 4269—2013	2013-12-31	2014-7-1	CB 船舶	现行	海水淡化
69	产品标准	装置及设备标准	管式海水淡化装置	CB 841—1999	1999-4-30	1999-8-1	CB 船舶	现行	海水淡化
70	产品标准	装置及设备标准	电渗析技术 电渗析器	HY/T 034.3—1994	1994-12-17	1995-7-1	HY 海洋	现行	海水淡化
71	产品标准	装置及设备标准	中空纤维超滤装置	HY/T 060—2002	2002-12-30	2003-2-1	HY 海洋	现行	海水淡化
72	产品标准	装置及设备标准	超滤膜及其组件	HY/T 112—2008	2008-3-31	2008-4-1	HY 海洋	现行	海水淡化
73	产品标准	装置及设备标准	中空纤维超滤膜组件	HY/T 062—2002	2002-12-30	2003-2-1	HY 海洋	现行	海水淡化
74	产品标准	装置及设备标准	卷式超滤技术 卷式超滤元件	HY/T 073—2003	2003-9-3	2003-10-1	HY 海洋	现行	海水淡化
75	产品标准	装置及设备标准	聚偏氟乙烯微孔滤膜折叠式过滤器	HY/T 066—2002	2002-12-30	2003-2-1	HY 海洋	现行	海水淡化

续表

序号	一级类别	二级类别	标准中文名称	标 准 号	发布日期	实施日期	级别	标准状态	技术类型
76	产品标准	装置及设备标准	中空纤维微滤膜组件	HY/T 061—2017	2017 - 2 - 21	2017 - 6 - 1	HY 海洋	现行	海水淡化
77	产品标准	装置及设备标准	中空纤维微孔滤膜装置	HY/T 103—2008	2008 - 3 - 4	2008 - 4 - 1	HY 海洋	现行	海水淡化
78	产品标准	装置及设备标准	陶瓷维微孔滤膜组件	HY/T 104—2008	2008 - 3 - 4	2008 - 4 - 1	HY 海洋	现行	海水淡化
79	产品标准	装置及设备标准	管式陶瓷微孔滤膜元件	HY/T 063—2002	2002 - 12 - 30	2003 - 2 - 1	HY 海洋	现行	海水淡化
80	产品标准	装置及设备标准	中空纤维膜 N_2 - H_2 分离器	HY/T 105—2008	2008 - 3 - 4	2008 - 4 - 1	HY 海洋	现行	海水淡化
81	产品标准	装置及设备标准	纳滤膜及其组件	HY/T 113—2008	2008 - 3 - 31	2008 - 4 - 1	HY 海洋	现行	海水淡化
82	产品标准	装置及设备标准	纳滤装置	HY/T 114—2008	2008 - 3 - 31	2008 - 4 - 1	HY 海洋	现行	海水淡化
83	产品标准	装置及设备标准	电去离子膜堆（组件）	HY/T 120—2008	2008 - 7 - 28	2008 - 10 - 1	HY 海洋	现行	海水淡化
84	产品标准	装置及设备标准	多参数水质仪	HY/T 126—2009	2009 - 3 - 20	2009 - 5 - 1	HY 海洋	现行	海水利用

续表

序号	一级类别	二级类别	标准中文名称	标准号	发布日期	实施日期	级别	标准状态	技术类型
85	产品标准	器材标准	海水淡化装置用铜合金无缝管	GB/T 23609—2009	2009-4-15	2010-2-1	国标	现行	海水淡化
86	产品标准	器材标准	海水输送用合金钢无缝钢管	GB/T 30070—2013	2013-12-17	2014-9-1	国标	现行	海水利用
87	产品标准	器材标准	海水淡化装置用不锈钢焊接钢管	GB/T 32569—2016	2016-2-24	2017-1-1	国标	现行	海水淡化
88	产品标准	器材标准	电渗析技术 异相离子交换膜	HY/T 034.2—1994	1994-12-17	1995-7-1	HY海洋	现行	海水淡化
89	产品标准	器材标准	微孔滤膜	HY/T 053—2001	2001-7-27	2002-1-1	HY海洋	现行	海水淡化
90	产品标准	器材标准	聚偏氟乙烯微孔滤膜	HY/T 065—2002	2002-12-30	2003-2-1	HY海洋	现行	海水淡化
91	产品标准	器材标准	卷式超滤技术 平板超滤膜	HY/T 072—2003	2003-9-3	2003-10-1	HY海洋	现行	海水淡化
92	产品标准	器材标准	聚丙烯中空纤维微孔滤膜	HY/T 110—2008	2008-3-31	2008-4-1	HY海洋	现行	海水淡化
93	产品标准	器材标准	离子交换膜 第1部分：电驱动膜	HY/T 166.1—2013	2013-11-13	2014-5-1	HY海洋	现行	海水淡化

续表

序号	一级类别	二级类别	标准中文名称	标准号	发布日期	实施日期	级别	标准状态	技术类型
94	产品标准	器材标准	聚丙烯中空纤维微孔膜	HY/T 110—2008	2008-3-31	2008-4-1	HY海洋	现行	海水淡化
95	产品标准	器材标准	折叠筒式微孔膜过滤芯	HY/T 055—2001	2001-7-27	2002-1-1	HY海洋	现行	海水淡化
96	产品标准	器材标准	水处理用玻璃钢罐	HY/T 067—2002	2002-12-30	2003-2-1	HY海洋	现行	海水淡化
97	产品标准	器材标准	海水冷却水处理碳钢缓蚀阻垢剂技术要求	HY/T 189—2015	2015-7-30	2015-10-1	HY海洋	现行	海水冷却
98	工程建设	勘察设计标准	海水淡化反渗透系统运行管理规范	GB/T 31328—2014	2014-12-5	2015-6-1	国标	现行	海水淡化
99	工程建设	勘察设计标准	海水淡化预处理膜系统设计规范	GB/T 31327—2014	2014-12-5	2015-6-1	国标	现行	海水淡化
100	工程建设	勘察设计标准	火力发电厂海水淡化工程设计规范	GB/T 50619—2010	2010-8-18	2011-6-1	国标	现行	海水淡化
101	工程建设	勘察设计标准	钢铁行业海水淡化技术规范 第1部分：低温多效蒸馏法	GB/T 33463.1—2017	2017-2-28	2017-11-1	国标	现行	海水淡化
102	工程建设	勘察设计标准	海水循环冷却水处理设计规范	GB/T 23248—2009	2009-3-11	2009-11-1	国标	现行	海水冷却

续表

序号	一级类别	二级类别	标准中文名称	标准号	发布日期	实施日期	级别	标准状态	技术类型
103	工程建设	勘察设计标准	核电站海水循环系统防腐蚀作业技术规范	GB/T 31404—2015	2015－5－15	2015－10－1	国标	现行	海水冷却
104	工程建设	勘察设计标准	滨海电厂海水冷却水系统牺牲阳极阴极保护	GB/T 16166—2013	2013－9－27	2014－5－1	国标	现行	海水冷却
105	工程建设	勘察设计标准	膜法水处理反渗透海水淡化工程设计规范	HY/T 074—2003	2003－9－3	2003－10－1	HY 海洋	现行	海水淡化
106	工程建设	勘察设计标准	蒸馏法海水淡化工程设计规范	HY/T 115—2008	2008－3－31	2008－4－1	HY 海洋	现行	海水淡化
107	工程建设	勘察设计标准	钢铁行业海水淡化技术规范 第1部分：低温多效蒸馏法	YB/T 4256.1—2012	2012－5－24	2012－11－1	YB 黑色冶金	现行	海水淡化
108	工程建设	勘察设计标准	钢铁行业海水淡化技术规范 第2部分：低温多效水电耦合共生技术要求	YB/T 4256.2—2016	2016－7－11	2017－1－1	YB 黑色冶金	现行	海水淡化
109	工程建设	勘察设计标准	钢铁行业海水淡化技术规范 第3部分：低温多效蒸发器酸洗要求	YB/T 4256.3—2016	2016－7－11	2017－1－1	YB 黑色冶金	现行	海水淡化
110	工程建设	勘察设计标准	海水循环冷却系统设计规范 第1部分：取水技术要求	HY/T 187.1—2015	2015－7－30	2015－10－1	HY 海洋	现行	海水冷却

续表

序号	一级类别	二级类别	标准中文名称	标 准 号	发布日期	实施日期	级别	标准状态	技术类型
111	工程建设	勘察设计标准	海水循环冷却系统设计规范 第 2 部分：排水技术要求	HY/T 187.2—2015	2015 – 7 – 30	2015 – 10 – 1	HY 海洋	现行	海水冷却
112	工程建设	勘察设计标准	海水循环冷却系统设计规范 第 3 部分：海水预处理	HY/T 240.3—2018	2018 – 6 – 13	2018 – 9 – 1	HY 海洋	即将实行	海水冷却
113	工程建设	勘察设计标准	核电厂海水冷却系统腐蚀控制与电解海水防污	NB/T 25008—2011	2011 – 7 – 28	2011 – 11 – 1	NB 能源	现行	海水冷却
114	工程建设	勘察设计标准	大生活用海水应用系统设计规范	HY/T 167—2013	2013 – 11 – 13	2014 – 5 – 1	HY 海洋	现行	大生活用海水
115	工程建设	勘察设计标准	大生活用海水后处理设计规范 第 1 部分：活性污泥法	HY/T 168.1—2013	2013 – 11 – 13	2014 – 5 – 1	HY 海洋	现行	大生活用海水
116	工程建设	勘察设计标准	大生活用海水后处理设计规范 第 2 部分：接触氧化法	HY/T 168.2—2013	2013 – 11 – 13	2014 – 5 – 1	HY 海洋	现行	大生活用海水
117	工程建设	勘察设计标准	大生活用海水后处理设计规范 第 3 部分：膜生物反应器法	HY/T 168.3—2013	2013 – 11 – 13	2014 – 5 – 1	HY 海洋	现行	大生活用海水
118	工程建设	勘察设计标准	大生活用海水后处理设计规范 第 4 部分：生态塘法	HY/T 168.4—2013	2013 – 11 – 13	2014 – 5 – 1	HY 海洋	现行	大生活用海水

续表

序号	一级类别	二级类别	标准中文名称	标准号	发布日期	实施日期	级别	标准状态	技术类型
119	工程建设	勘察设计标准	火电厂烟气脱硫工程技术规范 海水法	HJ 2046—2014	2014-12-19	2015-3-1	HJ 环境保护	现行	海水脱硫
120	工程建设	施工验收标准	火电厂烟气海水脱硫工程调整试运及质量验收评定规程	DL/T 5436—2009	2009-7-22	2009-12-1	DL 电力	现行	海水脱硫
121	工程建设	施工验收标准	低温多效蒸馏海水淡化装置调试技术规定	DL/T 1280—2013	2013-11-28	2014-4-1	DL 电力	现行	海水淡化
122	工程建设	施工验收标准	火力发电厂海水淡化工程调试及验收规范	GB/T 51189—2016	2016-8-26	2017-4-1	国标	现行	海水淡化
123	工程建设	运营服务标准	海水淡化反渗透系统运行管理规范	GB/T 31328—2014	2014-12-5	2015-6-1	国标	现行	海水淡化
124	工程建设	运营服务标准	反渗透系统膜元件清洗技术规范	GB/T 23954—2009	2009-6-2	2010-2-1	国标	现行	海水淡化
125	工程建设	运营服务标准	大生活用海水系统运行管理规范	HY/T 249—2018	2018-7-9	2018-10-1	HY 海洋	即将实施	大生活用海水

注　本表统计时间截至 2018 年 8 月 1 日。

* 该标准将于 2018 年 11 月 1 日作废，届时由 GB/T 19249—2017 替代。

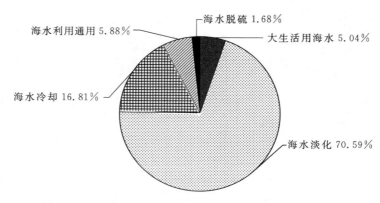

图 3-23　现行海水利用标准数量分布（按海水利用类型）

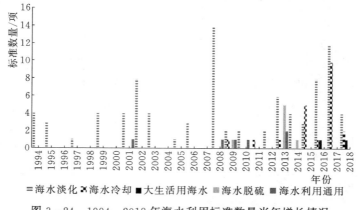

图 3-24　1994—2018 年海水利用标准数量当年增长情况

　　标准内容涉及海水利用工程设计类标准、装置产品标准、测试方法以及工程运行管理等。从标准分布来看，海水利用标准主要集中在装备及关键部件等产品类标准、设计类标准以及测试方法标准，工程运行管理类标准较少，特别是管理类标准，尚未正式发布有关海水利用管理方面的标准，各类标准所占比例如图 3-25～图 3-28 所示。由于缺乏针对海水利用环境管理的专用标准，我国海水利用工程的项目环境影响评价工作一直没有取得实质性进展[37]。水质标准方面，2018 年 7 月海洋行业标准《海水淡化产品水水质要求》发布，针对不同淡化工艺、不同用途的海水淡化产品首次做出明确要求。为确保海水淡化产品水的安全性和对供水管网的保护性，海水淡化产品水进入市政管网需要有严格的水质标准门槛，当前青岛已出台相关政策进行规范，国内有关科研机构正在进行这类标准的研制[37]。另外，从标准层级性质来看，行业标准占全部标准的近 2/3，国家标准相对较少，共 44 项，占总量的 35%，且除水质标准、环境管理标准共 4 项通用性标准外，所有标准均为推荐性标准，尚无专用的强制性标准[40]。各海水利用类型的标准级别分类分布如图 3-28 所示。

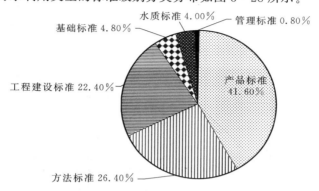

图 3-25　现行海水利用标准数量分布（按一级标准类别）

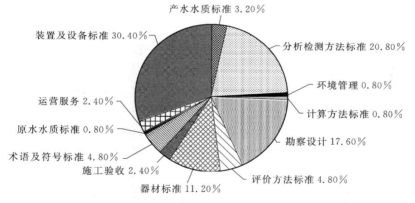

图 3-26　现行海水利用标准数量分布（按二级标准类别）

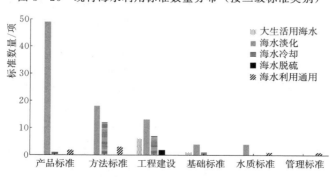

图 3-27　按标准类别-技术类型分类图

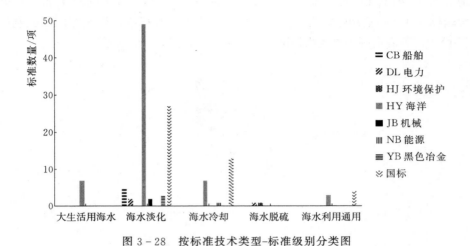

图 3-28　按标准技术类型-标准级别分类图

3.2.5　国内典型城市海水利用现状

1. 天津市

天津位于华北平原海河五大支流汇流处，东临渤海，是我国水资源严重短缺城市之一，多年平均年降水量 575mm，且主要集中在 6—9 月[41]，人均水资源量 123m³[41]，为全国平均水平的 1/17。尽管南水北调中线一期工程通水，加上引滦水、本地地表水、地下水、再生水、淡化海水，目前天津使用的水源多达 6 种，但天津长期发展依然面临水资源供需紧张问题。目前，天津市已经批复了地下水压采方案，到 2020 年，进一步控制在 0.89亿 m³ 之内。从产业结构看，天津工业增加值占有较大比重，热电、冶金、石化等行业用水量多，随着经济社会的不断发展，天津用水量将进一步加大。结合滨海产业布局特点，加大海水资源开发利用力度，鼓励以海水淡化水替代淡水作为工业主要水源，是解决工业新增用水和保障生活用水的根本途径。

20 世纪 80 年代，天津建成了大港电厂 2 套 3000m³/d 多级闪蒸海水淡化装置，解决了锅炉补给水的供应，取得了显著的经济和社会效益。21 世纪初，先后建成了北疆电厂 20 万 m³/d 低温多效海水淡化工程、大港新泉10 万 m³/d 反渗透海水淡化工程和北疆电厂 10 万 m³/d 海水循环冷却工程，总体水平国内领先。截至 2015 年年底，天津市海水淡化装机规模已达到31.7 万 m³/d（表 3-9），占全国的 31%，居全国首位；年海水冷却利用量12.08 亿 m³[32]。

表 3-9   天津市已建成海水淡化工程表

序号	工 程 名 称	规模/(m³/d)	工艺	建成年份
1	天津大港电厂海水淡化工程	6000	MSF	1989
2	天津海水淡化示范工程	1000	RO	2003
3	天津开发区新水源海水淡化工程	10000	MED	2006
4	天津大港新泉海水淡化工程	100000	RO	2009
5	天津北疆电厂Ⅰ期第一批海水淡化工程	100000	MED	2010
6	天津北疆电厂Ⅰ期第二批海水淡化工程	100000	MED	2012
7	天津淡化所风光柴储一体化海水淡化装置	5	RO	2013
8	天津港中煤华能煤码头公司海水淡化装置	240	RO	2013
共　　计		317245		

目前天津市海水利用还存在一些问题,如用户少、分散,产能闲置严重等。北疆电厂海水淡化产水规模 20 万 m³/d,其中 2 万 m³/d 电厂自用,其余纳入区域水资源配置,供给一些企业和自来水厂,包括玖龙纸业、天津化工、宁河天钢联合钢铁、汉沽水厂、新区水厂等,这些用户不仅分布分散,而且仅汉沽水厂和泰达水厂通水,其余用户谈妥供水协议并未通水。由于用户少,淡化水滞销,水厂不能满负荷运行,造成设备浪费。此外,海水淡化制水成本与出售价格严重倒挂,如北疆电厂海水淡化厂制水成本约 8~9 元/m³,以 4 元/m³ 的价格对外销售。

2. 河北省沧州市

沧州地区水资源严重短缺,多年平均年降水量 551.1mm(1956—2005年),人均水资源量 174m³[42],仅为全国人均水平的 8.3%。尤其近年降水量偏少,地表水紧缺,已严重影响经济社会的可持续发展,全市近一半人口在饮用高氟水、苦咸水。长期以来靠开采深层地下水维持工农业及生活生态用水,导致深层水超采严重,年均超采约 5 亿 m³,形成全国最大、世界罕见的超采漏斗区和地面沉降区。随着工农业发展及人口增长,以及渤海新区的批复与建设,水资源供需矛盾日益突出。结合沧州市实际情况,考虑到今后工业发展布局,产业结构调整和生产工艺水平改进等因素,预测到 2020 年,多年平均条件下缺水量 2.91 亿 m³,缺水率 13.92%。

沧州市于 2002 年着手海水利用探索与研究,5 月完成《沧州市海水利用研究》。2006 年国华沧东电厂一期 2 台 1 万 m³/d 进口海水淡化设备相继投产;2009 年 3 月,拥有自主产权的二期 1.25 万 m³/d 国产装备投产;2013 年 12 月,电厂自主研发的三期 2.5 万 m³/d 装置投运,利用电厂抽汽作制水汽源,可在低于 70℃的低温进行海水蒸馏。目前沧东电厂海水淡化规模达 5.75 万 m^3/d,占河北省总量的 34%,除厂区自用外,已为神华黄骅港务公司、中铁公司、中钢公司等多家工业企业提供用水,总体水平国内领先。海水直接利用方面,建有沧州华润渤海热电厂 38000m^3/h 海水循环冷却工程,国华沧东电厂海水直流冷却 25 万 m^3/h。河北省已建成海水淡化工程见表 3-10。

表 3-10　　　　　　　　河北省已建成海水淡化工程表

序号	工　程　名　称	规模/(m^3/d)	工艺	建成年份
1	河北唐山大唐王滩电厂海水淡化工程	10000	RO	2005
2	河北国华沧电黄骅电厂Ⅰ期海水淡化工程	20000	MED	2006
3	国华沧东电厂全性能系统测试装置	100	MED	2009
4	河北国华沧电黄骅电厂Ⅱ期海水淡化工程	12500	MED	2009
5	河北首钢京唐钢铁厂海水淡化工程	50000	MED	2009
6	河北曹妃甸北控阿科凌海水淡化工程	50000	RO	2011
7	河北国华沧电黄骅电厂Ⅲ期海水淡化工程	25000	MED	2013

3. 浙江省舟山市

舟山市是我国第一个以群岛建制的地级市,舟山市有岛屿 1000 多座,其中有人居住的海岛 100 座左右,总人口 115 万人。舟山市与大陆分隔,无过境客水,水资源基本靠降水补给。诸岛水系很不发达,多为季节性间歇河流,且各岛内河道互不相通,独流入海[43]。尤其海岛地形地貌条件复杂,水源工程分布散规模小、饮用水水质不高,受地形限制不宜兴建大型水利工程,海水淡化是解决舟山地区生产生活用水的重要途径。

目前,对于缺水的舟山来说,本地水源、大陆引水和海水淡化,是支撑水资源保障的“三条腿”。其中,非常规水源的供水量占到舟山市总供水量的 9.6%,远远高于全国 0.7%的平均水平。据统计,截至 2015 年年底,舟山市建有海水淡化工程 32 个(表 3-11[32]),产水能力 11 万 m^3/d,占浙江省总规模的 54%,海水淡化厂所产商品水通过各岛供水管网实现与本地自来水厂联网供水,用于生活、工业和服务业。其中,六横岛 50%的供水、嵊泗县 70%的供水依靠海水淡化。海水淡化解决了海岛居民无水、缺水的生活生产难题,为舟山的发展提供了保障和机遇。此外,舟山还有部分企业采用了海水直接利用。如浙能六横电厂建有海水直流冷却系统;国华舟山电厂除海水淡化利用外,同时建有海水脱硫和海水循环冷却工程。

表 3-11   浙江省已建成海水淡化工程表

序号	工 程 名 称	规模/(m³/d)	工艺	建成年份
1	浙江舟山市嵊泗县嵊山镇海水淡化装置	500	RO	1997
2	浙江舟山嵊泗县马迹山港海水淡化装置	350	RO	1999
3	浙江舟山市嵊泗县本岛Ⅰ期海水淡化工程	1000	RO	2000
4	浙江舟山市嵊泗县本岛Ⅱ期海水淡化装置	600	RO	2002
5	浙江舟山市嵊泗县本岛Ⅲ期海水淡化工程	1000	RO	2004
6	浙江舟山市嵊泗县本岛Ⅳ期Ⅰ海水淡化工程	2000	RO	2005
7	浙江舟山市嵊泗县大洋山镇Ⅰ期海水淡化工程	1000	RO	2005
8	浙江舟山市岱山县本岛Ⅰ期海水淡化工程	2000	RO	2005
9	浙江舟山市普陀区虾峙岛Ⅰ期海水淡化工程	300	RO	2005
10	浙江舟山市嵊泗县本岛Ⅳ期Ⅱ海水淡化工程	2000	RO	2006
11	浙江台州市玉环华能电厂海水淡化工程	35000	RO	2006
12	浙江舟山市嵊泗县嵊山镇海水淡化工程	500	RO	2007
13	浙江舟山市嵊泗县大洋山镇Ⅱ期海水淡化工程	1000	RO	2007
14	浙江舟山市岱山县本岛Ⅱ期海水淡化工程	3000	RO	2007
15	浙江温州市乐清电厂海水淡化工程	21600	RO	2007
16	浙江温州市水产养殖洞头基地海水淡化装置	20	RO	2007
17	浙江舟山市岱山县长涂海水淡化工程	5000	RO	2008
18	浙江台州市玉环县鸡山岛海水淡化工程	300	RO	2008
19	浙江舟山市嵊泗县枸杞乡海水淡化工程	1000	RO	2009
20	浙江舟山市岱山县衢山岛Ⅰ期海水淡化工程	2500	RO	2009
21	浙江舟山市岱山县秀山岛Ⅰ期海水淡化工程	3000	RO	2009
22	浙江舟山市普陀区虾峙岛Ⅱ期海水淡化工程	300	RO	2009
23	浙江舟山市普陀区东极镇海水淡化装置	150	RO	2009
24	浙江温州市洞头县大瞿岛海水淡化装置	50	RO	2009
25	浙江舟山市嵊泗县本岛Ⅴ期海水淡化工程	4000	RO	2010
26	浙江舟山市岱山县衢山岛Ⅱ期海水淡化工程	2500	RO	2010
27	浙江舟山市岱山县大鱼山岛海水淡化装置	5	RO	2010

序号	工　程　名　称	规模/(m³/d)	工艺	建成年份
28	浙江舟山市普陀区六横岛Ⅰ期Ⅰ海水淡化工程	10000	RO	2010
29	浙江舟山市普陀区六横岛Ⅰ期Ⅱ海水淡化工程	10000	RO	2011
30	浙江舟山市普陀山区洛迦山海水淡化装置	120	RO	2013
31	浙江舟山市普陀区六横岛Ⅱ期Ⅰ海水淡化工程	12500	RO	2014
32	浙江省舟山市岱山县衢山岛Ⅲ期海水淡化工程	5000	RO	2014
33	浙江舟山市岱山县秀山岛Ⅱ期海水淡化工程	3000	RO	2014
34	浙江舟山市普陀区白沙本岛海水淡化工程	500	RO	2014
35	浙江舟山市嵊泗县枸杞乡Ⅱ期海水淡化工程	1000	RO	2014
36	浙江浙能舟山六横电厂海水淡化工程	24000	RO	2014
37	浙江三门核电海水淡化工程	16000	RO	2015
38	浙江台州第二发电厂海水淡化工程	18000	RO	2015
39	浙江大唐乌沙山发电有限责任公司海水淡化装置	5000	RO	2015
40	浙江国华舟山电厂海水淡化工程	12000	MED	2015

3.2.6　国内典型海水淡化项目

综合考虑项目技术工艺类型、用途、能量来源等，从全国众多海水淡化工程中选择青岛百发海水淡化厂、河北黄骅电厂海水淡化Ⅲ期工程、浙江大唐乌沙山电厂海水淡化工程、大丰非并网风电万吨级海水淡化示范工程作为典型加以介绍，详情如下。

3.2.6.1　青岛百发海水淡化厂

1. 项目概况

青岛百发海水淡化厂是青岛重大招商引资项目，也是国内最大的接入市政供水管网的海水淡化工程。工程位于李沧区青岛碱业厂区内，占地4.3hm²，设计总规模为10万m³/d。工程总投资1.22亿欧元，由西班牙阿本戈水务（92.5952%）、青岛碱业股份有限公司（7.3821%）及青岛市海润自来水集团有限公司（0.0227%）三方出资组成青岛百发海水淡化有限公司，以BOO模式承建，包括融资、设计、建设、水厂的运营和拥有，运营期限25年。2014年5月青岛水务收购了阿本戈水务的全部股份。

项目于2010年5月开工，2012年7月完工，并于2013年1月19日投运（图3-29）。2015年应青岛海润自来水集团需求，正式启动生产。2016年实现了对企业直接供水，用作企业的锅炉用水、循环冷却用水和超纯水。项目采用反渗透工艺，取水利用青岛碱业现状设施，采用开放式取水。淡化产生的浓盐水，则经与楼山河污水处理厂出水混合后直接排海。由于取水设施不足等原因，2017年前仅有3万 m³/d 的产能在运行。

图 3-29 百发海水淡化厂俯瞰图

自 2013 年下半年以来，青岛连年遭遇严重干旱，部分市区曾采取了限用水措施。干旱期间，经过青岛水务集团有限公司对原水泵房的技术改造，2017 年 7 月 15 日项目日产水量达 105251m³，实现了自建厂以来的满负荷运行。该项目发挥了重要的应急调峰和战略保障作用，为青岛市供水做出了应有贡献。具体参数如表 3-6 所示。

表 3-12 青岛百发海水淡化厂参数

项 目 名 称	青岛百发海水淡化工程
产能/(m³/d)	100000
投运时间	2013 年 5 月
水回收率/%	44~46
原海水盐度/(mg/L)	35500
产品水质/(mg/L)	<500
进水温度/℃	3~28
脱盐工艺类型	SWRO
运行压力/MPa	4.8
电量消耗/(kW·h/m³)	3.76
取水方式	海水取水湖中取水
预处理系统	UF
后处理系统	后矿化和消毒
浓水排放	与楼山河污水处理厂出水混后排海
工程总投资/欧元	1.22 亿

续表

项　目　名　称	青岛百发海水淡化工程
吨水成本/(元/m³)	4.57（不含电价）
项目模式	BOO，25 年运营期
业主	青岛水务集团有限公司

2. 工艺简介

（1）海水淡化厂的平面布置。海水淡化厂占地 4.3hm²，厂区长约 345m，宽度从东至西为 110~160m。厂区建筑物主要分为 2 个，西面为 16m 高的工艺车间，包括预过滤设备、超滤设备、反渗透设备、水泵和控制室，东面为高 8.6m 的构筑物，为产品水池和产品水泵房（图 3-30）。

图 3-30　百发海水淡化厂反渗透装置

（2）原水与产水水质。工程设计原海水水质参数见表 3-13，产品水水质需符合表 3-14 中要求。

表 3-13　　　　　　　　百发海水淡化厂原海水水质表

参　数	设计数值	参　数	设计数值
温度/℃	3~28	Ca^{2+}/(mg/L)	575
pH	7.1~7.8	Na^+/(mg/L)	11017
总硅/(mg/L)	1.34	Mg^{2+}/(mg/L)	1308
溶解硅/(mg/L)	1.1	Ba^{2+}/(mg/L)	0.046
TDS/(mg/L)	35500	Sr^{2+}/(mg/L)	4.92
TSS/(mg/L)	25	Fe^{2+}/(mg/L)	0.09

续表

参　数	设计数值	参　数	设计数值
浊度/(mg/L)	14	Fe^{3+}/(mg/L)	0.09
硬度（$CaCO_3$计）/(mg/L)	5410	Al^{3+}/(mg/L)	
总碱度（$CaCO_3$计）/(mg/L)	115	Cr^{6+}/(mg/L)	0.05
COD/(mg/L)	2.5	Mn/(mg/L)	0.076
BOD_5/(mg/L)	1.5	B/(mg/L)	3
石油和油脂/(mg/L)	—	Cl^-/(mg/L)	19704
VOC/(mg/L)	—	SO_4^{2-}/(mg/L)	2740
硝酸盐/(mg/L)	5	CO_3^{2-}/(mg/L)	2.9
氨氮（N计）/(mg/L)	0.63	HCO_3^-/(mg/L)	149
总卤化有机物/(mg/L)	0.1	Br^{2-}/(mg/L)	60.2

表 3-14　　　　　百发海水淡化厂产品水水质要求

参　数	产品水水质要求
氯化物/(mg/L)	<250
硫酸根/(mg/L)	<250
硼/(mg/L)	<0.5
总含盐量/(mg/L)	<1.000
pH	6.5～8.5
浊度/NTU	≤0.2

（3）工艺描述。海水淡化厂产品水设计规模为 10 万 m^3/d，反渗透系统分为 6 个系列，每个反渗透系列产水量为 16900m^3/d，考虑 1.2% 的富余量。项目工艺流程如图 3-31 所示，主要设计参数见表 3-15。

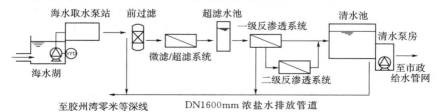

图 3-31　百发海水淡化厂工艺流程图

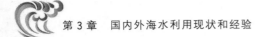

表 3 - 15　　　　　　　　　　百发海水淡化厂主要设计参数

项　　目		设　计　值	
淡化水产量		100000m³/d（＋1.2％富余量）	
脱盐方式		反渗透系统	
海水取水方式		开放式	
	取水	PS1 泵站从海水中取水，泵入海水湖中；PS2 泵站从海水湖中取水输送至淡化水厂	
	输水管线	DN1300mm 的管道 1.39km 长	
预处理		150μm 的自清洗过滤器和超滤系统，以及混凝剂的投加系统（如果需要）	
		超滤水箱	
反渗透系统（2级）	一级反渗透	第一级 RO 加压系统	输水泵＋高压泵
			中间水泵＋ERI＋增压泵
		第一级反渗透模架数量	6 套
		单套产水能力	16900m³/d
		系统回收率	44％～46％
	二级反渗透	第二级反渗透高压泵	
		第二级反渗透段数	2 段
		第二级反渗透模架数量	6 套
		系统回收率	90％
		产品水箱	20000m³
后处理	后处理加药系统	二氧化碳和石灰的投加	
	消毒	次氯酸钠	
浓盐水的排放		DN1600mm 的浓盐水管道 3.1km，终端与楼山河污水处理厂出水混合	

3. 运行情况

2012 年 9 月至 2013 年 1 月 18 日项目进入调试阶段，在此期间性能测试顺利通过。测试表明冬季海水在零度左右条件下，水厂正常运行。自 2013 年 1 月海水淡化装置投入运行以来，各装置运行良好，产水水质符合生活饮用水卫生标准 GB 5749—2006 全部指标，浊度小于 0.2NTU，硼低于 0.5mg/L，由于采取了正确的再矿化设施，没有发现在输送管道的腐蚀问题。产品水分两部分外供，一部分作为工业用水，供给华电青岛发电有限公司、中石化青岛分公司等企业使用，另一部分供给青岛海润自来水集团，并在自来水厂内混合后作为饮用水供入市政管网。

3.2.6.2　河北黄骅电厂 2.5 万 m^3/d 海水淡化示范工程

1. 项目概况

该工程项目位于河北省沧州市黄骅港，为神华河北国华沧东发电有限责任公司海水淡化厂扩建工程，系统产能 2.5 万 m^3/d，于 2013 年 12 月成功投运，所产淡水主要供电厂及其周边工业企业用水。国家发展改革委将本项目列为"国家级资源节约和环境保护项目"（发改办环资〔2011〕2933 号）。

神华国华（北京）电力研究院有限公司自 2006 年开始"电水联产"海水淡化技术研发工作，已获得海水淡化技术授权发明专利 19 项、实用新型专利 45 项、软件著作权 4 项。首台自主研发的 1.25 万 m^3/d 低温多效蒸馏海水淡化装置于 2008 年 12 月在河北国华沧东发电公司成功投产。为支持河北渤海新区发展，解决淡水资源紧缺问题，国华沧电拟利用机组的抽汽能力的余量，再建设 2.5 万 m^3/d 海水淡化设备。

2010 年 10 月，国华电力公司牵头组织国华电力研究院、河北国华沧东发电公司、江苏双良公司共同完成 2.5 万 m^3/d MED - TVC 装置中试研究。2011 年 8 月，国华电力研究院提出了《国华沧电 2.5 万 m^3/d 低温多效蒸馏海水淡化概念设计》，拟定了整套工艺系统、控制方案及蒸发器的结构设计方案。2012 年 7 月，国华电力公司牵头组织国华电力研究院、河北国华沧电、华北电力设计院、上海电气签订《2.5 万 m^3/d 低温多效蒸馏海水淡化示范项目合作框架协议》，共同开展 2.5 万 m^3/d 低温多效蒸馏海水淡化示范工程研究和建设。具体参数如表 3-16 所示。

2013 年 4 月 1 日，2.5 万 m^3/d 低温多效蒸馏海水淡化工程在河北国华沧电破土动工；2013 年 12 月 13 日，通过调试实现满负荷制水；2013 年 12 月 26 日，整套装置通过 168h 试运，移交生产（图 3-32）。

表 3-16　　河北黄骅电厂 2.5 万 m^3/d 海水淡化示范工程参数

项　目　名　称	河北黄骅电厂 2.5 万 m^3/d 海水淡化示范工程
产能/(m^3/d)	25000
投运时间	2013
水回收率	13.5（造水比）
原海水盐度/(mg/L)	35600

续表

项 目 名 称	河北黄骅电厂 2.5 万 m³/d 海水淡化示范工程
产品水质/(mg/L)	≤5
进水温度/℃	−1.5～30
脱盐工艺类型	MED – TVC
运行压力/MPa	0.30～0.80（设计值 0.55）
电量消耗/(kW·h/m³)	0.95
取水方式	电厂循环冷却水供水系统取水
浓水排放	与电厂冷却水排水混合后排放
工程总投资/万元	20491（总造价）
吨水成本/(元/m³)	5.21（全成本，用非上网电价）
项目模式	EPC
业主	神华河北国华沧东发电有限责任公司

图 3 – 32 黄骅电厂 2.5 万 m³/d 海水淡化示范工程

2. 工艺简述

国华沧电海水淡化系统的海水水源取自发电机组循环水供水管网；制水汽源来自四台 600MW 级机组汽轮机中压缸末级抽汽。产品水部分送入电厂淡水储存箱，部分送至渤海新区政府建设的海水淡化水管网；浓盐水排放系统设计升压泵，可供至距电厂 15km 外盐场。

自主研发的 2.5 万 m³/d 海水淡化装置，采用横管降膜低温多效蒸发加蒸汽热压缩工艺（MED – TVC）。10 效蒸发器串列式水平布置。动力蒸汽经蒸汽热压缩器（TVC）从第 7 效的末端抽汽，进入蒸发器第 1 效作为加热蒸汽。

物料海水采用平行进料方式，在第 4 效、第 7 效、第 9 效各设置 1 个回热加热器，抽取部分二次蒸汽预热物料海水，减小物料水的过冷，提高装置产水效率。第 10 效后面设置凝汽器，冷凝第 10 效产生的蒸汽，同时加热全部进料海水。物料海水经蒸发器喷嘴被均匀地分布到蒸发器的顶排管上，然后沿顶排管以薄膜形式向下流动，部分海水吸收管内冷凝蒸汽的潜热而蒸发，产生的蒸汽进入下一效继续加热蒸发海水。蒸汽凝结水汇集到蒸发器底部，第 1 效凝结水由凝结水泵抽出，从 2 效开始蒸汽凝结水经过效间产品水管道逐效汇集进入 10 效，然后经产品水泵抽出。未被蒸发喷淋海水经过盐水管逐效汇集，最后在 10 效经盐水泵抽出。抽真空系统为蒸汽喷射式，从凝汽器以及第 1 效、第 4 效和第 7 效换热管末端抽取不凝结气体，维持系统运行真空度（图 3 - 33）。

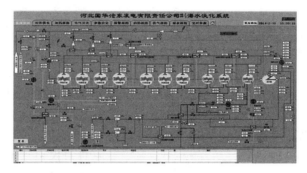

图 3 - 33　黄骅电厂 2.5 万 m^3/d 低温多效蒸馏
海水淡化装置运行实时画面

该项目要技术特点如下：

（1）该项目的成功投产，将国产热法海水淡化的单机制水规模提高到 2.5 万 m^3/d，大幅度降低海水淡化工程投资和制水成本。中国电机工程学会组织对本项目进行鉴定，认为："该研究成果技术先进，创新性强，具有自主知识产权，达到了国内领先、国际先进水平。"

（2）创新设计了"单壳体双管束"大型 MED 蒸发器，通过合理的管束结构和除雾器布置设计，二次蒸汽流经管束、除雾器和壳体的压力损失降到最低，并使除雾效果达到最佳，确保成品水水质。开发高效喷淋喷头，满足大流量和喷淋均匀性要求，采用耐热和耐磨损性能更为优良的聚砜材料，喷嘴使用寿命得到延长，降低设备的运行维护成本。

（3）开发了大型多支座真空薄壁容器强度设计新技术。采用整体模型与局部模型相结合的方式进行应力计算分析，并利用常规强度计算方法对有限元应力计算方法进行了关键结构的验证计算和校核，提高了计算的可信度。

强度校核设计考虑灌水、故障、热应力、地震风雪等因素，确保了各种工况下设备结构安全、可靠。

（4）采用了"多级串联余热""不凝结气体多点抽气"等工艺方案，保证了高效换热，降低了能耗，提高了装置运行的经济性。通过示范工程应用，掌握了海水淡化装置的腐蚀、结垢控制技术，以及正常启停、事故处理、化学清洗等整套运行维护技术。自主研发的海水淡化阻垢剂以及酸洗系统及方法，获得了国家发明专利，降低了海水淡化装置运行成本，有利于推动该技术在国内的广泛应用。

3. 运行情况

该项目建设的 2.5 万 m^3/d 国产海水淡化装置（沧电 4 号海水淡化装置）于 2013 年 12 月 13 日投入商业运行。通过近两年的运行检验，设备可以长期安全稳定的运行。2015 年 4 月 24 日，西安热工研究院进行了该装置性能考核试验，试验结果表明：在 100% 额定进气条件下，海水淡化装置产水量为 25098 m^3/d、产品水 TDS 为 4.36mg/L、造水比为 13.51，制水电耗为 0.95kW·h/m^3，均达到合同要求。在保证水质的情况下，海水淡化装置产水量能够在 40%~110% 负荷内调整。

2.5 万 m^3/d 海水淡化示范工程成功投产，将河北国华沧东发电公司海水淡化厂制水能力提高到 5.75 万 m^3/d。目前，除自身发电用水外，国华沧电海水淡化厂每天对外供应淡水 2.7 万 m^3，有力地缓解了沧州渤海新区水资源紧张局面，支持了当地社会和经济发展。

3.2.6.3　浙江大唐乌沙山电厂海水淡化工程

1. 项目概况

由哈尔滨锅炉厂有限责任公司承建的浙江大唐乌沙山电厂海水淡化工程，日产淡水 22000m^3。海水淡化系统的取水充分利用电厂循环冷却水系统，冬季取温排水；系统的浓水排至循环水排水系统。海水淡化产水作为电厂生产及调试用水，可作为电厂的备用水源。具体参数如表 3-17 所示。

表 3-17　　　　　浙江大唐乌沙山电厂海水淡化工程参数

项 目 名 称	浙江大唐乌沙山电厂海水淡化工程
产能/(m^3/d)	22000
交付运行日期	2015 年 11 月
原水 TDS/(mg/L)	22000~28000
产品 TDS/(mg/L)	5

续表

项　目　名　称	浙江大唐乌沙山电厂海水淡化工程
进水温度/℃	8~40
脱盐工艺类型	SWRO
运行压力/MPa	≤5.3
电量消耗/(kW·h/m³)	2.55
取水方式	一期循环水取水和温排水
预处理系统	混凝沉淀处理工艺＋V型滤池
浓水排放	电厂循环水排水系统掺混排放
设计公司	哈尔滨锅炉厂有限责任公司

2. 工艺简述

海水淡化系统采用8套超滤装置，4套一级反渗透装置，2套二级反渗透装置，另设防工业水腐蚀系统。系统工艺路线如图3-34所示。

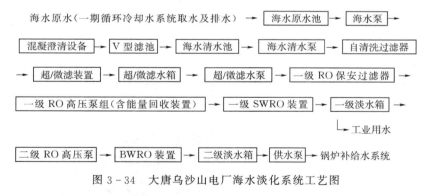

图3-34 大唐乌沙山电厂海水淡化系统工艺图

本项目海水淡化主要工艺设计特点如下：

（1）传统预处理与超滤工艺的耦合运用方式。本工程厂址附件的象山港海域为养殖区域，海水原水水质泥沙含量高，水质浑浊度变化范围大，具有一定程度的富营养化。海水淡化系统取水采用电厂循环冷却水排水时，不仅温度升高了，海水水质也发生了一些变化，主要的水质变化是海水中投加了电解海水生成的次氯酸钠，次氯酸钠与海水中的物质反应产生了氧化态物质。此外，电厂循环水排水中的悬浮物也高于海水原水，当海水跌落后产生大量泡沫，是由于海水中死亡生物的有机质产生的。在预处理设计时考虑到这些影响因素，本工程采用传统预处理与超滤工艺的耦合运用方式。超滤工艺保证了预处理产水水质不随原水水质波动而变化，为后续反渗透脱盐系统提供了稳定的进水水质，降低胶体等对反渗透系统的污染因素，提高反渗透系统利用率。同时，超滤装置的集约型设计合理压缩了车间占地面积，减少三材消耗。

图 3 - 35　大唐乌沙山电厂
海水淡化系统 RO 装置

（2）采用两级反渗透工艺，提高锅炉补给水系统进水水质。为延长锅炉补给水树脂再生周期，降低酸碱用量，实现环境友好，工程设计采用两级反渗透系统。本工程一级脱盐系统采用 DOW SW30HRLE - 400i 型号反渗透膜元件，实际运行脱盐率≥99.3％（20℃），产水电导率≤300μS/cm。二级反渗透采用 DOW HRLE - 440i 反渗透膜元件，实际运行中产水含盐量≤8mg/L，为锅炉补给水系统提供了高品质的预脱盐水（图 3 - 35）。

（3）变频加能量回收双重节能。本工程在设计过程中重点考虑节能减排措施，海水淡化系统作为高耗能装置，如何降低能耗尤为重要。作为系统高耗能单元——海水反渗透单元，设计时采用美国能量回收公司的 PX300 系列产品，相比较其他能量回收产品，其能量回收效率最高，大幅度降低海水反渗透单元系统能耗。其次，由于海水高压泵设备在设计时需要考虑系统污堵及低温工况，泵的设计均有富余量，初始运行时该部分富余量会造成多余的电能消耗，因此高压泵采用变频动力驱动，进一步降低能耗。另外在系统细节设计上，充分考虑节能降耗的因素，例采用外源反洗的自清洗过滤器系统设计，合理的管件设计和管路布局等（图 3 - 36）。

图 3 - 36　大唐乌沙山电厂海水淡化
系统 ERI 装置

3．运行情况

2015 年 11 月 10 日海水淡化系统顺利完成性能验收，分系统各产水指标优于设计值。其中超滤产水浊度小于 0.1NTU，优于设计值 0.15NTU；一级反渗透产水电导 197μS/cm，二级反渗透产水电导率 7μS/cm。

海水原水预处理系统的污泥水，经周围的排泥沟流入污泥沉淀池，经污泥沉淀池沉淀后，上清液返回至反应沉淀池，下部污泥浆水（含水率在 95%～98%）通过排泥泵提升，送至污泥脱水机脱水或输送至污泥干化场脱水干化，干化污泥利用灰场的推土机等设备，送至虾蛄塘灰场存放，以达到环保要求。

海水反渗透运行产生的浓盐水进入到循环水排水系统，通过数倍于浓盐水的循环水进行稀释，以减小浓盐水对海洋及周边环境的影响。后续将对浓盐水对海洋的综合利用提出解决方法，提高资源综合利用率。

3.2.6.4 江苏大丰市非并网风电万吨级海水淡化示范工程

1. 项目概况

大丰市非并网风电万吨级海水淡化示范工程是世界上首个适应非并网风电的"万吨级"海水淡化项目，示范项目的战略意义在于构建非并网风电-海水淡化集成系统，将风电与海水淡化相组合，构建能够适应非并网风电变负荷要求的海水淡化系统，是一次全新的探索和尝试，在全世界范围内属于技术首创。工程依据国家 973 计划课题——大规模非并网风电应用基础理论研究成果发展而来，充分利用大丰丰富的海水资源，形成以优势风资源供电—海水淡化—淡水生产（非并网风电淡化海水）的互补模式。规划规模为10000m³/d，计划分两期建设，其中一期工程 5000m³/d，由江苏丰海新能源淡化海水发展有限公司投资（总额 2.35 亿元），哈尔滨锅炉厂有限责任公司进行工程设计施工、供货、安装和调试。项目于 2013 年 6 月动工，10 月设备进场安装，2014 年 3 月 15 日竣工并顺利出水。工程采用三级反渗透法，主要用于高端瓶装水生产，详见表 3-18、图 3-37。淡化后的产水所有指标检测结果均符合《饮用天然矿泉水》（GB 8537—2008）等国家标准，目前用于罐装饮用水，此外，还可用作医药用水。

表 3-18 　　　　江苏大丰市非并网风电淡化海水示范项目概况

项 目 名 称	江苏大丰市非并网风电万吨级海水淡化示范工程
产能/（m³/d）	10000，一期 5000
交付运行日期	2014 年 3 月调试出水并开始运行，2014 年 7 月正式移交
原海水盐度/（mg/L）	27706～30324
产品水质（电导率）/（μS/cm）	二级 RO 出水 2.1～4.6，三级 RO 出水 1.2～1.8
进水温度/℃	7.9～32.2

续表

项 目 名 称	江苏大丰市非并网风电万吨级海水淡化示范工程
脱盐工艺类型	SWRO
一级海水反渗透装置产能	水回收率≥45％，产水量 82m³/h×3
二级反渗透膜装置产能	水回收率≥85％，产水量 69.5m³/h×3
三级反渗透膜装置产能	水回收率≥85％，产水量 15m³/h×1
一级反渗透膜系统总脱盐率	一年内≥99.3％（20℃），三年内≥99％（20℃）
供电模式	非并网风机独立供电
取水方式	直接取水
预处理系统	平流沉淀池＋V 型过滤＋超滤处理工艺
后处理系统	二级产水矿化 Ca（OH）₂＋CO₂；三级产水臭氧杀菌
海水利用设施年运行费用/万元	2000
浓水排放	直接排放
设计公司	哈尔滨锅炉厂有限责任公司

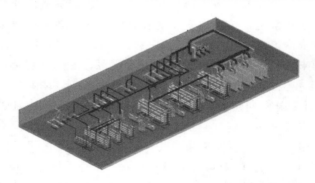

图 3-37 大丰市非并网风电万吨级海水淡化示范工程布置图

2. 工艺简述

大丰市非并网风电万吨级海水淡化示范工程一期工程设有海水取水泵站、平流沉淀池、V 型滤池、超滤系统、一级反渗透系统、能量回收系统、二级反渗透系统、三级反渗透系统等工艺设施，并设有海水淡化厂的非并网风电供配电系统。其中，设计超滤装置的水回收率≥90％，单套装置净产水量为168m³/h（20℃）；一级反渗透装置的水回收率≥45％，单套产水量 82m³/h（20℃）；二级反渗透装置水的回收率≥85％，单套产水量 69.5m³/h（20℃）；三级反渗透装置水的回收率≥85％，产水量 15m³/h（20℃）。工程工艺流程如图 3-38 所示。

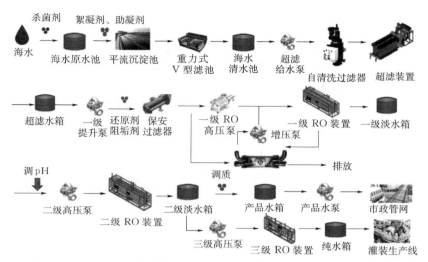

图 3-38 大丰市非并网风电万吨级海水淡化示范工程工艺流程示意图

项目核心技术在于微电网技术构建的非并网风电—海水淡化集成系统。在孤网运行模式下，由 1 台 2.5MW 永磁直驱风电机组作为主电源为 3 套海水淡化装置供电；蓄电池储能系统一方面起到平抑短时功率波动的作用，另一方面为单套海水淡化装置提供短时保障停机电源；柴油发电机组只作为后备电源，正常情况下不参与系统运行。在稳定工况下，风力发电机组发出的功率与负载功率基本平衡。每套海水淡化装置通过变频调速装置可以在一定范围内实现功率调节的目的，同时 3 套海水淡化装置根据风电机组的供电情况可以逐套切入或逐套切出。

本项目海水淡化主要工艺设计特点如下：

（1）采用先进的预处理方案。大丰海域水体泥沙含量很高，2013 年 3 月 8 日水质监测显示水体浊度达到 863NTU。为降低絮凝沉淀的排泥量，项目采用预沉池进行泥沙沉降，后进入平流沉淀池和 V 型滤池进行预处理，以除去悬浮物、胶体等。经初步预处理后的水尚未能满足反渗透的进水水质要求，故项目设置了超滤系统，共三组超滤，单套 48 只膜元件。

超滤作为先进的预处理工艺，截留分子量为 500～500000D，相应膜孔径约为 0.02～0.1μm，能够将原水中的胶体、细菌和固体悬浮物进行截留，不受原水水质变化的影响，同时超滤装置产水水质受负荷变化的影响小，出水水质稳定。此外，超滤技术空间利用率高，比传统介质过滤处理流程节省约 50％的空间，管理方便。经过现场运行，超滤产水浊度一直在 0.1NTU 以下，实际测得 SDI 也一直小于 3，为反渗透进水提供了较好的保障，实现了高浊度海水的稳定出水（图 3 - 39）。

图 3 - 39　大丰市非并网风电万吨级海水淡化示范工程装置

（2）采用大膜面积的高脱硼率反渗透膜。海水反渗透系统作为脱盐任务的承担者，其脱盐性能关系着整个工程出水质量。江苏大丰海水淡化项目一级、二级反渗透装置各设置了三组，具体参数如前所述。

考虑项目的占地面积以及项目维护的便捷，项目首次在海水淡化工程上使用先进的 $440ft^2$ 膜面积的 SWRO 膜元件，提高了空间利用率，节省了 10％的空间，降低了换膜的工作量，减少了配置清洗液时的用量。此外，为保障高温和降负荷同时出现的最恶劣工况下满足系统饮用水的要求，项目采用了高脱硼率的膜元件，其脱硼率达到 95％，可保证产水中硼元素不超标。

经过检测，实际原海水电导在 $33750 \sim 47200\mu S/cm$ 间波动，但产品水电导率一直保持在 $220\mu S/cm$ 以下，硼元素含量在 0.3mg/L 以下，证明了大膜面积在海水淡化上应用的可靠性，高脱硼性能的表现也为传统海水脱硼方法提供了一个新方法。同时二级产水采用调质工艺，满足产水直接进入市政管网的要求。

（3）采用全变频控制动力系统。经过微网控制的非并网风电，虽然可以平稳输出电能，但是在风小或者没风的情况下，输出的电能必然减少，因此，海水淡化系统在设计时就须考虑变负荷运行的工况。

故工程采用全变频控制动力系统，实现海水淡化系统的变负荷调节运行。经过前期大量的模拟计算，通过对海水淡化系统每组降负荷运行和停机切换，以及反洗和加药设备的投入和切除等一系列工况的分析，对整个海水淡化系统的能耗情况全面了解，并对于整个系统的联动变负荷引起的波动因素，进行逐一分析解决，最终确定变负荷的整体方案，实现风电—海水淡化的变负荷运行。对实时风力发电系统输出电量实时追踪，随时调整海水淡化系统的工作状态，满足海水淡化系统的稳定运行。

3. 运行情况

海水淡化设施自 2014 年 3 月调试出水后便开始生产运行，目前运行状况良好，产水水质均优于设计值。非并网风电系统供电稳定，由于受到风电供电量和需水量变化的影响，系统产水量略有变化。其中，一级反渗透系统高压泵出口压力为 2.8～3.8MPa，产水流量为 50.2～64.3m³/h，产水电导率 161～246μS/cm。二级反渗透系统高压泵出口压力为 0.5～0.85MPa，产水流量为 33.7～56.1m³/h，产水电导率 2.1～4.6μS/cm；水质远高于《生活饮用水卫生标准》（GB 5749—2006）中 TDS≤1000mg/L 的要求，产水进入市政管网以供市民生活用水。三级反渗透系统高压泵出口压力为 0.42～0.95MPa，产水流量为 10～14.9m³/h，产水电导率 1.2～1.8μS/cm。本工程的成功运行，标志着大规模非并网风电海水淡化可行性，该项技术的突破是清洁能源利用领域的一项重大创新，是解决风能"规模化"利用问题的一项重大突破，是解决国内沿海地区淡水资源匮乏的一个有效途径。同时高端瓶装水的成功上市给地方取得良好经济效益。

3.2.7 国内典型海水直接利用项目

3.2.7.1 海水直流冷却[1]

据不完全统计，国内有 70 多家电厂采用海水直流冷却。大型电厂尤其是核电站海水利用量十分巨大，其次是石化、化工行业。

1. 大亚湾核电站海水直流冷却系统

大亚湾核电站是我国大陆第一座百万千瓦级大型商用核电站，拥有两台单机容量为 98.4 万 kW 的压水堆核电机组，1994 年 5 月建成并投入商业运行。

大亚湾核电站采用海水直流冷却技术，两台机组海水冷却规模为 38.8 万 m³/h。海水冷却系统关键部件采用耐海水腐蚀材料，凝汽器和次氯酸电解室采用钛材，海水泵的叶轮、轮轴、过滤器滤网等采用耐海水腐蚀的不锈钢。除合理选材外，核电站采取多种防腐措施进行联合保护，凝汽器、海水闸门、海水滤网、碎石过滤器均采用外加电流法和牺牲阳极法的阴极保护技术；海水管线采用衬胶防腐。通过定期或不定期的刷防腐蚀涂层控制金属的一般性腐蚀问题。海水直流冷却系统采用电解海水制氯实现防海生物附着，核电站邻近海域余氯的平均浓度为 0.01～0.02mg/L。运行多年来，核电站海水直流冷却系统实现了安全、稳定运行。

2. 上海石化海水直流冷却系统

上海石化总公司采用海水直流冷却技术，海水取自杭州湾，总规模为 100

万 m^3/d，其中热电厂机组冷却规模为 83 万 m^3/d，1 号乙烯、小芳烃装置海水冷却规模为 17 万 m^3/d，是我国石化行业大型海水直流冷却典型工程之一。由于杭州湾属于海水和江水混合区，海水含氧量高，加上江河入海带来的泥沙以及工业污染物等，加重了海水的腐蚀性，对冷却系统换热器、海水泵、管道等构成严重威胁。上海石化自备热电站凝汽器换热管最初采用 B30 等铜合金，管道采用 HSn62-1 锡黄铜，水室为 Q235 钢内衬玻璃钢，曾采用胶球清洗、硫酸亚铁镀膜及外加电流阴极保护进行联合保护，但效果不佳，换热器严重腐蚀泄露；后改用钛材换热管，耐腐蚀效果良好。炼化装置冷却器最初为铝黄铜材质的，采用铁或锌牺牲阳极保护，但该法对小口径长列管冷却器有较大局限性，主要是由于保护电流的屏蔽作用，仅在管口 300mm 长度内得到较大的保护电流，距管口较远的中部却得不到有效保护，因而在这些部位频繁出现由于沉积与冲蚀造成的穿孔、泄露现象。后来更换为钛材和双相不锈钢换热器，腐蚀泄露问题得到解决，完好使用达 20 年。上海石化海水直流冷却应用实践证明：钛材虽然初始投资较高，但耐海水腐蚀性好，使用寿命长，能够节约可观的设备更换、维修以及停产费用，从这个意义上讲是经济合理的。

　　3. 珠海电厂海水直流冷却系统

　　2000 年 4 月建成的广东珠海发电厂 2×700MW 发电机组采用海水直流冷却技术，总规模为 18.8 万 m^3/d，运行初期加氯防生物附着，采用美国某公司生产的加氯设备。自 1999 年 3 月安装调试起，加氯设备频繁泄露，系统余氯浓度低，杀生效果较差，绿贝和藤壶等大量繁殖，导致凝汽器压差急剧升高，发电负荷下降，严重影响了电厂的正常运行。自 2002 年 10 月起，改用非氧化性杀生剂，加药点选在循环水入口拦污栅前，有效杀菌浓度为 4～6mg/L，加药时间为 6h，正常加药周期为两周一次，海生物生长高峰季节缩短为每周一次。应用实践表明，在正常投加浓度内，所选杀生剂对软体类海生物如绿贝、藤壶等杀灭率达 95%，有效控制了海生物污染现象，凝汽器压差恢复正常，且经济性良好，采用非氧化性杀生剂取代加氯处理，每年可产生经济效益 1862 万元。但从改用后的第 2 年开始，冷却系统又出现了新的海生物污染现象，在拦污栅、旋转滤网和管道内聚集了大量生命力顽强的褐贝和水蟆虫，致使凝汽器压差升高、钛管结垢加剧。若继续使用此杀生剂，则必须提高加药浓度并延长接触时间，这势必大幅增加运行成本。经过严格的技术经济论证试验，珠海电厂调整了加药方案，在使用非氧化性杀生剂的基础上辅助投加次氯酸钠，保证系统内余氯浓度为 0.5mg/L，加氯周期为两周一次；同时，相应调整了加药方案。系统内褐贝和水蟆虫污染得到了有效控制，凝汽器压差和真空度维持稳定，而且比单独使用非氧化性杀生剂每年又节约费用 99 万元。珠海电厂成功应用非氧化性杀生剂控制海生物附着为提高我国海水直流冷却技术的环境友好化水平积累了经验，具有重要的指导和借鉴意义。

3.2.7.2　海水循环冷却[1]

与海水直流冷却相比，海水循环冷却技术更先进，更具环保优势。经过数十年的发展，海水循环冷却技术不断成熟，应用日益广泛。

1. 天津碱厂 2500m³/h 海水循环冷却工程

天津碱厂 2500m³/h 海水循环冷却技术示范工程是我国海水循环冷却技术工业化应用的首例。采用水塔冷却敞开循环方式，水源为塘沽海水净化厂净化海水，系统容积 800m³，循环水量 2500m³/h，补充水 80m³/h，浓缩倍数 $N=2.0$。

天津碱厂 2500m³/h 海水循环冷却系统的换热器材料为钛材和铸铁，海水冷却塔为钢筋混凝土结构，玻璃钢墙板维护，混凝土采用耐海水设计外加涂层防腐双重保护。塔芯采用三种填料，两种配水系统，三种收水器，填料为 PVC 材质，填料支架、配水系统、风机叶片、玻璃钢围护板骨架等均采用非金属材料，对必须采用金属材料的构件如预埋件、连接件、紧固件等选用 316L 不锈钢或进行局部防腐处理。循环水池为钢筋混凝土结构，海洋工程防腐涂料防腐。循环水泵为双吸泵，铸铁材料。循环水管为 Q235A 碳钢，部分管路采用牺牲阳极保护。系统运行中采用添加阻垢缓蚀剂的方法解决海水循环冷却系统结垢问题，添加低毒非氧化性海水水处理药剂抑制海水循环冷却系统的微生物繁殖。并通过自动化管理系统控制自动加药及自动排污，实现了药剂按需加入及浓缩倍数的自动控制。

2. 中海油深圳电力有限公司 2.8 万 m³/h 海水循环冷却工程

中海油深圳电力有限公司前身为深圳福华德电力有限公司，成立于 1994年，2011 年 2 月被中海石油气电集团全资收购。公司总装机容量 600MW，属燃气轮机联合循环发电机组。中海油深圳电力有限公司 2.8 万 m³/h 海水循环冷却系统正常运行期间每小时补充新鲜海水 1400m³。

中海油深圳电力有限公司 2.8 万 m³/h 海水循环冷却系统的凝汽器列管、管板均为钛材，水室为碳钢，采用衬里和牺牲阳极联合保护。海水取水口离岸约 1.7km，取水深度为海平面下 4m，循环系统补充的海水未进行预处理。循环水泵泵体为镍铬合金铸铁（耐海水材料），叶轮为锡青铜，轴套和密封环为 06Cr13，额定流量为 7365m³/h。循环水管为预应力钢筒混凝土管、碳钢管，加涂层防腐。冷却塔为钢筋混凝土结构，设计强度为 210MPa 和

300MPa，塔体混凝土表面刷耐海水防腐涂料。冷却塔采用淡水冷却塔填料，冷却塔风机做防腐处理。海水循环冷却系统采用国家海洋局天津海水淡化与综合利用研究所研发的 SW203 专用海水阻垢剂和 SW303 菌藻抑制剂，较好地解决了海水循环冷却系统的腐蚀、污垢、微生物附着等问题。定期检查凝汽器水室及钛管，没有发现污垢、微生物生长现象。

3. 浙江国华宁海电厂10万吨级海水循环冷却工程

浙江国华宁海电厂位于宁波市宁海县，为浙江神华国华浙能发电有限公司下属电厂。电厂一期工程已建 4×600MW 亚临界燃煤发电机组，于 2006 年 11 月 20 日全部建成投产，循环水采用传统的海水直流冷却系统，取、排水量大，对环境影响较大。二期工程建设 2×1000MW 超超临界燃煤机组，由于受到温排水的环保限制，2009 年 9 月二期工程以国家海洋局天津海水淡化与综合利用研究所为技术支撑，采用环保型海水二次循环冷却，建成两座亚洲第一、高 177.2m 的特大型海水冷却塔。作为我国首台采用海水循环冷却技术的百万千瓦等级超超临界机组，单台海水循环量达到 107895m³/h，这使我国的海水循环冷却技术在应用规模上与国际接轨。宁海电厂二期海水循环冷却系统已正常稳定运行多年，系统无结垢倾向，ΔA（ΔA 是以氯根计浓缩倍数与以碱度计浓缩倍数的差值，用于描述海水循环冷却系统结垢倾向）远低于 0.2；较好地控制了微生物滋生问题；循环水进、出口温差较好地维持在 9～10℃，维护了电厂凝汽器端差和真空度等工艺参数的稳定，保障了电力生产运行需求，证明我国 10 万吨级海水循环冷却技术安全、稳定、可靠。

国华宁海电厂海水循环冷却系统的凝汽器材质为钛材，冷却面积 54000m²，海水循环系统冷却补充水取自电厂一期循环水泵出水管，海水经玻璃钢取水管输送至取水泵房。海水预处理采用斜管沉淀池并在反应池进口投加混凝剂聚铝及高分子助凝剂聚丙烯酰胺，进行混凝、沉淀预处理。进水间和循环水泵房为矩形钢筋混凝土结构。循环水管采用 Q235A 钢管，管道内涂环氧砂浆重防腐涂料加环氧沥青涂料防腐。管道外防腐为漆加玻璃丝布多层交错防腐。冷却塔水池为钢筋混凝土结构，为了有效防止海水腐蚀，冷却塔筒壁、淋水构架、水池、压力水沟、竖井、"人"字柱、底板和环基等内外表面均涂刷环氧树脂防腐涂料。采用国产 S 波淋水填料，塑料材质，搁置式安装。配水管采用 PVC 配水管，收水器采用 B160 型塑料收水器。

4. 北疆电厂10万吨级海水循环冷却工程

国投天津北疆发电厂位于汉沽区营城镇，一期工程建设 2×1000MW 发电机组和 20 万 m³/d 海水淡化装置，两台机组分别在 2009 年 9 月和 11 月投产发电。采用发电——→海水淡化——→浓海水制盐——→土地节约整理——→废弃物资源化再利用的循环经济项目模式。本工程超超临界燃煤机组循环冷却供水方案，采用带冷却塔的海水二次循环供水方式，循环冷却水水源取自发电厂的取排水工程，是经沉淀后的原海水。该项目在国内首批采用海水冷却塔闭式循环方式，避免了常规海边电厂循环冷却水排海造成的热污染。

天津北疆电厂 10 万吨级海水循环冷却系统工程，设计运行浓缩倍率 1.8～2.2，应用环境友好型 SW203A 海水阻垢缓蚀剂控制 $\Delta A < 0.2$、阻垢率＞90%；凝汽器材质为钛材，真空度保持在 $-97 \sim -93 \mathrm{kPa}$；循环水泵房为钢筋混凝土结构，循环水管为钢套筒混凝土压力管道，钢套筒混凝土管及管件内防腐为喷涂环氧类涂料，厚度不低于 $150 \mu \mathrm{m}$，部分循环水管道采用 Q235 材质的钢管，钢管内防腐采用厚浆型环氧煤沥青漆，并在适当位置设置牺牲阳极块。海水冷却塔淋水装置采用聚氯乙烯填料，高度为 1.25m。两台冷却塔总水量 $60000 \sim 70000 \mathrm{m}^3$，循环水浓缩倍率控制在 1.8～2.0 之间。为了有效防止海水腐蚀，冷却塔筒壁、淋水构架、水池、压力水沟、竖井、"人"字柱、底板和环基等内外表面均涂刷环氧树脂防腐涂料。另外，尽可能减少使用金属构件，选用玻璃钢等材料替代金属材料。当必须采用金属构件时，一般采用耐氯离子腐蚀不锈钢（316L）。海水冷却塔采用国产 S 波淋水填料，塑料材质，搁置式安装，配水管采用 PVC 配水管，收水器采用 B160 型塑料收水器。

3.2.7.3　海水脱硫

我国海水脱硫工艺的发展通过引进技术、联合设计等方式，逐步掌握了海水脱硫主要技术经济指标、主设备选型以及工艺系统设计等关键技术。我国应用海水脱硫工艺的沿海发电厂有秦皇岛电厂、威海发电厂、龙口发电厂等。其中最具代表性的有深圳西部电厂、漳州后石电厂、厦门嵩屿电厂。

1. 深圳西部电厂海水烟气脱硫工程

深圳西部电厂海水脱硫工程由深圳能源集团投资 2.15 亿元建成，采用挪威 ABB 公司设备和技术，是当时全球已投运的同类装置中最大规模。该工程于 1997 年 8 月开始建设，被国家环保局和国家电力公司列为我国首个海水脱硫示范工程和国家"九五"绿色计划。

西部电厂海水脱硫工程最初是该厂 4 号 30 万 kW 机组配套的大型环保项目。该系统采用电厂循环冷却水排水作为吸收剂，用量约为循环水量的 1/6，大吸收剂量和气液相大传质界面保证了对烟气中二氧化硫的充分吸收，每小时处理烟气量可达 110 万 m^3。多年来的运行情况显示，该系统各项性能指标均达到或超过了设计值，系统脱硫率稳定在 92% 以上[27]。同时工艺排水满足排海水质量标准。该脱硫工程的建成投产，每年可减少 6000t 二氧化硫进入大气，从而减少酸雨危害，改善周边地区的大气环境[44]。之后在4号机组海水脱硫装置成功使用的基础上，2004年2月，西部电厂5号、6号机组海水脱硫项目又投入运行全套装置国产化率约65％。5号、6号机组海水脱硫系统吸取了4号机组的经验，提高曝气风机压头，增加空气喷嘴覆盖面积，减小了曝气池的面积，使投资大幅度下降，但同时性能稳定，各项性能指标优于4号机组。其工艺流程见图3-40[45]。

2. 福建漳州后石电厂海水烟气脱硫工程[27]

福建漳州后石电厂由台塑美国公司投资，华阳电业有限公司建设，脱硫装置采用日本富士化水株式会社的技术。1～4号机组海水脱硫装置均已完工，分别于1999—2003年陆续投入运行，基本工艺流程见图3-41[45]。后石电厂海水脱硫系统用海水或者添加了氢氧化钠的海水作为二氧化硫吸收液，一台机组安装两座吸收塔，各处理一半的烟气量，吸收塔系统不另设增压风机，而是利用引风机的压头。系统未设置气-气换热器，烟气的冷却通过预冷器实现，脱硫后的烟气通过吸收塔内的除雾器，然后直接由烟囱排入大气，烟气温度较低（30℃左右）[46]。

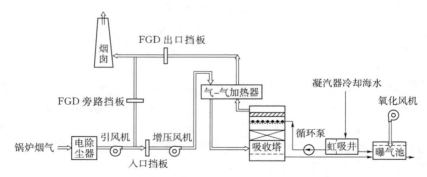

图3-40 深圳西部电厂海水脱硫系统工艺流程

3. 厦门嵩屿电厂海水脱硫工程[27]

厦门嵩屿电厂（4×300MW）1～4号机组由东方锅炉厂负责设计施工，引进德国鲁奇公司的海水烟气脱硫技术在2006年5—10月陆续投运，基本工艺流程见图3-42[46]。与深圳西部电厂相比，嵩屿电厂的主要特点在于脱硫后海水经过吸收塔下方海水池和曝气池两级曝气处理。首先在吸收塔下部的海水池内对脱硫后海水进行初步氧化，然后在曝气池中对海水进一步氧化[45]。

3.2.7.4 大生活用海水

目前我国除香港地区外，大陆地区大生活用海水工程较少。其中青岛海之韵小区大生活用海水示范工程研究较多。一般而言，大生活用海水要求水质：

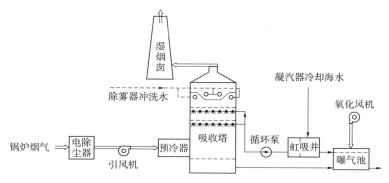

图 3-41 后石电厂海水脱硫系统工艺流程

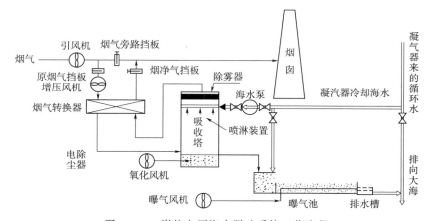

图 3-42 嵩屿电厂海水脱硫系统工艺流程

浊度<5NTU，悬浮物<10mg/L，5 日生化需氧量<10mg/L，溶解氧>2mg/L，大肠杆菌<10 个/mL。目前大生活用海水的使用费为 0.7～1.1 元/m³[11]。青岛海之韵小区大生活用海水示范工程详情如下。

1. 项目概况

青岛海之韵小区大生活用海水示范工程[11]，是"十五"国家科技攻关计划重大项目"水安全保障技术研究"中的课题"大生活用海水技术示范工程研究"和其后期滚动课题"大生活用海水技术研究与工程示范"的示范工程。该工程中海水除作冲厕使用外，还作为小区游泳池的补充水；设计海水水量为：平均供水量 1050m³/d，供水量 132m³/h，供水水质符合大生活用海水水质要求；2007 年 6 月完成工程的全部建设内容，进行为期半年的试运行，2007 年底完成工程验收。

技术成果"大生活用海水技术研究与工程示范"获 2009 年度海洋创新成果奖一等奖。

2. 工艺与装备

大生活用海水示范工程小区青岛海之韵住宅小区地处胶南市南端灵山湾畔，总建筑面积约 46 万 m²，预计总居住人口约为 13600 人；距离海边约 2500m。本项目海水取水工艺采用沉井取水，海水通过管道输送至小区水池，经加药杀菌后通过水泵输送至用户家中，使用后的海水直接排入下水道进入城市污水管网。

海水取水沉井直径为 6.0m，壁厚为 0.6m，沉井的刃脚落在地质勘探的第 4 层砾砂层中，沉井深度定为 13.3m，井底标高−10.30m，井底刃脚长度 1.0m。海水管路从海边的沉井敷设至小区水量调节池内，敷设长度大约为 2500m，海水流量为 1050m³/d；输送管的数量为 2 根，每条输送管的公称外径为 125mm，耐压等级为 0.6MPa，管道材质为耐海水腐蚀的 PE 管内流速为 0.70m/s，管内水头损失为 18m。小区内水量调节池建设在地下，地上部分可作为海水输送泵站。调节池采用钢筋混凝土结构并进行防渗处理，设计调节池分为 4 格，有效容积 210m³。水池底面厚度为 0.5m，水池壁厚 0.4m，顶面距离地面 0.3m。水池内设潜海水泵 4 台，其中 2 台采用变频恒压供水，水池内同时设置海水溢流管和淡水进水管。消毒药剂工艺采用加入药剂法，消毒剂为盐酸聚六亚甲基胍，该药剂具有无毒、无腐蚀性、长效抑菌、防止二次污染等特点。小区海水配水管总长度约为 8.0km，管径为 50～200mm 不等。配水管分为低压供水区和高压供水区，高压区主要布置在小区的北区，高压区用户为 11 层以上用户。大生活用海水工程中海水用量较小，用后海水直接排入下水道进入城市污水管网。

该工程通过对海水取水方案的优化选择和论证，利用国家"九五""十五"等科技攻关计划项目的科技成果，综合考虑工程所在地区海水水质、海边地形地质特点和风浪潮汐状况，成功完成了海水取水沉井的设计、建设，在保证海水水量的前提下，利用沉井地下砂层的过滤作用最大程度地降低了海水中的污染物含量，使海水水质满足相关标准的要求，最大程度地降低了工程运行费用；海水供水系统中，成功采用变频调速供水设备，有效地减少了海水输送过程的能耗；该工程是国内首个大生活用海水示范工程。

3. 操作参数与运行结果

（1）操作参数。海边沉井泵站潜海水泵数量为 3 台（2 用 1 备），每台流量 20m³/h，扬程 22m。小区泵站内设置潜海水泵 4 台（3 用 1 备），流量为 42m³/h，扬程 60m。小区泵站设置 3 个水泵的控制点，分别为在−1.25m 高水位时，海边水泵停泵；在－2.45m 低水位时，海边水泵开泵；在－4.15m 低水位时，小区水池水泵停泵。

（2）运行结果。海水取水量大于 1000m³/d，海水水质达到设计要求后入户，即浊度＜5NTU，悬浮物＜10mg/L，5 日生化需氧量＜10mg/L，溶解氧＞2mg/L，大肠杆菌＜10 个/mL。

4. 效益分析

工程总投资约 500 万元，运行费用小于 1.0 元/m³。项目每年可节约淡水约 38 万 m³，节省水费 30 万元以上，经济效益和社会效益明显。

5. 应用情况

大生活用海水示范工程建在青岛海之韵住宅小区，该小区地处山东省青岛胶南市南端灵山湾畔；大生活用海水示范工程服务总建筑面积约 46 万 m²，海水水量大于 1000m³/d，运行情况稳定，供水水质达到设计要求，运行费用小于 1.0 元/m³，于 2007 年年底完成工程验收。

该项目是由国家海洋局天津海水淡化与综合利用研究所负责设计，与青岛市发展改革委、青岛市城市节约用水办公室、青岛隆海集团市政工程有限公司共同合作完成的国内首个大生活用海水示范工程。

3.2.8　国内海水利用发展经验

3.2.8.1　国内海水利用经验分析

1. 理顺管理体制，健全协调机制

浙江省 2005 年成立了海水淡化产业发展协调小组，统筹管理海水淡化。青岛市通过建立健全组织协调机制，制定了《海水淡化一体化循环经济试点工作实施方案》，成立了由市委常委任组长、市政府分管副秘书长和盐务局局长任副组长、12 个市直部门和企业组成的海水淡化一体化循环经济工作协调推进小组，积极推进海水淡化一体化循环经济工作[47]。同时，城市管理局作为青岛城市水务与城市节水的主管单位，已将海水淡化纳入节水措施之一进行管理。

2. 制定扶持政策，鼓励发展

为解决日益严重的淡水资源紧缺，促进海水利用发展，国内先进典型地区在加大资金投入的同时，积极研究制定鼓励措施，实施政策支持。

浙江省财政安排海水淡化专项资金和水利工程维修养护专项资金支持以市政供水为目的的海水淡化设施建设及运营。为缓解海水淡化水差价亏损，2013 年通过"将海水淡化用电转为农业生产用电"[48]和省财政给予工程运行财政补贴[49]的方式给予淡化厂政策优惠，舟山市各县或乡镇也根据海水淡化厂运行情况给予适当补助[43]。河北省通过给予国华沧州发电有限公司"增加电厂发电时数"的政策弥补电厂对外供水的部分成本。山东省也采用"降低企业用电价格"的方式，从 2018 年起三年内对青岛百发及董家口两大海水淡化项目执行优惠电价［含税 0.555 元/(kW·h)][50]。烟台市长岛县采取优惠电价和给予淡化水用户水价的政策，保障淡化工程运行[51]。青岛市加大资金扶持力度，投资 4 亿建设淡化海水输配水工程，同时市财政每年投入 1 亿～2 亿元专项资金扶持、补贴淡化海水项目[47]。此外，针对青岛百发海水淡化项目，2017 年出台国内首个《青岛市海水淡化项目运营财政补助办法》(青财建〔2017〕43 号)，明确了结算价格核定、财政补助核定、预算安排和拨付程序等事项[52]。

3. 制定标准规范，加强监督管理

海水淡化是涉及多方面的系统工程，许多地区不断加大统筹协调力度，完善制度和标准，加强监督管理，促进海水淡化利用健康、有序发展。

目前部分城市已成立相关的负责部门，并通过海水冷却等手段加大直接利用力度，抑制淡水资源的过度开发。此外，如青岛市通过将符合国家饮用水标准的淡化海水与自来水按比例掺混后直接输送至市政供水管网，将其纳入水资源进行统一配置与管理，有效缓解了当地水资源危机。

4. 建立技术革新机制与国产化公共试验平台

针对目前海水利用装备国产化率低，研发资金投入不足，缺乏公共的科研和创新平台的问题，天津市、舟山市进行了先行探索。

天津市依托南港工业区先达海水淡化及综合利用一体化基地，发展以电厂冷却为主的海水直接利用，形成海水利用示范区与技术创新引擎[53]；依托北疆电厂海水淡化项目，建设 3.5 万 m³/d 国产化开发平台，通过装置研究、试验、建造提高国产化水平；依托天津海水淡化与综合利用研究所，成立临港海水淡化与综合利用示范基地，开展科研开发、检测评价、孵化转化、勘察设计等，为发展海水淡化提供重要支撑；依托国家海水利用工程技术研究中心建设，搭建国内外海水利用成果转化的平台和孵化器。

舟山市依托杭州水处理技术研究开发中心等机构，建设 500m³/d 正渗透海水淡化工程，加快正渗透海水淡化技术示范和推广；此外在舟山海洋科学城建设海水淡化工程实验室、科创研究平台，加快创建舟山市海水淡化新方法、新技术、新产品的实验平台，促进各类新技术的研究应用，实现科创成果产业化、节能、无排放技术等方面突破[54]。

3.2.8.2　国内海水利用经验借鉴

随着淮河流域海水利用规模的不断扩大，应用水平稳步提升，政府相关部门也积累了一定的管理经验。各级水利部门不断探索适合当地水情的海水利用及其管理方式，在水资源综合规划编制中进一步重视微咸水和海水利用，科学安排重大水资源配置工程，在城市推广海水利用方面做了一定的工作：实行取水许可制度，严格水资源论证和取水许可审批管理。明确水资源论证要坚持"优先利用地表水、限制开采地下水、鼓励使用中水和海水"的原则。在企业取水许可审批时，对沿海有条件的新建工业项目特别是钢铁、石化、电力等高耗水项目，在建设时引导以海水作为工业用水，依法加强水资源监督管理。

针对目前海水利用存在的问题，浙江省、天津市、河北省，以及流域内的青岛市、烟台市等在海水利用领域的先行探索经验为沿海缺水地区解决用水难题提供了很好的借鉴和示范意义。其可供借鉴的经验如下。

1. 加强政府引导和政策扶持

我国海水利用较好的地区，其发展海水利用尤其海水淡化的一个共同特点，即地方政府起着主导和推动作用。各级政府应按照国务院有关规划的精神，坚持政府引导与市场化运作相结合，通过实施水资源税改革，调整水价及水资源利用结构，促进海水的开发利用。发挥政府综合协调、指导服务作用，建立健全沟通协作机制，强化信息交流、政策支持和平台建设。建立按质论价的水价形成机制，合理确定海水淡化水价格，允许进入城市供水系统，保证一定的使用量；将海水淡化工程与市政供水工程一样视同为公共基础设施对待，一开始给予一定的财政直接补贴、执行优惠电价、减免税等支持，待各方面条件成熟后逐步进入市场机制。同时，完善市场机制，坚持市场在资源配置中的决定性作用，突出企业市场主体地位，形成市场一体化发展新格局。

2. 建立系统性的海水淡化水管理体系

明确海水淡化的主管部门，并尽快成立相应的专门机构，从海水淡化项目的环保论证和环境影响评价，到淡化海水的定价、调拨和监管形成一个完整而高效的配置系统。从流域层面上将传统水资源与海水淡化新型水资源管理职能相结合。此外，推进水务管理一体化建设，将城建、水利等部门有关水资源的管理职能统一，使水资源的配置更加合理，提高区域水资源管理的效率和效益[43]。建立市级海水淡化利用统筹协调机制，协调推进海水淡化项目按照规划实施。

3. 坚持多元化水资源供给策略

要将非常规水源，包括海水直接利用、淡化海水和苦咸水、污废水的再生水、雨水等统一纳入水资源配置中，为地区工业、经济发展和生活用水提供稳定可靠、可持续的水供应。将海水直接利用和淡化利用作为避免过度倚赖地表引水工程的战略补充，采纳"靠山吃山、靠海吃海"的多元化水资源供给策略，让靠海的城市、工业区，甚至于高产值的农业以海水直接利用和淡化利用为主要水源，确保地表水和地下水等传统水资源的永续利用，维护社会和环境的可持续发展。

4. 加强技术创新，积极示范推广，培育、扶持国内企业

海水利用发展较好的地区，其技术研发投入力度也大。一是开展新技术开发、工艺节能、成本降低等多方面技术工艺研究。二是积极开展自主创新技术示范，建设具有自主知识产权的海水利用示范工程和公共试验平台，特别是大型示范项目。同时，鼓励企业与研究院所主动将最新的研究成果在示范工程中进行试验。鼓励设备生产商将研制的各类海水淡化关键材料和装备技术，特别是一些关键设备如反渗透膜、能量回收装置、高压泵应用到示范工程中，以进行设备与技术的验证、改进与完善，提升装置的国产化。鼓励行业内以及对海水淡化有兴趣的工程公司更多地参与到项目的建设、运营、管理、维护中，从而增加企业运营、管理大型项目的经验。

5. 加大科普力度，提高全社会对海水利用的认知度

为切实提高社会对海水利用尤其淡化海水的了解和认识，还应加大宣传力度，使民众了解海水利用在我国未来可持续发展，与环境保护和生态修复中的重要作用和战略地位。可参考建立海水淡化开放中心，在民众免费参观的同时，还可以让参观者品尝瓶装的淡化海水，从科学知识普及开始打消人们对淡化海水的顾虑，从而促进民众在观念上与海水利用的亲近。

第 4 章

淮河流域及山东半岛
沿海地区基本情况

淮河是我国南北气候的分界线，同时整个流域气候温暖，土地肥沃，物产丰富，是我国经济文化开发较早的地区，也是我国重要的粮、棉、油产地和能源基地，并且水陆交通十分发达，是连接南北、东西的重要交通枢纽。本章对研究区域概况及研究区内江苏、山东共 10 个地市的水资源条件进行了分析。各地水资源总量不足，资源结构存在差异。总体而言，江苏境内的沿海城市，水资源可利用量较为丰富，本地水资源虽然紧缺，但过境水和外调水却十分富足。而山东沿海地区，因地理位置等因素，本地水资源十分匮乏，加之黄河等外调水源供水量有限，严重制约本地区经济社会可持续发展。

4.1 流域概况

"走千走万，不如淮河两岸"，横贯我国中原腹地的滔滔淮河，是一条具有悠久历史的古老大河。淮河在古代与长江、黄河、济水齐名，并称"四渎"，被列为我国七大江河之一。淮河流域人类活动历史悠久，是我国经济、文化繁荣发展较早的地区之一，也是中华民族灿烂文化的发祥地之一。在我国数千年的文明发展史上，淮河流域始终占有极其重要的位置。

淮河流域地处我国东部，介于长江和黄河两流域之间，位于东经 $111°55'$ ～ $121°20'$，北纬 $30°55'$ ～ $36°20'$，面积为 27 万 km^2。流域西起桐柏山、伏牛山，东临黄海，南以大别山、江淮丘陵、通扬运河及如泰运河南堤与长江分界，北以黄河南堤和沂蒙山脉为界与黄河流域毗邻。

流域西部、西南部及东北部为山区、丘陵区，其余为广阔的平原，山丘区面积约占总面积的 1/3，平原面积约占总面积的 2/3。流域西部的伏牛山、桐柏山区，一般高程 200～300m（1985 黄海高程标准，下同），沙颍河上游石人山高达 2153m，为全流域的最高峰；南部大别山区高程在 300～500m，淠河上游白马尖高程 1774m；东北部沂蒙山区高程在 200～500m，沂蒙山龟蒙顶高程 1155m。丘陵主要分布在山区的延伸部分，西部高程一般为 100～200m，南部高程为 50～100m，东北部高程一般在 100m 左右。淮河干流以北为广大冲、洪积平原，高程一般 15～50m；南四湖湖西为黄泛平原，高程为 30～50m；里下河水网区高程为 2～5m。

淮河流域包括湖北、河南、安徽、山东、江苏五省 40 个地级市，160 个县（市、区），总人口为 1.70 亿人，约占全国总人口的 13%；平均人口密度为 631 人/km²，是全国平均人口密度的 4.5 倍，居各大江大河流域人口密度之首。

淮河流域以废黄河为界，分淮河及沂沭泗河两大水系，流域面积分别为 19 万 km² 和 8 万 km²，有京杭大运河、分淮入沭水道和徐洪河贯通其间，沟通两大水系。

淮河发源于河南省桐柏山，东流经湖北、河南、安徽、江苏四省，主流在三江营入长江，全长 1000km，总落差 200m。洪河口以上为上游，长 360km，地面落差 178m，流域面积 3.06 万 km²；洪河口至洪泽湖出口中渡为中游，长 490km，地面落差 16m，中渡以上流域面积 15.82 万 km²；中渡以下至三江营为下游入江水道，长 150km，地面落差约 6m，三江营以上流域面积为 16.51 万 km²。洪泽湖的排水出路，除入江水道以外，还有入海水道、苏北灌溉总渠和分淮入沂水道。

淮河上中游支流众多。南岸支流都发源于大别山区及江淮丘陵区，源短流急，流域面积在 2000km² 以上的有浉河、竹竿河、潢河、白露河、史灌河、淠河、东淝河、池河。北岸支流主要有洪汝河、沙颍河、西淝河、涡河、奎濉河，其中除洪汝河、沙颍河、奎濉河上游有部分山丘区以外，其余都是平原排水河道。沙颍河流域面积约 4 万 km²，为淮河最大支流，其他均为 3000～16000km²。在淮北平原还开辟有茨淮新河、怀洪新河和新汴河等大型人工河流。

淮河下游里运河以东，有射阳港、黄沙港、新洋港、斗龙港等独流入海河道，承泄里下河及滨海地区的来水，流域面积为 2.24 万 km²。

沂沭泗河水系位于淮河流域东北部，由沂河、沭河、泗河组成，均发源于沂蒙山区。泗河流经南四湖，汇集蒙山西部及湖西平原各支流后，经韩庄运河、中运河、骆马湖、新沂河于灌河口燕尾港入海。沂河、沭河自沂蒙山区平行南下，沂河流至山东省临沂市进入中下游平原，在江苏省邳州市入骆马湖，由新沂河入海。在刘家道口和江风口有"分沂入沭"和邳苍分洪道，分别分沂河洪水入沭河和中运河。沭河在大官庄分新、老沭河，老沭河南流至新沂市入新沂河，新沭河东流经石梁河水库，至临洪口入海。

沂沭泗水系流域面积大于 $1000km^2$ 的平原排水支流有东鱼河、洙赵新河、梁济运河等。该水系直接入海的河流 15 条，流域面积 $16100km^2$。

4.1.1 流域特点

4.1.1.1 地处南北气候过渡带，暴雨洪水频繁

淮河流域地处我国南北气候过渡带，气候系统复杂，降雨时空分布不均。淮河流域 6—7 月受低空急流、切变线和低涡影响，8 月受台风影响，暴雨洪水多发生在 6—8 月。如新中国成立以来 1950 年、1954 年、1991 年、2003 年和 2007 年先后发生了流域性暴雨洪水，1956 年、1957 年、1963 年、1968 年、1969 年、1974 年、1975 年、1982 年、1983 年和 2005 年发生了区域性暴雨洪水。流域性暴雨洪水具有面广、量大、持续时间长、灾害重等特点，台风暴雨洪水具有强度大、历时短、造成局部灾害大等特点。如 1975 年 8 月，受 3 号台风影响，洪汝河、沙颍河部分地区突降特大暴雨，河南林庄最大 6 小时降雨量达 830.1mm，造成特大洪水灾害。

4.1.1.2 地势低平，蓄排水条件差

淮河流域平原面积广阔，占流域总面积的 2/3，地形平缓，淮北平原地面高程一般为 $15\sim50m$，淮河下游平原地面高程一般为 $2\sim10m$。淮河干流河道比降平缓，平均比降上游洪河口以上为 0.5‰，中游洪河口至中渡为 0.03‰，中渡至三江营为 0.04‰。淮河两岸支流呈不对称扇形分布，淮南支流源短流急，占据河槽；淮北支流面大坡缓，汇流缓慢，且河道狭小，易受洪水顶托。加之人水争地矛盾突出，无序开发，侵占河湖，减小了河湖的调蓄能力。

淮河原是水系畅通、独流入海的河道，12 世纪以后，由于黄河长期泛滥夺淮，不仅淤废了淮河的入海尾闾，迫使淮河下游改道入江，而且淤塞破坏了广大淮北平原的排水系统，造成平原雨水壅滞难下。

由于地势低平，山区面积小，拦蓄洪水的条件差；广大的平原地区，地面高程大多在干支流洪水位以下，河道泄流能力小、排水困难，加之面上蓄水能力的减小，更加恶化了蓄排水条件。

4.1.1.3 防洪保护区面积大，防洪保安任务重

淮河流域防洪保护区面积为 15.75 万 km^2，人口 1.2 亿人，耕地 1.37 亿亩，是我国最为重要的防洪保护区之一，也是黄淮平原的重要组成部分。保护区面积占全国国土面积的 1.6%，人口占全国的 9.2%，耕地占全国的 7.0%，粮食产量占全国的 12.9%。防洪保护区面积大、人口多，地位十分重

要，因此，防洪任务很重。

4.1.1.4 人、水、地之间及区域之间矛盾突出，治理难度大

淮河流域人口多，平均人口密度大，是全国平均人口密度的 4 倍多，农业人口占总人口的 77%，对土地的依赖程度高。沿淮平原地区人口更为稠密。沿淮湖泊洼地原为淮河洪水滞蓄场所，由于人多地少，长期以来，侵河占湖围垦现象严重，减少了洪水滞蓄场所，缩小了干流洪水通道；对平原湖荡的不断围垦，降低了面上洪涝水滞蓄能力，增加了干流排水压力。同时，干支流排水不畅，影响到上下游、左右岸的利益，造成淮河流域区域之间水事矛盾突出，地区利益协调难度大，增加了治理的复杂性。

4.1.1.5 资源条件相对较好，经济发展水平低

淮河流域耕地面积 1.9 亿亩，沿海尚有大片滩涂可资开垦。区内日照时间长，光热充足，气候温和，农业生产条件优越，是国家重要的粮、棉、油基地。流域内煤炭等矿产资源丰富，交通便利，是我国重要的能源基地和交通枢纽，极具发展潜力。

由于长期以来水旱灾害频发，严重制约了区域经济社会的发展，导致淮河流域成为我国经济发展的低谷区，沿淮许多地方仍是国家级贫困县。目前流域各地加快发展的愿望十分迫切，而粗放型的经济发展又不断加剧对资源和环境的压力。

此外，淮河流域水资源短缺，水资源配置能力低，水污染问题突出。这些自然和社会综合因素相互交织，导致淮河流域成为极易孕灾地区，致使淮河治理的任务相当艰巨。

4.1.2 存在的主要问题

4.1.2.1 防洪除涝减灾体系尚不完善

经过多年治理，淮河流域的防洪除涝建设已取得巨大成绩，但由于淮河特殊的气候条件、中下游行洪不畅的河流特点，以及涝区面积大和行蓄洪区多的难点，防洪除涝减灾体系仍存在一些薄弱环节，主要表现为：①上游拦蓄能力不足；②中游行洪不畅，行蓄洪区问题突出；③淮河下游出路不足；④平原洼地排涝标准低，涝灾损失大；⑤淮河干流一般堤防险工多，中小河流防洪除涝标准低；⑥沂沭泗河防洪除涝体系不完善。

4.1.2.2 水资源供需矛盾日益突出

淮河流域人口稠密，人均、亩均水资源量均不足全国的 1/5。随着人口增加，人均水资源占有量逐渐减少，水利工程建设与管理滞后，缺乏骨干调水工程，水资源配置能力低，水资源短缺问题日益突出。从时空分布看，70%～80% 的地表水资源都集中在 6—9 月，多为暴雨洪水；水资源

的分布与流域内人口、耕地、矿产、能源等资源和生产力布局也不协调。

4.1.2.3 水生态环境状况亟待改善

20世纪80年代以来，淮河流域水污染问题突出，进一步加剧了淮河流域水资源短缺矛盾。由于自然因素及人为干扰，淮河流域河道断流、湿地锐减、水质污染，使得水生生物种类及数量明显减少，水生态环境遭受严重破坏，已成为制约流域经济社会可持续发展的主要因素。淮河成为我国第一个进行水污染综合治理的流域，并纳入了国家"九五"期间"三河三湖"水污染治理重点范围。

4.1.2.4 水土保持形势不容乐观

淮河流域上游山丘区有4.4万km²的水土流失面积亟待治理，要全面实现治理，按目前不足1500km²/a治理进度，需要30年以上。同时，由于流域内水土流失主要策源地的坡耕地和顺坡林地面积分别高达96.6万hm²和16.11万hm²，并且还有1.5万km²的低标准工程存在潜在水土流失，因此，水土流失综合治理任务仍然十分艰巨，治理难度大。

4.1.2.5 农村水利建设亟须加强

农村水利发展水平总体较低，特别是20世纪80年代以来持续滑坡，与农业和农村经济发展很不适应，与新农村建设的要求相比，差距更大：①饮水安全问题突出；②农田灌排设施薄弱，严重制约农业综合生产能力提高；③水土流失、农村生态环境恶化的趋势尚未得到有效遏制。

4.1.2.6 流域综合管理能力有待提高

淮河流域防汛基础设施薄弱，洪水管理手段较为落后，防汛调度信息化水平不高。水文基础设施薄弱、采集站点布设不足、测洪设施落后、信息流程不尽合理、传输手段差、自动化程度低、工情和灾情信息采集处理方式比较落后、防汛异地会商系统尚未全面建立等问题，影响了防汛调度信息的代表性和时效性，妨碍了决策指挥的科学性和实时性，淮河流域防汛调度管理设施亟待改善。淮河流域是水资源短缺、水污染较为严重的地区，水资源、水环境监测和预警能力建设亟待加强。淮河治理及洪水调度复杂，亟须建立淮河实体模型，为淮河的进一步治理和洪水调度提供科学支撑。

综上所述，目前淮河流域的洪、涝、旱、污等问题仍较为突出，流域水形势依然十分严峻。淮河的治理关系到人与自然的和谐、社会的稳定、经济的可持续发展。我们要以实事求是的科学态度，认真研究淮河所面临的问题，为淮河的进一步治理工作打下坚实的基础。

4.2　研究区域概况

综合地理位置、海水利用的经济性和可行性等因素，研究区即淮河流域及山东半岛可利用海水的地域范围选定为沿海地区。其中，从流域边界看，江苏省的南通市和山东省的滨州市，仅有部分县市归属淮河流域及山东半岛地区，但考虑到资料数据的完整性和可获取程度，研究中以城市所在地级市为范围。

4.2.1　行政区划

按行政区域划分，研究范围共涉及 10 个地市，分别为山东省的青岛、日照、烟台、威海、潍坊、滨州、东营，及江苏省的连云港、盐城、南通，总面积 102154.26km²。

（1）滨州市，位于黄河三角洲腹地，地处黄河三角洲高效生态经济区、山东半岛蓝色经济区和环渤海经济圈、济南省会城市群经济圈"两区两圈"叠加地带，是山东省的北大门。地理位置为东经 117°15′～118°37′、北纬 36°41′～38°16′。国土面积 9600km²，现辖滨城区、惠民、阳信、无棣、沾化、博兴、邹平五县二区和滨州经济开发区、滨州高新技术产业开发区、滨州北海经济开发区，是黄河三角洲区域内最大的行政区。

（2）东营市，位于山东省北部黄河三角洲地区，黄河在东营市境内流入渤海。东营市地理位置东经 118°07′～119°10′、北纬 36°55′～38°10′。东、北临渤海，西与滨州市毗邻，南与淄博市、潍坊市接壤。国土面积 7923km²，下辖东营区、河口区、广饶县、垦利县、利津县。

（3）潍坊市，位于山东半岛的中部，地扼山东内陆腹地通往半岛地区的咽喉，胶济铁路横贯市境东西，是半岛城市群地理中心。地理位置为东经 118°10′～120°01′、北纬 35°41′～37°26′。国土面积 15859km²，下辖奎文区、潍城区、寒亭区、坊子区 4 个区，青州、诸城、寿光、安丘、高密、昌邑 6 个县级市，临朐、昌乐 2 个县，另有高新技术产业开发区、滨海经济技术开发区、峡山生态经济发展区、综合保税区 4 个市属开发区。

（4）烟台市，地处山东半岛中部，东连威海，西接潍坊，西南与青岛毗邻，北濒渤海、黄海，与辽东半岛对峙，并与大连隔海相望。地理位置为东经 119°34′～121°57′、北纬 36°16′～38°23′，总面积 13745.95km²。海岸线曲长 702.5km，海岛曲长 206.62km。下辖芝罘、福山、牟平、莱山 4 个区，长岛县以及龙口、莱阳、莱州、蓬莱、招远、栖霞和海阳 7 个县级市和国家级经济技术开发区、高新技术产业开发区、保税港区及昆嵛山保护区。

（5）威海市，位于山东半岛东端，北、东、南三面濒临黄海，北与辽东半岛相对，东与朝鲜半岛隔海相望，西与山东烟台接壤。地理位置为东经121°11′～122°42′、北纬36°41′～37°35′。总面积5797.74km²，下辖环翠和文登2个区，荣成和乳山2个市（威海火炬高技术产业开发区、威海经济技术开发区、威海临港经济技术开发区属于国家级开发区，开发区管理委员会是市政府派出机构）。

（6）青岛市，地处山东半岛南部，东、南濒临黄海，东北与烟台市毗邻，西与潍坊市相连，西南与日照市接壤。地理位置为东经119°30′～121°00′、北纬35°35′～37°09′。总面积为11282km²，辖市南、市北、李沧、崂山、黄岛、城阳、即墨7个区，代管胶州、平度、莱西3个县级市。

（7）日照市，位于山东省东南部黄海之滨，东临黄海，西接临沂市，南与江苏省连云港市毗邻，北与青岛市、潍坊市接壤。地理位置为东经118°25′～119°39′、北纬35°04′～36°04′。总面积5358.57km²，下辖东港和岚山2个区、莒县和五莲2县，以及日照经济技术开发区和山海天旅游度假区。

（8）盐城市东临黄海，南与南通市相连、西南与泰州市接壤，西与淮安市、扬州市毗邻，北隔灌河与连云港市相望。地理位置为东经119°27′～120°54′、北纬32°34′～34°28′。总面积16972万km²，下辖亭湖区、盐都区、大丰区以及响水、滨海、阜宁、射阳、建湖、东台等县级行政区。

（9）连云港市，东濒黄海，属温带季风气候，与朝鲜、韩国、日本隔海相望，北西与山东的日照市和临沂市、西与江苏徐州市毗邻，南连江苏宿迁市、淮安市和盐城市。地理位置为东经118°24′～119°48′、北纬33°59′～35°07′。总面积7615km²，下辖海州、连云和赣榆3个市辖区以及灌南、东海和灌云3个县级行政区。

（10）南通市，位于江苏东南部，长江三角洲北翼，东抵黄海，南望长江，与上海、苏州灯火相邀，西、北与泰州、盐城接壤。地理位置为东经120°12′～121°55′、北纬31°1′～32°43′。总面积8001km²，辖崇川、港闸、通州3个区，海安、如东2个县，南通经济技术开发区、南通滨海园区2个开发区，苏通科技产业园1个功能区，代管启东、如皋、海门3个县级市。

4.2.2　资源矿产

截至2015年年底，山东省现已发现150种矿产资源（贝壳砂、球石、彩石不在全国统计范围内），查明资源储量的有81种，其中石油、天然气、煤、地热等能源矿产7种；金、铁、铜、铝、锌等金属矿产25种；石墨、石膏、滑石、金刚石、蓝宝石等非金属矿产46种；地下水、矿泉水等水气矿产3种[55]。

在研究区范围内，滨州市已发现各类矿产30种（含亚矿种），占全省已发现矿产（150种）的20%。已探明铜矿储量约3.3万t，建筑石料储量约

2141.8 万 m^3，麦饭石储量约 2 亿 m^3。石油总储量 5.88 亿 t，天然气总储量 164.5 亿 m^3，贝壳砂储量 324.9 万 t，煤炭资源量 25 亿 t。东营市主要有石油、天然气、卤水、煤、地热、黏土、贝壳等，是胜利油田主产区，截至 2015 年年底，胜利油田已找到不同类型油气田 81 个，累计探明石油地质储量 54.19 亿 t。潍坊市已发现矿产 80 种（含亚矿种），占全省已发现矿种的 53.3%。探明储量的矿产 46 种，累计探明储量和保有储量列全省第一位的矿产有 13 种，为油页岩、铸型用砂、重晶石、天然卤水、水泥配料用红土、玻璃用石英岩、泥灰岩、膨润土、沸石、硅藻土、珍珠岩、白云母、蓝宝石。烟台市已发现矿产 70 多种，探明储量的 40 多种，黄金储量和产量均居全国首位，菱镁矿、钼、滑石储量均居全国前 5 位。沿海大陆架储有丰富的石油和天然气资源，属富集型油区。威海市发现矿产 49 种，其中查明矿产资源储量的 23 种（含地下水），占全省查明矿产总数（85 种，2016 年数据）的 27%，其中铁、铜、铅、金、锆及硫铁矿、化肥用蛇纹岩、石墨、玻璃用砂、高岭土等矿产被列入山东省矿产资源储量表。青岛地区矿藏多为非金属矿，已发现各类矿产（含亚矿种）66 种，占全省已发现矿种的 44%。优势矿产资源有石墨、饰材花岗岩、饰材大理石、矿泉水、透辉岩、金、滑石、沸石岩。日照市已发现 56 种矿产，分别为铁、锰、铜、铅、锌、金、银等。

江苏省地跨华北地台和扬子地台两大地质构造单元，有色金属类、建材类、膏盐类、特种非金属类矿产是江苏矿产资源的特色和优势。目前已发现的矿产品种有 133 种，探明资源储量的有 68 种，其中铌钽矿、含钾砂页岩、泥灰岩、凹凸棒石黏土、二氧化碳气等矿产查明资源储量居全国前列。研究区范围内，盐城市石油、天然气资源已探明蕴藏量达 800 亿 m^3，预估总储量达 2000 亿 m^3，为中国东部沿海地区陆上最大的油气田。沿海和近海有约 10 万 km^2 的黄海储油沉积盆地，居全国海洋油气沉积盆地第二位，有着广阔的勘探开发前景。连云港境内已探明矿产资源 40 余种，其中磷、蛇纹石、水晶、石英等饮誉中外，水晶储量、品位居中国之首。南通市已探明的矿产资源主要有铁矿、石油、天然气、煤、大理石等。

4.2.3 河流水系

山东省沿海的青岛、烟台、威海、潍坊以及东营、滨州的黄河以南部分位于山东半岛独流入海水系[56]，该地区河流众多，河网密度为 0.28km/km^2。小清河是该地区最大的一条河流，流域面积 10572km^2，干流河道长 237km；其他主要河道有潍河、弥河、白浪河、大沽河、南胶莱河、北胶莱河、大沽夹河、五龙河等。

滨州市境内除过境黄河外，以黄河为界，南部为小清河流域，北部为海河流域。各河大致流向东北，注入渤海。小清河水系有小清河、孝妇河、杏花河、支脉河4条主要河流。海河水系有徒骇河、德惠新河、马颊河、漳卫新河、秦口河、潮河6条主要河流。有芽庄湖、青沙湖、麻大湖三个平原湖泊。

东营市按流域可划分为黄河流域、海河流域及淮河流域。以黄河为界线，黄河以北属海河流域，黄河以南属淮河流域。海河流域水系多为南北走向，有潮河、沾利河等10条河流；淮河流域水系多为东西走向，有小清河、支脉河、广利河、永丰河等20条河流。

潍坊市境内流域面积在50km²以上的河流有103条，主要有潍河、弥河、白浪河、南北胶莱河和小清河等五大水系。

烟台市河网较发达，中小河流众多，长度在5km以上河流121条，其中流域面积300km²以上的河有五龙河、大沽河、大沽夹河、王河、界河、黄水河和辛安河7条，南北分流入海，向南流入黄海的有五龙河、大沽河，向北流入黄海的有大沽夹河和辛安河，流入渤海的有黄水河、界河和王河。

威海市河流属半岛边沿水系，为季风区雨源型河流。径流量受季节影响差异较大，枯水季节多断流。全市有大小河流1000多条，流域面积50km²及以上河流35条，其中母猪、乳山河、黄垒河为3条较大河流。

青岛全市共有大小河流224条，均为季风区雨源型，多为独流入海的山溪性小河。流域面积在100km²以上的较大河流33条，按水系分为大沽河、北胶莱河以及沿海诸河三大水系。大沽河水系包括主流及其支流小沽河、五沽河、流浩河和南胶莱河。北胶莱河水系包括主流北胶莱河及诸支流，在青岛境内的主要支流有泽河、龙王河、现河和白沙河。沿海诸河水系较大的有白沙河、墨水河、王戈庄河、白马河、吉利河、周疃河、洋河等。

日照河流分属沭河水系、潍河水系和东南沿海水系，多属山溪性河流，源短流急，雨季洪水暴涨暴落，枯季水量较小，甚至干涸。较大河流有沭河、傅疃河、潮白河、绣针河、潍河、巨峰河等[57]。

江苏河流水系分属长江、淮河两大流域，共有长江、太湖、淮河、沂沭泗四大水系，其中沿海的南通、盐城、连云港主要属于长江水系、淮河水系和沂沭泗水系[58]。

盐城地处里下河水网地区，根据流域水系划分，废黄河以北属沂沭泗水系，废黄河及其以南属淮河水系。主要河流有新洋港、蟒蛇河、串场河、朱沥沟、皮岔河、小洋河、通榆河、川东港、江界河等。

连云港基本属于淮河流域沂沭泗水系，沂沭地区的主要排洪河道新沂河、新沭河等均从市内入海，故有"洪水走廊"之称。境内还有玉带河、龙尾河、兴庄河、青口河、锈针河、柴米河、蔷薇河、善后河、盐河等大小干支河道

40 余条，有 17 条为直接入海河流，有盐河等河直接与运河及长江相通。连云港共有水库 168 座，其中石梁河、小塔山、安峰山水库较大。

南通市区内河网密布、水系发达，以通扬运河—如泰运河为界分属淮河和长江流域，经过多年建设，逐步形成了"六横四纵"的骨干河网和七大水利片区。

4.2.4　海域水文

淮河流域及山东半岛濒临渤海和黄海。

渤海是我国唯一的半封闭型内海，海域面积约 7.7 万 km²，被辽宁、河北、山东和天津三省一市陆地环绕，承接黄河、海河和辽河三大流域来水，仅通过渤海海峡与黄海相通，其自身水交换能力较弱。渤海水温受北方大陆性气候影响显著，2 月平均水温在 0℃左右，严寒时有不同程度的冰冻发生，正常年份 1—2 月冰情最为严重，冰期平均在 50d 以上，8 月水温可达 21℃。受大陆淡水注入的影响，盐度仅为 30‰[59]，为中国近海中最低。整体而言，渤海湾水质在温度、浊度方面变化较大，有机物、淤泥密度指数 SDI 较高，盐度较低。作为一个近封闭内海，渤海海水交换能力很差，近年来由于入海污染物大幅增加，渤海环境质量急剧恶化。威海海域海水水质见表 4 - 1。

表 4 - 1　　　　　　　　威 海 海 域 海 水 水 质

序号	监 测 项 目	检测结果	序号	监 测 项 目	检测结果
1	颜色	无异色	12	漂浮物	海面无明显的油膜、浮沫和其他漂浮物质
2	透明度/cm	90	13	悬浮物/(mg/L)	120
3	游离二氧化碳/(µg/L)	1.27	14	氯化物/(mg/L)	15653.46
4	总有机碳/(mg/L)	2.43	15	硫酸盐/(mg/L)	2407.19
5	pH	7.97	16	重碳酸离子/(mg/L)	144.25
6	电导率/(µs/cm)	33000	17	碳酸离子/(mg/L)	5.01
7	钠/(mg/L)	9628	18	全硬度/(mg/L)	5712.85
8	钾/(mg/L)	387	19	碳酸盐硬度/(mg/L)	236.71
9	氧化铁＋氧化铝/(µg/L)	84.1	20	非碳酸盐硬度/(mg/L)	5476.14
10	铁/(µg/L)	41	21	甲基橙碱度/(mg/L)	122.53
11	铝/(µg/L)	13.5	22	酚酞碱度/(mg/L)	4.18

序号	监 测 项 目	检测结果	序号	监 测 项 目	检测结果
23	钙/(mg/L)	410.08	37	矿物残渣/(g/L)	27.45
24	镁/(mg/L)	1123.67	38	550℃烧灼减量/(g/L)	1.65
25	全硅/(mg/L)	0.48	39	溶解氧/(mg/L)	9.82
26	溶硅/(mg/L)	0.21	40	生化需氧量/(mg/L)	2.22
27	胶硅/(mg/L)	0.11	41	余氯/(mg/L)	0.01
28	硝酸盐/(mg/L)	0.29	42	化学需氧量/(mg/L)	1.72
29	亚硝酸盐/(mg/L)	0.00	43	大肠菌群	930
30	氨氮/(mg/L)	0.03	44	铜/(μg/L)	4.9
31	磷酸盐/(mg/L)	0.03	45	总砷/(μg/L)	39.5
32	硅酸盐/(mg/L)	0.09	46	铅/(μg/L)	3.5
33	氟化物/(mg/L)	0.10	47	锌/(μg/L)	12.1
34	油类/(mg/L)	0.03	48	镉/(μg/L)	0.43
35	全固形物/(g/L)	29.83	49	汞/(μg/L)	0.35
36	溶解固形物/(g/L)	25.44	50	总铬/(μg/L)	4.3

黄海位于山东半岛和苏北平原中间，东临朝鲜半岛，北临辽东半岛，海域面积为 40 万 km^2，根据地理特征分为北黄海和南黄海，均属于半封闭海域。黄海水温波动比较平稳，基本维持在 $15 \sim 24℃$，胶州湾口以南表层水温常年在 6.0℃ 以上。黄海海水盐度为 32‰[59]，与大洋均值 35‰ 相比，含盐量较低。呈现由南向北、由海区中央向近岸，温度和盐度都几乎均匀降低的特征。黄海的水温主要受冬季气温、黑潮现象等影响；盐度主要受黄海暖流、渤海热通量、海域冬季大风及黄河径流量变化的影响。渤海、黄海盐度年内变化不大，且夏、秋季低，春、冬季高。另外，盐度随水深分布呈现垂直均匀型和梯度型。连云港海域海水水质见表 4-2。

表 4-2　　　　　　　连云港海域海水水质

监 测 项 目	检测结果	监 测 项 目	检测结果
pH	7.98	Na/(mg/L)	9689
电导率/(μS/cm)	42810	K/(mg/L)	340.2
TDS/(mg/L)	33352	Mg/(mg/L)	1130.25

续表

监 测 项 目	检测结果	监 测 项 目	检测结果
硬度（以 $CaCO_3$ 计）/（mg/L）	6150.53	Ca/（mg/L）	351
酚酞碱度/（mg/L）（以 $CaCO_3$ 计）	0	Fe/（mg/L）	未检出
全碱度/（mg/L）（以 $CaCO_3$ 计）	131.54	Si/（mg/L）	0.3372
浊度（NTU）	0.228	Mn/（mg/L）	未检出
TC/（mg/L）	30.50	Cu/（mg/L）	未检出
IC/（mg/L）	28.52	Zn/（mg/L）	未检出
TOC/（mg/L）	1.980	Al/（mg/L）	未检出
TN/（mg/L）	0.804	Ni/（mg/L）	未检出
Cl^-/（mg/L）	18048.0	Pb/（mg/L）	未检出
NO_2^-/（mg/L）	未检出	P/（mg/L）	未检出
SO_4^{2-}/（mg/L）	2453.1	S/（mg/L）	724
NO_3^-/（mg/L）	1.2715	B/（mg/L）	2.481
PO_4^{3-}/（mg/L）	未检出	Ba/（mg/L）	未检出
F^-/（mg/L）	未检出		

4.2.5 社会经济

依据收集的包括统计年鉴在内的资料和数据，重点分析研究区内的人口规模、地区生产总值、人均 GDP 以及三次产业结构等。现状年为 2015 年。

4.2.5.1 人口

据《山东统计年鉴 2016》《江苏统计年鉴 2016》，2015 年，研究区（山东、江苏共 10 地市）总常住人口 5604.54 万人，城镇化率为 60.97％。其中，人口数量最多的是潍坊市，最少的是日照市，城镇化水平最高的是青岛市，为 70.0％，最低的是滨州市，为 54.60％。2015 年研究区人口情况见表 4－3。

表 4－3　　　　　2015 年研究区人口情况

序号	地级行政区	人口/万人		总人口/万人	城镇化率/％
		城镇	乡村		
1	青岛市	636.66	273.04	909.70	70.00
2	东营市	138.29	72.77	211.06	65.50
3	烟台市	423.31	278.10	701.41	60.40
4	潍坊市	517.63	410.09	927.72	55.80
5	威海市	177.20	103.33	280.53	63.20

序号	地级行政区	人口/万人		总人口/万人	城镇化率/%
		城镇	乡村		
6	日照市	157.85	130.15	288.00	54.80
7	滨州市	210.79	175.11	385.90	54.60
8	连云港市	262.61	184.76	447.37	58.70
9	盐城市	434.43	288.42	722.85	60.10
10	南通市	458.15	271.85	730.00	62.76
	合计	3416.92	2187.62	5604.54	60.97

4.2.5.2　经济发展

根据《山东统计年鉴 2016》《江苏统计年鉴 2016》等，2015 年研究区（山东、江苏共 10 地市）地区生产总值累计为 43916.56 万元，其中，第一产业增加值 3107.12 万元，第二产业增加值 21316.73 万元，第三产业增加值 19492.71 万元。三产比例为 7.1∶48.5∶44.4。二、三产业并重但第二产业略占上风，第一产业比例很小。第二产业中，工业增加值占 80% 以上，详见表 4-4。

表 4-4　　　　　　　　研究区地区生产总值统计表

序号	地级行政区	地区生产总值/亿元	第一产业增加值/亿元	第二产业增加值/亿元		第三产业增加值/亿元	三次产业比例
				总值	其中：工业		
1	青岛市	9300.07	363.98	4026.46	3547.60	4909.63	3.9∶43.3∶52.8
2	东营市	3450.64	117.75	2230.61	2190.40	1102.28	3.4∶64.6∶31.9
3	烟台市	6446.08	440.85	3323.46	2994.80	2681.77	6.8∶51.6∶41.6
4	潍坊市	5170.53	455.15	2490.75	2182.36	2224.63	8.8∶48.2∶43.0
5	威海市	3001.57	217.14	1422.22	1281.70	1362.21	7.2∶47.4∶45.4
6	日照市	1670.80	140.60	813.06	712.38	717.14	8.4∶48.7∶42.9
7	滨州市	2355.33	217.53	1150.17	1047.91	987.63	9.2∶48.8∶41.9
8	南通市	6148.40	354.90	2977.53	2453.38	2815.97	5.8∶48.4∶45.8
9	连云港市	2160.64	282.69	959.00	767.27	918.950	13.1∶44.4∶42.5
10	盐城市	4212.50	516.53	1923.47	1653.90	1772.50	12.3∶45.7∶42.1
	合计	43916.56	3107.12	21316.73	18831.70	19492.71	7.1∶48.5∶44.4

4.3 沿海地区水资源现状

水资源量分析包括地表水资源量、地下水资源量。据《全国水资源综合规划技术细则》，地表水资源量指河流、湖泊等地表水体中由当地降水形成的、可逐年更新的动态水量，用天然河川径流量表示。地下水资源量指地下水体中参与水循环且可以逐年更新的动态水量。水资源总量为地表水资源量和地下水资源量之和，再扣除两者的重复计算量。

4.3.1 山东省沿海各市

（1）地表水资源量。据《山东省水资源综合规划》《山东省水资源综合利用中长期规划》《山东省水安全保障总体规划》等相关成果，1956—2014 年 59 年长系列山东省沿海各市多年平均天然径流量见表 4－5。从多年平均地表水资源量来看，烟台市最大，达到 25.48 亿 m³；东营市最小，为 4.68 亿 m³。但从径流深比较，威海市最大，多年平均为 251.0mm，东营市最小，仅 56.8mm。

表 4－5 山东省沿海各市多年年均天然径流量表

序号	地级行政区	年均值/万 m³	径流深/mm	不同频率天然年径流量/万 m³			
				丰水年	平水年	枯水年	特枯水年
				$P=20\%$	$P=50\%$	$P=75\%$	$P=95\%$
1	青岛市	146680	130.0	234463	104887	45746	9134
2	东营市	46827	56.8	72500	36859	18819	5411
3	烟台市	254769	183.9	376543	217831	129308	51505
4	潍坊市	157924	97.8	243859	125074	64518	19030
5	威海市	145494	251.0	215037	124399	73845	29414
6	日照市	127429	237.8	186983	110035	66550	27537
7	滨州市	56740	61.9	91295	39321	16341	2894

（2）地下水资源量。据《山东省水资源综合规划》《山东省水资源综合利用中长期规划》《山东省水安全保障总体规划》等相关成果，1956—2014 年 59 年长系列，山东沿海各市多年平均地下水资源量见表 4－6。就地下水资源量比较，潍坊市最大，东营市最小。

表 4-6 山东省沿海各市多年平均地下水资源量表

序号	地级行政区	山丘区/万 m³	平原区/万 m³	重复计算量/万 m³	地下水资源总量/万 m³
1	青岛市	73728	24047	4154	93621
2	东营市		23238	598	22640
3	烟台市	116161	19789	5007	130943
4	潍坊市	87709	66156	10936	142929
5	威海市	52922			52922
6	日照市	47347	4601	727	51221
7	滨州市	2302	58233	1253	59282

（3）水资源总量。1956—2014 年 59 年长系列，山东沿海各市多年平均水资源总量见表 4-7。从水资源总量看，山东沿海地区中，烟台市最大，多年平均水资源总量为 31.83 亿 m³，东营市最小，水资源总量为 6.47 亿 m³。

表 4-7 山东省沿海各市年均水资源总量表

序号	地级行政区	多年平均值/万 m³	不同频率水资源总量/万 m³			
			丰水年	平水年	枯水年	特枯水年
			$P=20\%$	$P=50\%$	$P=75\%$	$P=95\%$
1	青岛市	192458	290327	159527	89363	31423
2	东营市	64660	94879	55834	33769	13973
3	烟台市	318289	446818	287901	192201	96981
4	潍坊市	243734	348034	217072	139830	65868
5	威海市	164346	236625	145117	91869	41777
6	日照市	146353	208101	130870	85055	40775
7	滨州市	101710	149244	87827	53118	21980

4.3.2 江苏省沿海各市

依据《江苏省水资源综合规划》《江苏省水中长期供求规划》等成果，分析研究区内江苏沿海各市水资源状况。江苏省沿海各市多年平均天然径流量和地下水资源量见表 4-8 和表 4-9。

表 4-8 江苏省沿海各市多年年均天然径流量表

序号	地级行政区	年均值/万 m³	径流深/mm	不同频率天然年径流量/万 m³			
				丰水年	平水年	枯水年	特枯水年
				P=20%	P=50%	P=75%	P=95%
1	南通市	227273	249.20	326774	200918	127535	58301
2	连云港市	254749	342.22	353173	232870	159172	84139
3	盐城市	423827	282.87	612985	372242	233123	103703

表 4-9 江苏省沿海各市年均地下水资源量表

序号	地级行政区	山丘区/万 m³	平原区/万 m³	重复计算量/万 m³	地下水资源总量/万 m³
1	南通市		55720	994	54726
2	连云港市	15323	52820	1069	67074
3	盐城市		64269	1643	62627

(1) 南通市。据统计 (1956—2013 年系列)，全市多年平均地表水资源量为 22.72 亿 m³，浅层地下水资源量为 5.47 亿 m³，扣除两者重复计算量，多年平均水资源总量为 25.39 亿 m³。南通市水资源年际丰枯变化较大[60]。

(2) 连云港市。根据 1956—2013 年长系列水文资料，连云港市多年平均地表水资源量 25.47 亿 m³，多年平均地下水资源量 6.71 亿 m³，扣除两者重复计算量，多年平均水资源总量为 23.42 亿 m³。水资源总量空间上呈现南多北少、东多西少，但总体上相差不大；时间上主要是年际、年内分配不均[61]。

(3) 盐城市。1956—2013 年长系列多年平均地表径流量为 42.4 亿 m³，由于径流量的丰枯变化十分明显，加之本地河网调蓄能力小，地表径流很快排泄入海，所以地表径流的年平均利用率仅为 10% 左右。当地浅层地下水资源可开采量多年平均约为 5.66 亿 m³，但因受水质及开采条件限制，基本没有规模性开采，仅里下河少数农村地区有少量饮用和灌溉。深层地下水储藏量较为丰富，允许开采量为 1.65 亿 m³/a，因水质较优且利用率高，现为主要开采利用地下水水源，多年平均开采量为 1.28 亿 m³。

(4) 水资源总量。1956—2013 年长系列，江苏沿海各市多年平均水资源总量见表 4-10。从水资源总量看，江苏沿海地区中，盐城市最大，多年平均为 45.03 亿 m³，连云港市最小，仅为 23.42 亿 m³。

表 4 - 10　　　　　江苏省沿海各市多年平均水资源总量表

序号	地级行政区	年均值/万 m³	不同频率水资源总量/万 m³			
			丰水年	平水年	枯水年	特枯水年
			$P=20\%$	$P=50\%$	$P=75\%$	$P=95\%$
1	南通市	253876	356419	229690	153290	77371
2	连云港市	234225	322889	214988	148436	79994
3	盐城市	450302	642883	400893	258369	121740

第 5 章

淮河流域及山东半岛
水资源开发利用

5.1 沿海地区水资源开发利用现状

水资源开发利用现状以江苏、山东两省以及沿海各地市水资源公报以及其他有关成果为基础，分析 2015 年的供水量及供水结构、用水量及用水结构和用水水平等，并与全国平均水平进行比较。

5.1.1 供用水现状

据统计，研究区各地 2015 年总供水量 200.9306 亿 m³，其中地表水（含外调水源）173.0088 亿 m³、地下水 25.6777 亿 m³、其他水源 2.2441 亿 m³，分别占总供水量的 86.10％、12.78％和 1.12％，总体上，区域供水仍以地表水为主。2015 年研究区各地市主要供水结构见表 5-1。

表 5-1　　　　　2015 年研究区各地市主要供水结构

地级行政区	地表水/亿 m³		地下水/亿 m³	其他水源/亿 m³		总供水量/亿 m³	海淡可利用量/(万 m³/d)[②]	海水直接利用量[②]
	本地地表水	外调水		总量	海水淡化[①]			
青岛市[①]	2.5129	3.2136	2.3953	0.6354	0.0586	8.7572	12.98	25.83
东营市[①]	2.2901	6.8096	0.7282	0.2445	0	10.0724	0	0
烟台市[①]	4.3440	0.3404	4.0071	0	0	8.6915	1.42	28.97
潍坊市[①]	3.0514	1.8639	7.8484	0.6300	0	13.3937	0	1.28
威海市[①]	2.5900	0	1.4700	0	0	4.0600	1.49	9.57
日照市[①]	3.1427	0	1.6808	0.2902	0	5.1137	0	24.00

续表

地级 行政区	地表水/亿 m³		地下水/ 亿 m³	其他水源/亿 m³		总供水量/ 亿 m³	海淡可 利用量/ （万 m³/d）②	海水 直接利 用量②
	本地 地表水	外调水		总量	海水 淡化①			
滨州市①	2.3102	10.7300	1.9279	0.4440	0	15.4121	0	1.42
盐城市②	53.78	0	0.63	0	0	54.41	0.50	9.64
连云港市②	27.16		0.17	0	0	27.33	0	23.1
南通市②	48.87		4.82	0	0	53.69	0	17.11

① 数据来自 2015 年山东省水资源公报。

② 数据来自各地市 2015 年水资源公报。

研究区各地 2015 年总用水量 200.92 亿 m³，其中生产用水（含农田灌溉、林牧渔畜、工业）163.46 亿 m³、生活用水（含居民生活和城镇公共）22.24 亿 m³、生态环境用水 15.22 亿 m³，分别占总用水量的 81.4%、11.1%、7.6%，详见表 5-2。

表 5-2 　　　　　　2015 年研究区内各地市主要用水量　　　　　　单位：亿 m³

地级 行政区	农田 灌溉	林牧 渔畜	工业	城镇 公共	居民 生活	生态 环境	总用 水量
青岛市②	2.0040	0.4297	1.9758	1.0040	2.7289	0.6148	8.7572
东营市②	5.2216	0.9274	2.0064	0.4481	0.9593	0.5096	10.0724
烟台市②	3.5997	2.0687	1.2833	0.3683	1.3715		8.6915
潍坊市②	6.9051	0.7401	2.6855	0.6822	1.8680	0.5128	13.3937
威海市①	1.71	0.64	0.7600	0.3201	0.5955	0.0420	4.0638
日照市②	2.2201	0.3787	1.2523	0.3273	0.7711	0.1682	5.1177
滨州市②	10.7837	2.0745	0.9829	0.1094	1.0423	0.4195	15.4123
盐城市	39.83	4.91	5.53	0.70	3.18	0.26	54.41
连云港市	19.95	2.13	2.49	0.62	2.01	0.13	27.33
南通市	22.34	1.19	14.38	0.39	2.82	12.57	53.69

① 数据来自《2015 年山东省水资源公报》。

② 数据来自各地 2015 年水资源公报。

研究区内各地市供用水具体情况如下（因《2015 年山东省水资源公报》

相关数据与各地 2015 年的水资源公报数据存在一定差异，以下各地市内容以各地 2015 年水资源公报数据为基础）。

5.1.1.1 青岛市

（1）供水量。2015 年青岛全市总供水量 8.7572 亿 m³。其中，地表水源供水量 5.7265 亿 m³，占总供水量的 65.39%；地下水源供水量 2.3953 亿 m³，占总供水量的 27.35%；其他水源供水量 0.6354 亿 m³，占总供水量的 7.26%。在地表水源供水量中，蓄水工程供水量为 2.0154 亿 m³，占 35.19%；引水工程供水量为 0.4042 亿 m³，占 7.06%；提水工程供水量为 0.0933 亿 m³，占 1.63%；跨流域调水量（含引黄水量）为 3.2136 亿 m³，占 56.12%。在地下水供水量中，浅层地下水为 2.3953 亿 m³。在其他水源供水量中，污水处理回用量 0.5768 亿 m³，海水淡化量 0.0586 亿 m³。

（2）用水量。2015 年青岛全市总用水量 8.7572 亿 m³。其中，居民生活用水量 2.7289 亿 m³（包括城镇居民生活用水 2.2757 亿 m³ 和农村居民生活用水 0.4532 亿 m³），占总用水量的 31.16%；工业用水量 1.9758 亿 m³（包括火电工业用水 0.1444 亿 m³ 和非火电工业用水 1.8314 亿 m³），占总用水量的 22.56%；城镇公共用水量 1.0040 亿 m³（包括建筑业用水 0.1298 亿 m³ 和服务业用水 0.8742 亿 m³），占总用水量的 11.46%；农田灌溉用水量 2.0040 亿 m³，占总用水量的 22.88%；林牧渔畜用水量 0.4297 亿 m³，占总用水量的 4.91%；生态环境补水量 0.6148 亿 m³（包括城镇环境补水 0.6086 亿 m³ 和农村生态补水量 0.0062 亿 m³），占总用水量的 3.29%。按居民生活用水、生产用水、生态环境补水划分，城镇和农村居民生活用水占 31.16%，生产用水占 61.82%，生态环境补水占 7.02%。在生产用水中，第一产业用水（包括农田、林地、果地、草地灌溉及鱼塘补水和牲畜用水）2.4337 亿 m³，占总用水量的 27.79%；第二产业用水（包括工业用水和建筑业用水）2.1056 亿 m³，占总用水量的 24.04%；第三产业用水（包括商品贸易、餐饮住宿、交通运输、机关团体等各种服务行业用水）0.8742 亿 m³，占总用水量的 9.98%。

5.1.1.2 东营市

（1）供水量。2015 年东营全市总供水量 10.0724 亿 m³。其中，地表水源供水量 9.0997 亿 m³，占总供水量的 90.34%；地下水源供水量 0.7282 亿 m³，占总供水量的 7.23%；其他水源供水量 0.2445 亿 m³，占总供水量的 2.43%。在地表水源供水量中，蓄水工程供水量为 0.5767 亿 m³，占 6.34%；引水工程供水量为零提水工程供水量 1.7134 亿 m³，占 18.83%；跨流域调水量（含引黄水量）为 6.8096 亿 m³，占 74.83%。在地下水供水量中，浅层地下水为 0.5200 亿 m^3。在其他水源供水量中，污水处理回用量 0.2445 亿 m^3，海水淡化量为零。

（2）用水量。2015 年东营全市总用水量 10.0724 亿 m^3。居民生活用水量 0.9593 亿 m^3（包括城镇居民生活用水 0.6528 亿 m^3 和农村居民生活用水 0.3065 亿 m^3），占总用水量的 9.52%；工业用水量 2.0064 亿 m^3（包括火电工业用水 0.2515 亿 m^3 和非火电工业用水 1.7549 亿 m^3），占总用水量的 19.92%；城镇公共用水量 0.4481 亿 m^3（包括建筑业用水 0.1563 亿 m^3 和服务业用水 0.2918 亿 m^3），占总用水量的 4.45%；农田灌溉用水量 5.2216 亿 m^3，占总用水量的 51.84%；林牧渔畜用水 0.9274 亿 m^3，占总用水量的 9.21%；生态环境补水量 0.5096 亿 m^3（包括城镇环境补水 0.2221 亿 m^3 和农村生态补水量 0.2875 亿 m^3），占总用水量的 5.06%。按居民生活用水、生产用水、生态环境补水划分，城镇和农村居民生活用水占 9.52%，生产用水占 85.42%，生态环境补水占 5.06%。在生产用水中，第一产业用水（包括农田、林地、果地、草地灌溉及鱼塘补水和牲畜用水）6.1490 亿 m^3，占总用水量的 61.05%；第二产业用水（包括工业用水和建筑业用水）2.1627 亿 m^3，占总用水量的 21.47%；第三产业用水（包括商品贸易、餐饮住宿、交通运输、机关团体等各种服务行业用水）0.2918 亿 m^3，占总用水量的 2.90%。

5.1.1.3　威海市

（1）供水量。2015 年，全市供水量为 4.06 亿 m^3。其中，地表水源供水量 2.59 亿 m^3，地下水源供水量 1.47 亿 m^3。

（2）用水量。按用水类型分，城镇居民生活用水 0.3789 亿 m^3，占 9.3%；城镇公共用水 0.3201 亿 m^3，占 7.9%；工业用水 0.7600 亿 m^3，占 18.7%；农业灌溉用水 2.2748 亿 m^3，占 56.0%；农村生活用水 0.2166 亿 m^3，牲畜用水 0.0704 亿 m^3，二者合占 7.1%；生态环境用水 0.042 亿 m^3，占 1.0%。

5.1.1.4　潍坊市

（1）供水量。2015 年潍坊全市总供水量 13.3937 亿 m^3。其中，地表水源供水量 4.9153 亿 m^3，占总供水量的 36.70%；地下水源供水量 7.8484 亿 m^3，占总供水量的 58.60%；其他水源供水量 0.6300 亿 m^3，占总供水量的 4.70%。在地表水源供水量中，蓄水工程供水量为 2.3994 亿 m^3，占 48.81%；引水工程供水量为 0.2937 亿 m^3，占 5.98%；提水工程供水量为 0.3583 亿 m^3，占 7.29%；跨流域调水量（含引黄水量）为 1.8639 亿 m^3，占 37.92%。在地下水供水量中，浅层地下水为 7.8384 亿 m^3。在其他水源供水量中，污水处理回用量 0.6300 亿 m³。

（2）用水量。2015 年潍坊全市总用水量 13.3937 亿 m³。其中，居民生活用水量 1.8680 亿 m³（包括城镇居民生活用水 1.0617 亿 m³ 和农村居民生活用水 0.8063 亿 m³），占总用水量的 13.95%；工业用水量 2.6855 亿 m³（包括火电工业用水 0.346 亿 m³ 和非火电工业用水 2.3395 亿 m³），占总用水量的 20.05%；城镇公共用水量 0.6822 亿 m³（包括建筑业用水 0.2043 亿 m³ 和服务业用水 0.4779 亿 m³），占总用水量的 5.09%；农田灌溉用水量 6.9051 亿 m³，占总用水量的 51.55%；林牧渔畜用水量 0.7401 亿 m³，占总用水量的 5.53%；生态环境补水量 0.5128 亿 m³（包括城镇环境补水 0.4266 亿 m³ 和农村生态补水量 0.0862 亿 m³），占总用水量的 3.29%。按居民生活用水、生产用水、生态环境补水划分，城镇和农村居民生活用水占 13.95%，生产用水占 82.22%，生态环境补水占 3.83%。在生产用水中，第一产业用水（包括农田、林地、果地、草地灌溉及鱼塘补水和牲畜用水）7.6452 亿 m³，占总用水量的 57.08%；第二产业用水（包括工业用水和建筑业用水）2.8898 亿 m³，占总用水量的 21.58%；第三产业用水（包括商品贸易、餐饮住宿、交通运输、机关团体等各种服务行业用水）0.4779 亿 m³，占总用水量的 3.57%。

5.1.1.5　烟台市

（1）供水量。2015 年烟台全市总供水量 8.6915 亿 m³。其中，地表水源供水量 4.6844 亿 m³，占总供水量的 53.90%；地下水源供水量 4.0071 亿 m³，占总供水量的 46.10%；其他水源供水量为零。在地表水源供水量中，蓄水工程供水量为 4.3212 亿 m³，占 92.25%；引水工程供水量为零；提水工程供水量为 0.0228 亿 m³，占 0.49%；跨流域调水量（含引黄水量）为 0.3404 亿 m³，占 7.27%。在地下水供水中，全部为浅层地下水，水量为 4.0071 亿 m³。

（2）用水量。2015 年烟台全市总用水量 8.6915 亿 m³。其中，居民生活用水量 1.3715 亿 m³（包括城镇居民生活用水 0.8585 亿 m³ 和农村居民生活用水 0.5130 亿 m³），占总用水量的 15.78%；工业用水量 1.2833 亿 m³（包括火电工业用水 0.1008 亿 m³ 和非火电工业用水 1.1825 亿 m³），占总用水量的 14.77%；城镇公共用水量 0.3683 亿 m³（包括建筑业用水 0.0966 亿 m³ 和服务业用水 0.2717 亿 m³），占总用水量的 4.24%；农田灌溉用水量 3.5997 亿 m³，占总用水量的 41.42%；林牧渔畜用水量 2.0687 亿 m³，占总用水量的 23.80%；生态环境补水量为零。按居民生活用水、生产用水、生态环境补水划分，城镇和农村居民生活用水占 15.78%，生产用水占 84.22%，生态环境补水占零。在生产用水中，第一产业用水（包括农田、林地、果地、草地灌溉及鱼塘补水和牲畜用水）5.6684 亿 m³，占总用水量的 65.22％；第二产业用水（包括工业用水和建筑业用水）1.3799 亿 m³，占总用水量的 15.88％；第三产业用水（包括商品贸易、餐饮住宿、交通运输、机关团体等各种服务行业用水）0.2717 亿 m³，占总用水量的 3.13％。

5.1.1.6 日照市

（1）供水量。2015 年日照全市总供水量 5.1137 亿 m³。其中，地表水源供水量 3.1427 亿 m³，占总供水量的 61.46％；地下水源供水量 1.6808 亿 m³，占总供水量的 32.87％；其他水源供水量 0.2902 亿 m³，占总供水量的 5.67％。在地表水源供水量中，蓄水工程供水量为 2.6667 亿 m³，占 84.85％；引水工程供水量为 0.2003 亿 m³，占 6.37％；提水工程供水量为 0.2357 亿 m³，占 7.50％；跨流域调水量（含引黄水量）为 0.0400 亿 m³，占 1.27％。在地下水供水量中，浅层地下水为 1.6808 亿 m³。在其他水源供水量中，污水处理回用量 0.2902 亿 m³，海水淡化量为零。

（2）用水量。2015 年日照全市总用水量 5.1177 亿 m³。其中，居民生活用水量 0.7711 亿 m³（包括城镇居民生活用水 0.4748 亿 m³ 和农村居民生活用水 0.2963 亿 m³），占总用水量的 15.07％；工业用水量 1.2523 亿 m³（包括火电工业用水 0.0273 亿 m³ 和非火电工业用水 1.2250 亿 m³），占总用水量的 24.47％；城镇公共用水量 0.3273 亿 m³（包括建筑业用水 0.0875 亿 m³ 和服务业用水 0.2398 亿 m³），占总用水量的 6.40％；农田灌溉用水量 2.2201 亿 m³，占总用水量的 43.38％；林牧渔畜用水量 0.3787 亿 m³，占总用水量的 7.40％；生态环境补水量 0.1682 亿 m³（包括城镇环境补水 0.1508 亿 m³ 和农村生态补水量 0.0174 亿 m³），占总用水量的 3.29％。按居民生活用水、生产用水、生态环境补水划分，城镇和农村居民生活用水占 15.07％，生产用水占 81.65％，生态环境补水占 3.29％。在生产用水中，第一产业用水（包括农田、林地、果地、草地灌溉及鱼塘补水和牲畜用水）2.5988 亿 m³，占总用水量的 50.78％；第二产业用水（包括工业用水和建筑业用水）1.3398 亿 m³，占总用水量的 26.18％；第三产业用水（包括商品贸易、餐饮住宿、交通运输、机关团体等各种服务行业用水）0.2398 亿 m³，占总用水量的 4.69％。

5.1.1.7 滨州市

（1）供水量。2015 年滨州全市总供水量 15.4121 亿 m³。其中，地表水源供水量 13.0402 亿 m³，占总供水量的 84.61％；地下水源供水量 1.9279 亿 m³，占总供水量的 12.51％；其他水源供水量 0.4440 亿 m³，占总供水量的 2.88％。在地表水源供水量中，蓄水工程供水量为 0.0230 亿 m³，占 0.18％；

引水工程供水量为零；提水工程供水量为 2.2872 亿 m³，占 17.54％；跨流域调水量（含引黄水量）为 10.7300 亿 m³，占 82.28％。在地下水供水量中，浅层地下水为 1.4834 亿 m³。在其他水源供水量中，污水处理回用量 0.3370 亿 m³，海水淡化量为零。

（2）用水量。2015 年滨州全市总用水量 15.4123 亿 m³。其中，居民生活用水量 1.0423 亿 m³（包括城镇居民生活用水 0.6061 亿 m³ 和农村居民生活用水 0.4362 亿 m³），占总用水量的 6.76％；工业用水量 0.9829 亿 m³（包括火电工业用水 0.3491 亿 m³ 和非火电工业用水 0.6338 亿 m³），占总用水量的 6.38％；城镇公共用水量 0.1094 亿 m³（包括建筑业用水 0.0372 亿 m³ 和服务业用水 0.0722 亿 m³），占总用水量的 0.71％；农田灌溉用水量 10.7837 亿 m³，占总用水量的 69.97％；林牧渔畜用水量 2.0745 亿 m³，占总用水量的 13.46％；生态环境补水量 0.4195 亿 m³（包括城镇环境补水 0.3445 亿 m³ 和农村生态补水量 0.0750 亿 m³），占总用水量的 2.72％。按居民生活用水、生产用水、生态环境补水划分，城镇和农村居民生活用水占 6.76％，生产用水占 90.52％，生态环境补水占 2.72％。在生产用水中，第一产业用水（包括农田、林地、果地、草地灌溉及鱼塘补水和牲畜用水）12.8582 亿 m³，占总用水量的 83.43％；第二产业用水（包括工业用水和建筑业用水）1.0202 亿 m³，占总用水量的 6.62％；第三产业用水（包括商品贸易、餐饮住宿、交通运输、机关团体等各种服务行业用水）0.0722 亿 m³，占总用水量的 0.47％。

5.1.1.8 盐城市

（1）供水量。2015 年盐城全市总供水量 54.41 亿 m³，其中，地表水源供水量 53.78 亿 m³，占总供水量的 98.8％；深层地下水源供水量 0.629 亿 m³，占总供水量的 1.2％。

（2）用水量。2015 年盐城全市总用水量 54.41 亿 m³。其中，居民生活用水量 3.18 亿 m³，占全市总用水量 5.8％；生产用水 50.97 亿 m³，占 93.7％；城镇环境用水 0.26 亿 m³，占 0.5％。生产用水按照产业结构划分，第一产业用水 44.74 亿 m³，占生产用水的 87.6％，其中农田灌溉用水 39.83 亿 m³，占第一产业用水的 89.0％，占生产用水总量的 78.1％；第二产业用水 5.59 亿 m³，占生产用水的 10.9％，其中电力用水 2.23 亿 m³，一般工业用水 3.30 亿 m³，建筑业用水 0.052 亿 m³；第三产业用水 0.64 亿 m³，占生产用水的 1.3％。

5.1.1.9 连云港市

（1）供水量。2015 年全市总供水量 27.33 亿 m³，其中，地表水源 27.16 亿 m³，占总供水量的 99.4％；地下水源 0.17 亿 m³，占总供水量的 0.6％。

（2）用水量。2015年全市总用水量27.33亿 m^3，其中，生产用水25.19亿 m^3，占总用水量的92.2%；居民生活用水2.01亿 m^3，占7.3%；生态环境用水0.13亿 m^3，占0.5%。生产用水进一步按照产业结构划分，第一产业用水22.08亿 m^3，占生产用水的87.7%；第二产业用水2.51亿 m^3，占生产用水的9.9%；第三产业用水0.60亿 m^3，占生产用水的2.4%。

5.1.1.10 南通市

（1）供水量。2015年全市总供水量为53.69亿 m^3，以地表水源供水为主，且主要依靠外调长江水。在供水结构中，全市地表水供水量为48.87亿 m^3，占总供水量的91.0%；地下水源4.82亿 m^3，占总供水量的9.0%。

（2）用水量。2015年全市总用水量为53.69亿 m^3，其中，农林牧畜是用水大户，用水量为23.53亿 m^3，约占总用水量的43.8%；工业用水14.38亿 m^3，占总用水量的26.8%；居民生活用水2.82亿 m^3，占5.3%；生态环境用水12.57亿 m^3，占23.4%。

5.1.2 用水水平分析

按照各地市2015年度水资源公报，以及山东省、江苏省水资源公报和中国水资源公报[62]，计算2015年研究区各地市用水水平指标见表5-3。

表5-3　　　　　　　　2015年研究区各地市主要用水水平指标

省（直辖市）	城市	人均综合用水量/m^3	万元国内生产总值用水量/m^3	万元工业增加值用水量/m^3	耕地实际灌溉亩均用水量/m^3	农业灌溉水有效利用系数	人均生活用水量/（L/d）		
							城镇生活	城镇居民	农村居民
北京	北京	177.00	16.60	10.46	227.00	0.710	239.00	133.00	101.00
山东	全省	217.00	34.00	11.40	177.00	0.630	113.00	77.00	64.00
	日照	177.60	30.60	17.60	212.30	0.668	56.10	82.40	62.40
	滨州	389.49	65.44	9.38（非火核电5.81）	223.99	0.632	18.15	100.52	52.08
	东营	486.05	45.87	19.98	178.91	0.650	118.08	194.57	67.46
	潍坊	144.40	25.90	12.31	105.00	0.630	80.70	51.90	38.90
	青岛	96.20	9.53	5.52	52.00		98.70	43.50	44.50
	烟台	133.00	13.83	4.13	112.00		70.80	30.40	43.80
	威海	160.60	13.24	5.86	131.00		94.20	79.60	41.50

续表

省（直辖市）	城市	人均综合用水量/m³	万元国内生产总值用水量/m³	万元工业增加值用水量/m³	耕地实际灌溉亩均用水量/m³	农业灌溉水有效利用系数	人均生活用水量/（L/d）		
							城镇生活	城镇居民	农村居民
江苏	全省	721.00	65.70	16.50	402.00	0.598[63]	232.00	139.7	97.8
	连云港	656.41	135.91	29.98	423.00	0.580	199.27	151.90	91.94
	盐城	723.75	124.19	33.46	339.80	0.620	208.74	138.60	94.99
	南通	664.85	78.94	92.76	312.00	0.611	233.22	174.80	94.73
全国		455.00	90.00	58.30	394.00	0.536	217.00	135.00	82.00

从表 5-3 中可以看出，各地市用水水平参差不齐。除个别地区外，绝大部分地区领先全国平均水平。在 10 个地市中，青岛市的用水水平最为先进，大大领先于其他地市。在万元工业增加值用水量方面，山东沿海用水水平都十分先进，相较而言，江苏的盐城、连云港和南通的用水指标数据相对较高。简单分析原因：①与当地水资源条件相关，山东沿海水资源禀赋条件不高，节水求发展、节水促发展成了必然。相对而言，纬度更低的江苏省的连云港、盐城和南通，水资源条件较山东更好，过境水量丰富，还相应实施了江水北调工程，可能对节水发展的迫切性不是那么明显，这点在农业亩均灌溉用水量这一指标就十分明显。②与当地产业结构相关。山东省沿海地区矿产资源丰富，工矿企业发达，用水工艺相对先进；而江苏盐城、连云港和南通等地，位置处于江苏北部，是江苏经济社会发展相对落后的地区，农业生产还占据相对重要的位置。

5.2 水资源开发利用存在问题及原因分析

随着经济社会的快速发展，山东省境内水资源供需矛盾日益显现。尤其是沿海地区更为突出，因黄河天然径流量的连年衰减，导致依靠黄河水作为重要水源的烟台、青岛等地，供水总量严重不足，已成为制约经济社会可持续发展的瓶颈。而江苏境内的连云港、盐城和南通等市，因过境水资源丰富和境内的江水北调工程调水等，区域供水保障程度高。

5.2.1 地区水资源供需矛盾十分紧张

山东省沿海地区总体上属水资源严重短缺地区，但有限的水资源至今尚未得到合理有效地利用，未实现水资源的合理配置，主要表现为部分地区仍然存在供水工程老化、失修严重，用水水平不高，水资源浪费严重，有效利用程度低等问题。由于部分地区、部分企业认为地表水的可靠性较差，而地下水是取之不尽的、高保证率的水源，因此一味地超量开采利用地下水，造成地下水状况不断恶化。这种粗放的、无序的水资源开发利用方式，使有限的水资源不能得到高效利用。

从 2015 年各地市的供水结构看，山东沿海地区主要依靠引黄、南水北调东线一期工程引江等域外调水解决本地的水资源短缺问题；而江苏沿海地区因本地水资源或过境水资源丰富，加上早年建成的江水北调工程，绝大部分依靠地表水解决供水问题，地下水多占比较小，非常规水源基本不用。研究范围内，本地水资源量较为有限，随着经济社会发展对水资源的需求增加，供需矛盾日益尖锐，大部分地区尤其是山东省的沿海地市，东营、滨州等市黄河水的供水量甚至占当地总供水量的 70％以上，对域外调水的依赖程度不断增加。引黄济青、胶东调水、南水北调东线一期工程等，为山东省沿海地区水资源可持续利用提供了有效保障。

5.2.2　行业间用水效率存在差距

随着最严格水资源管理制度的贯彻深入，各地市用水水平逐年提高，研究范围内地区间、行业间水平存在差异。研究区域与先进地区相比仍有差距，具有一定节水潜力可挖。根据有关资料分析，山东省沿海地区工业用水效率较高，农业灌溉用水总体好于全国平均水平，但部分地区仍存在灌溉工程老化失修，配套较差，灌水技术落后，输水渠道防渗效果较差等问题。江苏省的盐城、连云港和南通，农业灌溉用水较全国平均水平相当，在综合灌溉技术和种植结构调整方面，仍有一定的节水潜力。在工业用水中，生产工艺落后，高耗水、低产出的工矿企业仍大量存在，因节水措施不力，研究区地区平均工业用水重复利用率为 60％～70％，万元工业增加值用水量与发达国家相比还有相当大的差距。居民节水意识还不强，节水器具不普及，跑、冒、滴、漏等现象仍然存在，城市供水管道漏损率在 20％左右。研究区内，大部分地区节水型生产方式和消费模式尚未真正建立，产业结构和布局与水资源条件不相匹配，水资源开发利用水平已超出水资源和水环境承载能力。

5.2.3　水资源短缺引发的生态环境问题日益严重

山东沿海地区，水资源十分匮乏，经济社会发展通过超量使用水资源得以实现。区域内部分地市地下水超采严重，导致了大量环境问题，如地下水位大幅度下降，形成了大面积地下水降落漏斗，最大埋深达 46.22m。据最新调查评价，山东省地下水超采主要有浅层孔隙水超采和深层承压水超采两种类型。全省共有浅层孔隙水超采区 8 处，涉及德州、聊城、济宁、泰安、威海、烟台、潍坊、淄博、东营、滨州等 10 个市，超采区总面积 $10433km^2$。深层承压水超采区主要分布于鲁西北黄泛平原区，涉及济南、淄博、东营、济宁、滨州、德州、聊城、菏泽等 8 个市，超采区总面积 $43408km^2$。多年来，由于持续超采地下水，开采地下水的条件恶化，浅层地下含水层厚度相应减少，导致单井出水量减少；部分沿海地区海（咸）水与地下淡水体交界面一带，原来的水位平衡关系被打破，造成海（咸）水入侵区。此外，随着区域废污水排放量的增加，环境负担不断加重，污染问题日益严重。大量的工业废水、生活污水未经处理直接或间接地排入河流、湖泊；同时，为提高农作物产量，大量施用的化肥、农药，随地表及地下径流排入水体，水质不断恶化。水污染程度不断加剧，严重影响了人民群众的身心健康，工农业生产遭受巨大损失，更加大了水资源开发利用的难度，进一步加剧了水资源的供需矛盾。

江苏省沿海地区位于江、淮、沂、泗河下游末端，过境水量充沛，但地区降水年内分配不均，与需水过程不相匹配。随着上游经济社会发展不断加速，区内水资源利用的可靠性不断下降，目前主要依靠远距离引江补给（江苏江水北调工程）。另外，由于对地下水开采强度的加强，使得原本依赖地下水生产的植物出现枯萎和死亡，同时地下水水质恶化造成人畜饮水困难，苦咸水分布范围呈蔓延扩展之势。南通市滨江临海，境内水系发达，河道纵横，水资源条件相对较好，但水资源短缺、水生态退化、水污染等问题仍不同程度地存在。据 2015 年有关统计数据，境内 9 条主要内河中，焦港河、通吕运河、通扬运河、新通扬运河水质为Ⅲ～Ⅳ类，其他河流水质以Ⅳ～Ⅴ类为主，少数断面出现劣Ⅴ类水质，主要污染物指标为氨氮、总磷、高锰酸盐指数。市区濠河水质保持在Ⅲ～Ⅳ类，主要污染指标为总磷、生化需氧量、氨氮、化学需氧量，市区其他河道和五县（市）城镇地表水水质在Ⅲ～Ⅴ类之间波动，部分河道部分时段存在黑臭现象。盐城位于淮河流域尾闾，受客水过境影响，流域性污染和水质性缺水、资源性缺水并存，水环境容量不大，水生态较为脆弱，多次受水问题困扰。据 2015 年有关统计数据，盐城市总体水质为轻度污染，62 个断面中，符合Ⅳ类、Ⅴ类水质断面仍占监测断面总数的43.5％。全市 8 条主要河流中，苏北灌溉总渠、黄沙港、射阳河、斗龙港、新洋港和通榆河水质状况为良好，串场河、灌河水质为轻度污染。5 条主要入境河流市际交界断面水质达标率为 20％，其中淮河入海水道苏嘴排渠断面和通榆河古贲大桥断面水质劣于Ⅴ类，主要超标项目为氨氮、总磷和化学需氧量。连云港市地处沂沭泗流域的最下游，处在供水网络的末梢，是著名的"洪水走廊"，是典型的水质型缺水地区，水多、水少和水脏问题依然较为突出。据 2015 年有关统计数据，全市地表水功能区水质达标率为 69.8%，其中Ⅲ类及以上水质比例为 52.3%，Ⅳ类水质比例为 24.4%，Ⅴ类水质比例为1.2%，劣Ⅴ类水质比例为 22.1%。全市 42 个国控、省控断面中Ⅲ类以上水质断面占 45.2%，Ⅳ类水质断面占 23.8%，劣Ⅴ水质断面占 28.6%，达标率57.1%，主要污染物为氨氮、总磷、化学需氧量。

5.2.4 再生水、海水淡化等非常规水源利用尚在起步阶段

从研究范围供水结构看，沿海地区对海水淡化、再生水的利用尚处在起步阶段，所占比例较小，与区域紧张的水资源供需矛盾不相符合。虽然山东沿海地区水资源紧缺，但对作为缓解区域供水紧张矛盾的海水淡化水、再生水等非常规水源的重视程度仍显不够。尤其在山东、江苏的沿海地区，淡化海水比一般的长距离调水工程成本价低，但可能受制于某些因素，现状发展仍不容乐观。

综上所述，在水资源的开发利用方面，目前沿海地区供用水矛盾日益紧张，外调水已成为解决区域供水矛盾的重要手段。从 2015 年各地供用水数据来看，本地水资源难以支撑区域经济社会发展的需要，尤其是山东省沿海地区，黄河水和长江水成为当地经济社会发展的重要用水水源，局部地区存在地下水超采等问题。江苏省则相对较好，但在本地水资源不足的情况，利用丰富的过境水和江水北调供水，较好地缓解了区域用水矛盾。

同时，各地用水水平不断提高，农业节水仍有一定潜力。研究区内山东各地市用水水平相对好于江苏省沿海地市，尤其在农田亩均灌溉以及工业万元增加值用水量等指标方面，山东省明显好于江苏省相关地市。分析原因可能是因山东本地水资源匮乏，深入推进节水型社会建设，倒逼灌区节水改造、工业产业结构升级等工作加快开展。

第 6 章

淮河流域及山东半岛

海水利用现状

淮河流域海水利用经过多年发展，取得了一定的成绩，人们对海水利用的认识逐步提高，海水利用的规模不断扩大，应用水平稳步提升，并积累了一系列管理经验。但由于起步较晚，虽已具备一定的基础，但仍处于发展的初期，尚存在诸多问题与制约因素，包括缺乏实质有效的扶持政策、海水利用尚未真正纳入水资源统一配置、海水淡化和利用技术存在瓶颈、公众认识有待提升等。

目前，淮河流域仅青岛市将海水淡化纳入了水资源供给体系；海水直接利用作为水资源的有效替代，未纳入供用水相关统计。淮河流域典型海水淡化工程按照投运时间、用途、淡化工艺及电价的差别，吨水投资为 7300～10000 元（除大丰项目），制水成本范围在 4.1～9.0 元/m³，海水冷却工程运行成本分别约为 0.05 元/m³（直流冷却）、0.09 元/m³（循环冷却）。

6.1　海水直接利用现状

6.1.1　总体情况

6.1.1.1　工程规模

近年来，淮河流域海水直接利用总体规模在不断增长（图 6-1）。据不完全统计，截至 2015 年 12 月，淮河流域已建海水直接利用工程 28 处，年利用规模 138.46 亿 m³，主要分布在火核电、化工、钢铁等行业。海水主要作为工业冷却水，占总利用量的 91.96%，其中火（核）电企业海水冷却用量占比达到 95.11%。随着技术的进步，越来越多的海水冷却工程采用循环冷却工艺，至 2015 年循环冷却年利用规模达 1.68 亿 m³。此外，还有少部分其他方面的利用，如海水脱硫，2015 年利用量达 11.13 亿 m³；海水冲厕，已在青岛南姜小区建立了示范工程。淮河流域已建成海水直接利用工程汇总见表 6-1。

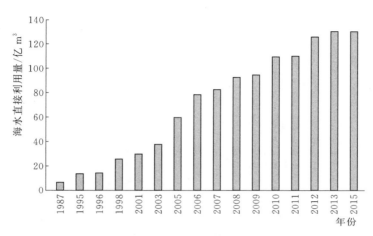

图 6-1 淮河流域海水直接利用规模增长图（1987—2015 年）

表 6-1 淮河流域已建成海水直接利用工程汇总表

序号	城市	项 目 名 称	利用方式	利用规模		应用领域	完成年份
				亿 m³/年	万 m³/d		
1	威海	华能威海电厂	直流冷却		290	电力	1998
2		威海新力热电有限公司	循环冷却	0.13		电力	2012
3	烟台	华电龙口发电股份有限公司	直流冷却		221	电力	1987
4							1995
5		南山集团东海热电有限公司	直流冷却		264	电力	2003
6		国电蓬莱发电有限公司	直流冷却		60	电力	2006
7		华电莱州发电有限公司	直流冷却		333	电力	2012
8	青岛	大唐黄岛发电有限责任公司	冷却和脱硫	11.3		电力	2006
9		华电青岛发电有限公司Ⅰ期	直流冷却	7.4		电力	1995
10		华电青岛发电有限公司Ⅱ期					1996
11		华电青岛发电有限公司Ⅲ期					2005
12		华电青岛发电有限公司Ⅳ期					2006
13		华电青岛发电有限公司	海水脱硫		216	电力	2006

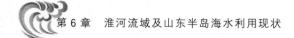
续表

序号	城市	项目名称	利用方式	利用规模		应用领域	完成年份
				亿 m³/年	万 m³/d		
14	日照	日照钢铁控股集团有限公司	直流冷却		150	钢铁	2013
15		华能国际电力股份有限公司日照电厂 1、2 号机组	直流冷却	16		电力	2001
16		华能国际电力股份有限公司日照电厂 3、4 号机组					2008
17		华能国际电力股份有限公司日照电厂 1、2 号机组	海水脱硫			电力	2007
18	潍坊	海天集团	直流冷却		17.77	化工	2008
19		海天集团	循环冷却		5.9	化工	2011
20		山东海化股份有限公司	循环冷却		15	化工	2013
21		神华国华寿光发电有限责任公司 Ⅰ 期工程	循环冷却		14.2	电力	2016
22	滨州	无棣大唐鲁北发电有限责任公司 2×300MW 机组	直流冷却		7.2	电力	2009
23		华能沾化热电有限公司 2×1000MW上大压小	直流冷却		23.68	电力	2008
24		北海经济开发区魏桥电厂	循环冷却		12	电力	2015
25	盐城	江苏国华陈家港发电有限公司 2×66 万 kW 机组 Ⅰ 期	直流冷却		292.27	电力	2012
26		江苏射阳港发电有限责任公司	直流冷却			电力	2015
27	连云港	田湾核电站	直流冷却		700	电力	2005
28	南通	江苏大唐国际吕四港发电有限责任公司	直流冷却		518.4	电力	2010
合计				34.83	3140.42		

注 表中为源数据。因各市所给数据单位不一,利用规模中的年数据按 330 天计算得到。

6.1.1.2　区域分布

淮河流域除东营外的 9 个沿海城市均有海水直接利用工程分布（图 6 - 2），尤以烟台、青岛、连云港、日照、南通整体利用规模较大。目前流域内最大项目是田湾核电站海水冷却工程，2015 年利用规模达 700 万 m³/d。同年烟台海水直接利用量为 29 亿 m³，其中龙口市 16 亿 m³，莱州市 11 亿 m³，蓬莱市 2 亿 m³[64]；青岛市海水直接利用量为 25.83 亿 m³；日照市为 20.95 亿 m³；威海市为 11.48 亿 m³；潍坊市为 1.74 亿 m³；滨州市 1.42 亿 m³（沾化县、无棣县、北海新区均有工程分布）。2015 年连云港、盐城、南通海水直接利用量分别为 700 万 m³/d、292.27 万 m³/d、518.4 万 m³/d，以年利用天数 330d 折算，分别合 23.10 亿 m³、9.64 亿 m³、17.11 亿 m³。

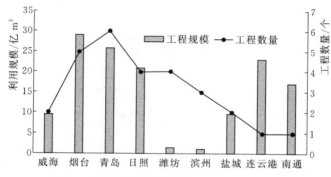

图 6 - 2　淮河流域海水直接利用区域分布图

6.1.2　各城市情况

6.1.2.1　青岛市

青岛市利用海水历史较长。20 世纪 90 年代发展较快，利用海水的单位最多时达 30 余家，日均利用海水量已从 1990 年 60 多万 m³ 跃升至 2015 年 918 万 m³，年海水利用量达 25.83 亿 m³，按 5% 折合淡水量为 1.29 亿 m³/a，为同年城市供给淡水总量的 14.7%。其中，以电力行业最大，占全市海水用量总量的 80% 以上。直接利用海水单位主要有大唐黄岛发电有限责任公司、华电青岛发电有限公司、青岛碱业股份有限公司、青岛泰能燃气集团有限公司等，涉及电力、化工等行业。在用途上以工业冷却为主，约占海水总用量的 99%。此外还用作化盐、除尘、冲厕以及脱硫和海水热泵等方面。直接利用海水成本 0.13～0.3 元/m³[65]。

（1）大唐黄岛发电有限责任公司。大唐黄岛发电有限责任公司。始建于 1978 年，经过三期建设，企业总装机容量 179 万 kW。该厂海水利用设施于 2006 年 11 月开始投入运行，年总利用海水量为 11.3 亿 m³，主要用于冷却和脱硫。

（2）华电青岛发电有限公司。华电青岛发电有限公司是在始建于 1935 年的青岛发电厂基础上成立的，企业装机总容量 126 万 kW，建有四台海水直流冷却装置，并投资 6.2 亿元建设安装了 4 台 30 万 kW 机组海水脱硫装置，脱硫效率达到 91% 以上，成为北方第一家成功采用海水脱硫技术的企业，对海水冷却电厂烟气脱硫技术的应用起到重要的示范作用。华电青岛发电有限公司海水直接利用项目概况见表 6-2。

表 6-2　　　　　　华电青岛发电有限公司海水直接利用项目概况

企 业 名 称	华电青岛发电有限公司	所属行业	电力
企业规模	大型	年产值/亿元	24.4
海水利用方式	海水直流冷却	海水脱硫	
交付运行时间	1995、1996；2005、2006	2006	
设计规模/（万 m³/d）	90×4	54×4	
利用规模/（万 m³/d）	90×4	54×4	
年总利用海水量/万 m³	18500×4（按 5000 利用小时数）	11250×4（按 5000 利用小时数）	
年总排海水量/万 m³	18500×4（按 5000 利用小时数）	11250×4（按 5000 利用小时数）	
进水温度（出水温度）/℃	14.5/23.5	2.3～27/—	
海水利用设施年运行费用/万元	200		
污水排放方式		氧化处理恢复海水品质后外排胶州湾	
年节约淡水总量/万 m³	1560		

（3）大生活用海水示范工程。除用于电厂冷却和脱硫外，青岛市还是国家推广大生活用海水的示范区。继 2004 年在沙子口街道的南姜小区进行全国首例示范试点后，青岛市市政公用局又在胶南海之韵小区进行海水冲厕试点。

海水取水工艺采用沉井取水，在距海岸线 30～40m 处修建集水井，依靠海底沙层对海水过滤取水。为防止输送中海洋生物或藻类繁殖导致异味，采用电解海水法生产次氯酸钠作杀生剂净化水质。海水通过公称直径 DN200 的 PE 管道输送至小区海水调节池，再由二级泵站和单独的配水管网送至用户卫生间及小区游泳池（仅夏季使用），使用后的海水直接排入下水道进入城市污水管网。小区供水泵站使用变频调速供水系统，可根据实际用水量调节泵流量，确保管网末端压力维持在恒定范围内，使整个供水系统始终保持高效、

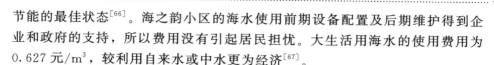

节能的最佳状态[66]。海之韵小区的海水使用前期设备配置及后期维护得到企业和政府的支持，所以费用没有引起居民担忧。大生活用海水的使用费用为0.627元/m³，较利用自来水或中水更为经济[67]。

6.1.2.2 日照市

日照市属资源型缺水地区，国家实施的南水北调工程和引黄工程均不受益。为缓解水资源不足，日照市将非常规水尤其海水利用作为主要水资源补充措施。积极推动海水利用，鼓励重点用水企业和高耗水企业优先使用海水[68]。

日照市共有日照钢铁控股集团有限公司和华能国际电力股份有限公司日照电厂两家企业直接利用海水冷却，年总利用量24亿m³，总投资8亿元。

（1）日照钢铁控股集团有限公司。该公司隶属于冶金行业，企业生产规模1300万t/a，年产值500亿元，海水利用设施于2013年8月开始投入生产运行，日利用海水量240万m³，年总利用海水量8亿m³，海水利用方式为锅炉冷却用水，海水利用设施总投资4亿元[69]。

（2）华能国际电力股份有限公司日照电厂。该电厂于1997年开建，经过两期建设，现有装机总容量2060MW，年产值46.36亿元。一期两台350MW进口燃煤机组于1999年9月和2000年1月投入运行；二期工程为两台680MW国产超临界火电机组，于2009年1月投产发电。企业年利用海水15.33亿m³，用于生产冷却和脱硫。海水利用设施总投资4.2亿元，其中一期、二期海水冷却设施随机组同时投产运行，一期海水脱硫设施与一期脱硫改造工程于2007年同时投产运行[69]。

6.1.2.3 烟台市

烟台市是淮河流域及山东半岛第一个建设海水直接利用工程的城市。1987年，流域第一座海水直接利用工程在华电龙口发电股份有限公司投产运行，用于电厂日常生产冷却。烟台市现有的海水直接利用全部为海水直流冷却，主要用于华电龙口发电股份有限公司、南山集团东海热电有限公司、国电蓬莱发电有限公司、华电莱州发电有限公司4家大型电力企业。据不完全统计，2015年海水直接利用量达878万m³/d，折合28.97亿m³/a。其中，龙口市年利用海水16亿m³，莱州市11亿m³，蓬莱市2亿m³[64]。

（1）华电龙口发电股份有限公司。该公司（即山东百年电力）于2000年10月30日成立，现有6台机组，装机容量880MW（表6-3）。现有水源为海水和黄水河地下水库地下水，2015年海水直接利用量为221万m³/d，折合7.3亿m³/a。

表6-3　　　　　　　　　山东百年电力海水直接利用项目概况

企业名称	山东百年电力	所属行业	火力发电
企业规模/(MW/a)	880	年产值/亿元	20.43
海水利用设施总投资/亿元	0.8748	交付运行时间	1987年（二期）1995年（三期）
海水利用方式	直流冷却	进水温度（出水温度）/℃	3.8
总供水规模/(万 m³/d)	222.82	海水利用规模/(万 m³/d)	221
年海水总用水量/万 m³	80300	年总利用海水量/万 m³	72930
年总排海水量/万 m³	72930	海水利用设施年运行费用/万元	110
海水利用设施成本/(元/m³)	0.11	浓盐水排放（处理）方式	通过生物接触氧化法处理
吨水耗电/(kW·h/m³)	0.02	电价/[元/(kW·h)]	—

（2）国电蓬莱发电有限公司。国电蓬莱发电有限公司规划装机总容量2660MW，其中一期工程建设2×330MW热电联产机组，2004年10月正式开工建设，1、2号机组已于2006年7月完成满负荷试运行后投入商业运营（表6-4）。现有水源包括海水和自来水，其中2015年海水直接利用量为1.98亿 m³。

表6-4　　　　　　国电蓬莱发电有限公司海水直接利用项目概况

企业名称	国电蓬莱发电有限公司	所属行业	电力
企业规模/(MW/a)	2×300	年产值/亿元	14.56
海水利用设施总投资/亿元	0.75	交付运行时间	2006年4月
海水利用方式	直流冷却	海水利用规模/(万 m³/d)	60
年总利用海水量/万 m³	19800	年总排海水量/万 m³	19800
进水温度（出水温度）/℃	14（20）	海水利用设施年运行费用/万元	50
吨水耗电/(kW·h/m³)		电价/[元/(kW·h)]	0.4365

（3）华电莱州发电有限公司。华电国际莱州项目地处莱州市金城镇，是山东省和山东电网"十一五"规划建设的重点电源项目，总规划容量8×1000MW，一期建设两台1000MW级机组，年发电量可达110亿 kW·h，已于2012年年底投产发电，二期2×1000MW机组在建中，计划2019年年

底投产。由于莱州电厂所在地区淡水缺乏，一期、二期发电设备主要采用了海水冷却，对不宜采用海水冷却的设备采用了淡水闭式循环冷却[70]。项目设计冷却用海水规模 516 万 m^3/d，2015 年实际利用量 333 万 m^3/d，折合 10.99 亿 m^3/a。

（4）南山集团东海热电有限公司。东海热电有限公司，自 2002 年建厂，是南山集团筹资兴建的胶东最大的民营火力自备热电站。现拥有 7 台机组，总装机容量为 1730MW。该公司水源包括海水以及水库地表水，2015 年海水直接利用量为 264 万 m^3/d，折合 8.7 亿 m^3/a。

6.1.2.4 威海市

威海市第一家海水冷却工程于 1998 年投产运行，截至 2015 年年底全市 5 家电力企业全部开展海水直接利用。其中，华能威海电厂作为威海市用水大户，改造了循环水冷却系统，使用海水代替淡水，年使用海水量达 9.57 亿 m^3。同样使用海水代替淡水进行循环水冷却的，还有西郊热电厂（年使用海水量 0.4 亿 m^3）、新力热电厂（年使用海水量 0.13 亿 m^3）、威海四八零八工厂等临海企业以海水代替淡水冲厕、试机等，年节约淡水近 10 万 m^3[71]。

（1）华能威海电厂。华能威海电厂始建于 1991 年 4 月，由华能出资 60%、威海市出资 40% 兴建，经过三期建设装机容量为 2077MW，年发电能力 120 亿 kW·h[72]。电厂作为威海市用水大户，改造了循环水冷却系统，以海水代替淡水。海水利用流程是：4 台机组通过海水循环泵取用海水（二期 2×320MW 汽轮机配 4 台 22800m^3/h 循环水泵，日均使用 3 台；三期 2×680MW 配 4 台 45000m^3/h 循环水泵，平均开 3 台）。流经机组凝汽器的海水一部分排回大海；一部分作脱硫用水；另一部分经海水淡化制成淡水，作为电厂淡水水源。其中，海水冷却系统年利用海水 12.98 亿 m^3，节约淡水 9.6 万 m^3/d（折合 2880 万 m^3/a）[73]；海水脱硫系统总投资 2 亿元，脱硫效率在 95% 以上，于 2008 年 12 月"双投"，脱硫后海水符合《海水水质标准》（GB 3097—1997）三类标准要求[74]。

（2）威海新力热电有限公司。威海新力热电有限公司成立于 1999 年，由威海市第二热电厂全资控股，是威海重要的电源支撑点和最大的热源点。装炉 3245t/h，装机容量 420MW，供热覆盖市中心城区、高技术产业开发区等九大区域，担负 1100 多家工业生产用汽和 35 万户 3600 万 m^2 百姓供暖重任（表 6-5）。年生产用水 1000 多万 m^3，是威海市用水大户[75]。其中 5 号机组使用海水循环冷却，平均年用海水 1200 万 m^3，年可节约淡水 60 万 m^3。

表6-5　　　　　　　　　威海新力热电有限公司海水直接利用项目概况

企业名称	威海新力热电有限公司	所属行业	热电联产
企业规模	中大	年产值/亿元	2
海水利用设施总投资/亿元	0.2	交付运行时间	2012年
海水利用方式	海水循环冷却汽轮机凝汽器	海水利用规模/(万 m^3/d)	7.2
年总利用海水量/万 m^3	1200	年总排海水量/万 m^3	1200
进水温度（出水温度）/℃	20（37）	海水利用设施年运行费用/万元	100
吨水耗电/(kW·h/m^3)	—	电价/[元/(kW·h)]	0.5

6.1.2.5　潍坊市

潍坊市海水利用发展较晚，无论是整体规模还是单个工程规模相对较小，多用于北部沿海企业，区内涉及寒亭、寿光、昌邑三个行政区与滨海经济技术开发区。潍坊市的海水直接利用全部为海水冷却，主要用于海天集团、山东海化股份有限公司、神华国华寿光发电有限责任公司3家大型企业。除海天集团建有1处海水循环冷却外，其余3处工程均采用直流冷却工艺。据不完全统计，2015年已建海水冷却工程规模为95万 m^3/d，实际利用量38.67万 m^3/d，折合1.28亿 m^3/a，主要用于电力和化工行业。

（1）神华国华寿光发电有限责任公司。该公司位于寿光市羊口镇，是座百万"近零排放"电站。该项目一期（2×1000MW）工程总投资73.37亿元，于2016年11月全面建成投用，采用世界首例1000MW整体框架弹簧隔振汽轮发电机基座。项目利用海水作为二次循环冷却水，从小清河下游取水，小清河下游水质主要是上游城市及工业污水与入海口处上涌海水的混合体[76]。工程排水量为2601m^3/h（夏季废水产生量为3346m^3/h[77]），海水实际利用量达14.2万 m^3/d。工程采用国产化首例大型高位收水海水冷却塔等创新研究和应用，且桩基防腐蚀技术填补了行业空白。为保护（寿光蚂蚬）原有海洋生态，国华电厂将冷却塔方案由2008年可行性研究时的直流式改为现用的高位塔，经过改动，外排水由温排水变为凉排水，排水量由50m^3/s降至0.8m^3/s，仅为之前的1/60。同时，高位塔还具有节能、降噪两大优点。循环水泵电耗是常规用电的2/3；供水能耗较常规塔降低约30%，噪声可减少10~15dB（A）。

（2）山东海化股份有限公司。该公司位于滨海经济技术开发区，1995年8月由原潍坊纯碱厂和山东羊口盐场两个国有大型企业为龙头组建。公司资产总额 105 亿元，下设 1 家上市公司和 20 多家分、子公司，设有国家级技术中心。主要产品有 40 多种，其中合成纯碱、两钠、原盐、溴素等 7 种产品产量居全国第一，是全国重要的海洋化工生产和出口基地。2009 年 9 月加入中海油[78]。

2009 年，公司工业用水量为 15402 万 m³，其中海水利用量为 12616 万 m³，约占用水总量的 81.9%。海水循环利用量为 5960 万 m³，海水先用于纯碱厂的冷却和化盐用水，产生的蒸氨废液用于生产氯化钙，其他废水进入澄清池经沉淀后回用；海水直接利用量为 6656 万 m³，主要用于设备的冷却[76]。2015 年，海化实际直接利用海水量为 15 万 m³/d，折合 4950 万 m³/a。

6.1.2.6 滨州市

滨州市海水利用于 2008 年以后发展起来，目前尚在起步阶段。受地理位置、市场需求等因素的制约，现有工程数量少、规模小，工程仅位于无棣县、沾化县与北海经济开发区 3 个沿（近）海区域。滨州市的直接利用现全为海水冷却，全部用于电力行业，包括大唐鲁北发电有限责任公司、华能沾化热电有限公司、魏桥电厂。除魏桥电厂建有 1 处海水循环冷却外，其余 2 处工程均采用直流冷却工艺。据不完全统计，2015 年已建海水冷却工程规模为 72 万 m³/d，实际利用量 42.88 万 m³/d，折合 1.42 亿 m³/a。

（1）大唐鲁北发电有限责任公司。海水冷却系统作为电厂 2×330MW 燃煤发电机组的配套工程，用于为凝汽器提供冷却水。通过开式循环系统，将运河海水不经任何处理直接经离心式循环泵吸入，冷却进入凝汽器的汽轮机低压缸排汽后，排入运河循环利用。卧式单级双吸离心循环泵设计额定流量为 18000m³/h，机组运行中根据运河海水温度变化情况投运循环水泵台数，夏季及秋季机组双循环水泵运行，其余时间单泵运行。根据历史数据计算，1、2 号机组全年运行小时数约 14000h，全年海水利用量约 7.56 亿 m³，详见表 6-6。运河海水使用过程中不加药，对水体基本无污染[79]。

表 6-6　　　　滨州大唐鲁北发电有限责任公司
海水直流冷却项目概况

企业名称	大唐鲁北发电有限责任公司	所属行业	电力
企业规模/(亿 kW·h/a)	31.91	年产值/亿元	10
海水利用设施总投资/亿元	1.5	交付运行时间	2009 年 12 月
设计规模/(万 m³/d)	7.2	利用规模/(万 m³/d)	7.2
年总利用海水量/万 m³	50000	年总排海水量/万 m³	50000

续表

企业名称	大唐鲁北发电有限责任公司	所属行业	电力
进水温度（出水温度）/℃	18（22）	海水利用设施年运行费用/万元	2500
海水利用投资成本/(元/m³)	0.24	污水排放方式	无污水
海水利用运行成本/(元/m³)	0.05	年节约淡水总量/万 m³	50000

（2）华能沾化热电有限公司。华能沾化热电有限公司始建于 1975 年。公司分两期先后建设了 4 台机组，一期 2×135MW 燃煤机组于 2009 年按照国家"上大压小"政策关停，目前运营的两台 165MW 热电联产机组于 2005 年投产。按照企业发展规划，公司将重点发展 2×1000MW 超超临界燃煤机组和新能源项目。其中，清风湖 100MW 光伏扶贫电站和清风湖 100MW 风电项目于 2017 年 3 月开工建设，已分别于 2017 年 7 月 4 日和 2017 年 12 月 29 日并网发电一次成功，顺利实现年内"双投"目标。沾化发电厂 2×165MW 机组实施了海水直流冷却工程，每年可节约淡水资源 1.8 亿 $m^{3[80]}$。

6.1.2.7　盐城市

盐城市海水直接利用全部为海水直流冷却，利用企业为江苏国华陈家港发电有限公司和江苏射阳港发电有限责任公司，年总利用量达 9.64 亿 m^3（冬季：258.17 万 m^3/d；春秋：293.97 万 m^3/d；夏季：322.97 万 m^3/d）[81]。

（1）江苏国华陈家港发电有限公司。江苏国华陈家港发电有限公司，一期工程建设 2×660MW 国产超超临界燃煤发电机组，二期工程拟建 2×1000MW 超超临界燃煤发电机组。一期 2 台机组于 2007 年年底开工，1、2 号机组分别于 2011 年 8 月底和 12 月底运行。海水冷却设施于 2011 年 12 月投入运行，总投资 1.9 亿元。江苏国华陈家港发电有限公司如表 6-7 所示。

表 6-7　　江苏国华陈家港发电有限公司
海水直接利用项目概况

企业名称	江苏国华陈家港发电有限公司	所属行业	电力
企业规模/(MW/a)	2×660	年产值/亿元	29
海水利用设施总投资/亿元	1.9	交付运行时间	2011 年 12 月
海水利用方式	汽轮机冷却	进水温度（出水温度）/℃	20/30

企业名称	江苏国华陈家港发电有限公司	所属行业	电力
总供水规模/(万 m³/d)	冬季：258.17 春秋：308.44 夏季：362.88	海水利用规模/(万 m³/d)	冬季：258.17 春秋：293.97 夏季：322.97
年淡水海水总用水量/万 m³	97212.8	年总利用海水量/万 m³	96972.8
年总排海水量/万 m³	110060	海水利用设施年运行费用/万元	1724
海水利用设施成本/(元/m³)	0.018	浓水排放（处理）方式	—
吨水耗电/(kW·h/m³)	0.041	电价/[元/(kW·h)]	0.431

（2）江苏射阳港发电有限责任公司。江苏射阳港发电有限责任公司始建于 1992 年，是江苏沿海首座火力发电厂，一期、二期工程 4 台 13.75 万 kW 机组分别于"九五""十五"期间建成投产，总装机容量 55 万 kW，三期 2 台 66 万 kW 超超临界燃煤发电机组于 2013 年年初投产发电，海水直流冷却年可利用量 4.2 亿 m³，如表 6-8 所示。

表 6-8　　江苏射阳港发电有限公司海水直接利用项目概况

企业名称	江苏射阳港发电有限责任公司	所属行业	电力
企业规模/(MW/a)	2×660	年产值/亿元	24
海水利用设施总投资/亿元	—	交付运行时间	2011 年 8 月
海水利用方式	直流冷却	进水温度（出水温度）/℃	18/34
总供水规模/(万 m³/d)	366	海水利用规模/(万 m³/d)	150
年淡水海水总用水量/万 m³	42221	年总利用海水量/万 m³	41976
年总排海水量/万 m³	41976	海水利用设施年运行费用/万元	—
吨水耗电/(kW·h/m³)	0.69	电价/[元/(kW·h)]	0.431

6.1.2.8　连云港市

连云港作为全国重要的海滨城市之一，具有发展海水利用的先天优势条件，目前建有流域最大的海水直接利用工程——田湾核电站海水冷却工程。

田湾核电站位于连云区田湾，厂区按 8 台百万千瓦级核电机组规划，并留有再建 4 台的余地，现已建成一期 1 号、2 号机组。2012 年 12 月 27 日、2013 年 9 月 27 日，电站二期工程 3、4 号机组开工建设，预计于 2018 年 2 月和 12 月投入商业运行；5、6 号机组也于 2015 年 8 月 25 日重新启动，目前即将交付。田湾核电站利用海水作电站直流冷却用水，是连云港市最大的非常规水源利用项目，也是流域海水直接利用的典型范例。海水取自高公岛海域，通过隧道自流到厂区，使用泵提升作为冷却用水（其中大部分用作凝汽器冷却，设计流量为 39600m³/h×4 台×2 个机组），及其他的中间冷却水（设计流量为 10200m³/h×2 个机组）。2012 年、2013 年、2015 年田湾核电站海水直接利用量分别达到 27.99 亿 m³、26.67 亿 m³[82]、23.1 亿 m³。江苏核电田湾核电站海水直接利用项目概况如表 6−9 所示。

表 6−9 田湾核电站海水直接利用项目概况

企业名称	田湾核电站	所属行业	核 电
企业规模/(MW/a)	1600	年产值/亿元	60.12
海水利用方式	直流冷却	交付运行时间	2005 年
总供水规模/(万 m³/d)	833.28	海水利用规模/(万 m³/d)	700
年淡水海水总用水量/万 m³	266855.06	年总利用海水量/万 m³	231000
年总排海水量/万 m³	231000	海水利用设施年运行费用/万元	309.4
吨水耗电/(kW·h/m³)	—	电价/[元/(kW·h)]	0.455

6.1.2.9 南通市

南通市海水直接利用的企业仅一家：江苏大唐国际吕四港发电有限责任公司。该公司位于南通市下辖启东市，一期工程建设 4×660MW 超超临界燃煤机组，于 2010 年全部投产运行，并配套建造了海水直流冷却系统，冷却后海水排返回海。公司 2011 年各台机组运行时长总计 30246h，按每小时节水 400m³ 计算，年节约淡水资源 1211 万 m³。2015 年实际海水直接利用量为 17.11 亿 m³（518.4 万 m³/d）。

6.2 海水淡化利用现状

6.2.1 总体情况

6.2.1.1 工程规模

近年来，淮河流域已建成海水淡化工程总体规模在不断增长（图 6−3）。

据不完全统计，截至 2015 年年底，淮河流域已建成海水淡化工程 31 座。因 2012 年青岛百发海水淡化工程（规模 10 万 m^3/d）投产，淮河流域海水淡化规模当年出现了迅猛增长。根据调研所得资料，对淮河流域已建成的海水淡化利用工程统计与汇总，如表 6-10 所示。

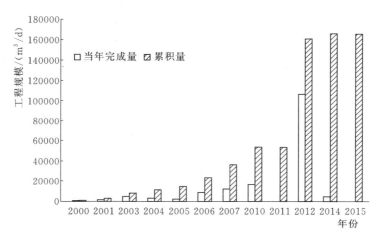

图 6-3　淮河流域海水淡化利用规模增长图

表 6-10　　　　　　　淮河流域已建成海水淡化工程汇总表

序号	城市	名　称	规模/(m^3/d)	工艺	应用领域	完成年份
1		华能威海电厂海水淡化工程（Ⅲ期）	7200	SWRO	电力	2010
2	威海	山东石岛水产供销集团总公司反渗透海水淡化产业化示范工程项目	5000	SWRO	市政	2003
3		华能威海电厂海水淡化装置	2500	SWRO	电力	2001
4		威海水务刘公岛海水淡化装置	200	SWRO	市政	2005
5		华电莱州发电有限公司海水淡化工程（Ⅰ期）	7200	SWRO	电力	2012
6		山东长岛县农水局海水淡化装置	1000	SWRO	市政	2000
7	烟台	烟台打捞局船用海水淡化装置	3500	SWRO	船舶	2006
8		长岛县 7 处海水淡化站	2295	SWRO	市政	2001—2005
9		烟台深海泉矿泉水厂海水淡化装置	420	SWRO	饮用	2004

序号	城市	名　　称	规模/(m³/d)	工艺	应用领域	完成年份
10		青岛百发海水淡化厂	100000	SWRO	市政	2012
11		青岛碱业海水淡化项目	10000	SWRO	化工	2010
12		大唐黄岛发电厂海水淡化装置（Ⅲ期）	10000	SWRO	电力	2007
13		华电青岛发电有限公司海水淡化工程（Ⅰ套）	2900	SWRO	电力	2006
14		华电青岛发电有限公司海水淡化工程（Ⅱ套）	2900	SWRO	电力	2007
15	青岛	大唐黄岛发电厂海水淡化装置（Ⅱ期）	3000	SWRO	电力	2006
16		黄岛电厂海水淡化装置（Ⅰ期）	3000	MED	电力	2004
17		即墨田横岛海水淡化装置	480	SWRO	市政	2005
18		青岛灵山岛海水淡化项目	300	SWRO	市政	2012
19		山东黄岛电厂 MVC 试验装置	60	MVC	试验	2003
20		青岛新河镇海水淡化装置	60	SWRO	市政	2004
21		青岛艾瑞特机电公司海水淡化装置	50	SWRO	市政	2004
22		青岛大管岛海水淡化装置	5	SWRO	市政	2011
23	潍坊	潍坊联兴新材料科技股份有限公司低温烟气淡化海水示范项目	100	MED	化工	2014
24	盐城	大丰非并网海水淡化示范项目（Ⅰ期）	5000	SWRO	市政	2014
25		江苏盐城风电海水淡化装置	100	SWRO	试验	2011

　　截至 2015 年 12 月，淮河流域已建成万吨级以上海水淡化工程 3 个，产水规模 120000m³/d；千吨级以上、万吨级以下海水淡化工程 11 个，产水规模 43200m³/d；千吨级以下海水淡化工程 17 个，产水规模 4070m³/d。如图 6-4 和图 6-5 所示。目前流域已建成最大海水淡化工程规模 10 万 m³/d，即青岛百发海水淡化厂和董家口钢铁基地海水淡化厂（2016 年建成），均位于青岛市。

6.2.1.2　区域分布

　　截至 2015 年年底，淮河流域仅青岛、烟台、威海、潍坊、盐城 5 个城市建有海水淡化利用工程，主要是在水资源严重短缺的沿海城市和海岛，尤以青岛市利用规模最大，达到 13.28 万 m³/d，占流域海水淡化总规模的 79.37%。其次为威海，利用规模为 14900m³/d，占流域总量的 8.91%；烟台

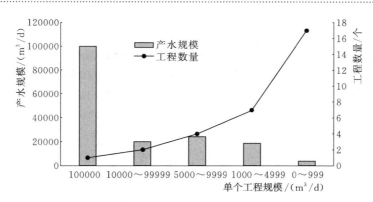

图 6-4 不同产水规模的海水淡化工程统计

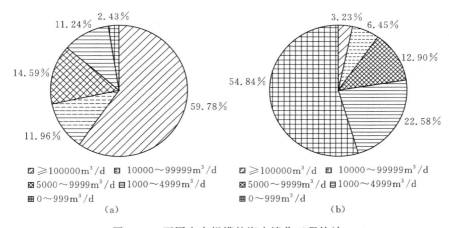

(a)

(b)

图 6-5 不同产水规模的海水淡化工程统计

（a）按照产水规模统计；（b）按照工程数量统计

市利用规模为 $14415 \text{m}^3/\text{d}$，占流域总量的 8.62%；潍坊市利用规模为 $100 \text{m}^3/\text{d}$，占流域总量的 0.06%。盐城市是江苏省唯一建有海水淡化工程的城市，也是国家第二批海水淡化产业发展试点城市，其利用规模为 $5100 \text{m}^3/\text{d}$，占流域总利用量的 3.05%。淮河流域沿海城市海水淡化工程分布见图 6-6。

6.2.1.3 淡化水用途

淮河流域海水淡化工程产水的终端用户主要分为两类：①工业用水，用于电力、石油和化工及钢铁等高耗水行业，如董家口钢铁基地、大唐黄岛发电厂等；②市政供水，如青岛市和烟台长岛县等城市和海岛饮用水。

截至 2015 年 12 月，海水淡化水用于工业用水的工程规模为 $48800 \text{m}^3/\text{d}$，占总工程规模的 29.17%。其中，电力企业为 23.14%，化工企业为 6.04%。用于居民生活用水的工程规模为 $114390 \text{m}^3/\text{d}$，占总工程规模的 68.39%。用

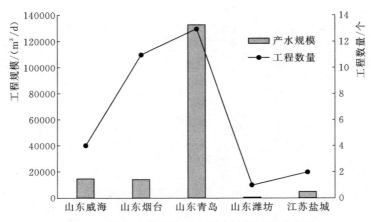

图 6-6　淮河流域沿海城市海水淡化工程分布图

于试验、港务等其他用水的工程规模为 $4080m^3/d$，占 2.44%。图 6-7 和图 6-8 为淮河流域已建成海水淡化工程产水用途分布情况。

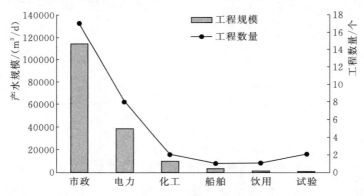

图 6-7　淮河流域海水淡化工程产水用途统计

6.2.1.4　技术工艺

　　现有工程多采用反渗透海水淡化（SWRO），利用规模达 16.41 万 m^3/d，占总工程规模的 98.11%；低温多效蒸发（MED）工程规模为 $3100m^3/d$，占总规模的 1.85%；机械蒸汽压缩（MVC）工程规模为 $60m^3/d$，占总规模的 0.04%。

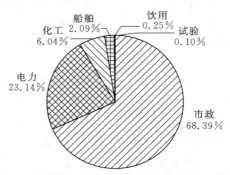

图 6-8　淮河流域海水淡化利用工程用途分布图

6.2.2 各城市情况

6.2.2.1 青岛市

青岛市是国内最早尝试海水淡化利用的城市，也是我国海水淡化利用的重点城市。青岛市首个海水淡化厂于 1998 年在大唐黄岛发电厂建立，次年投产，从此揭开了青岛海水淡化的序幕。之后 2002—2005 年大唐黄岛发电厂先后采用 LT-MED（Ⅰ期，3000）、SWRO（Ⅱ、Ⅲ期）工艺，分三期建成海水淡化工程。至此，大唐黄岛发电厂成为国内首家全部采用海水淡化水解决电厂用水的发电企业。其他方面，2006 年，田横岛建成了年产淡水 10 万 m³ 的太阳能海水蒸馏淡化工程，解决了海岛上千人的生活饮用水问题[83]。2010 年、2012 年，青岛碱业 1 万 m³/d、青岛百发海水淡化厂 10 万 m³/d 的海水淡化项目先后投产，其中青岛百发海水淡化厂淡化水并入市政管网用作市政用水，成为国内首个进入市政管网的 10 万 m³ 淡化工程。

截至 2015 年，青岛市已建成海水淡化工程 13 个，产水规模 13.28 万 m³/d，约为全国总量的 15.7%，淮河流域总量的 79.37%。其中大中型海水淡化工程 4 处，分别为华电青岛发电有限公司海水淡化厂、青岛碱业海水淡化厂、青岛百发海水淡化厂、大唐黄岛发电厂海水淡化厂。其中市内三区 3 处，总淡化规模 11.6 万 m³/d；黄岛区 1 处，可用规模 1.6 万 m³/d[84]。青岛碱业海水淡化装置因工厂搬迁已拆除。

（1）青岛碱业海水淡化工程。该公司海水淡化工程规模为 1 万 m³/d，总投资 1.46 亿元，其中国债支持资金 870 万元，2010 年 6 月正式投产，淡化水用于纯碱生产锅炉用水。工厂在世界纯碱行业中首家形成"纯碱生产—海水淡化—浓海水化盐制碱—热电联产一体化"发展模式，为企业带来了资源利用的最大化。2015 年 12 月，青岛碱业老厂区全面停产搬迁，海水淡化装置也停运。

（2）大唐黄岛发电有限责任公司海水淡化厂。大唐黄岛发电有限责任公司海水淡化厂分三期进行，分别采用低温多效和反渗透工艺，已先后于 2004 年、2006 年、2007 年投入运营，工程总规模为 1.6 万 m³/d。早在 1998 年，大唐黄岛发电有限责任公司就与国家海洋局天津海水淡化与综合利用研究所合作研究，利用发电厂低压蒸汽作热源，建成处理规模 300m³/d 的海水淡化装置，成本约为 5 元/m³。2002 年 10 月，青岛华欧集团股份有限公司与国家海洋局天津海水淡化与综合利用研究所共同成立青岛华欧海水淡化有限责任公司，在大唐黄岛发电有限责任公司建设 3000m³/d 的低温多效海水淡化工程；2004 年 10 月，Ⅱ期 3000m³/d 反渗透海水淡化装置投产运营；2005 年建成 10000m³/d 的反渗透海水淡化装置。其中Ⅱ期工程已拆除，目前尚在运营的装置能力为 1.3 万 m^3/d，产水用于电厂锅炉补给水。此外该厂正在建设Ⅳ期海水淡化工程，规模为 5000m^3/d。根据相关资料，大唐黄岛发电有限责任公司日均消耗淡水 1.2 万 m^3，以前主要供水渠道为市政自来水、企业自备水源地开采地下水和回收处理后的中水，现已实现发电用水全部采用海水淡化水，不再占用淡水资源。项目概况如表 6-11 所示。

表 6-11　　　　　大唐黄岛发电有限责任公司海水淡化厂概况

企业名称	大唐黄岛发电有限责任公司	所属行业	电力
企业规模/(MW/a)	1790	淡化水用途	生产
海水利用设施总投资/亿元	1.96	交付运行时间	2004 年、2006 年、2007 年
总供水规模/(万 m^3/d)	1.3	海水利用规模/(万 m^3/d)	1
年淡水海水总用水量/万 m^3	430	年总利用海水量/万 m^3	300
脱盐工艺类型	RO/MED	进水温度（出水温度）/℃	3～28/—
年总排海水量/万 m^3	210	浓水排放（处理）方式	混排排海
制水成本/(元/m^3)	<5	吨水耗电/(kW·h/m^3)	5.2
电价/[元/(kW·h)]	0.69	膜更换周期/年	4～6

（3）华电青岛发电有限公司海水淡化厂。该厂情况如表 6-12 所示。2016 年 9 月 29 日起，由百发海水淡化厂向华电青岛发电有限公司直供淡化海水，公司自身的海水淡化装置停用。

表 6-12　　　　　华电青岛发电有限公司海水淡化厂概况

企业名称	华电青岛发电有限公司	所属行业	电力
设施总投资/亿元	0.7	设计规模（万 m^3/d）	2×0.29
利用规模/(万 m^3/d)	2×0.29	年总利用海水量（万 m^3）	2×180
交付运行时间	2006 年第一套、2007 年第二套	淡化水用途	锅炉补给水

续表

企业名称	华电青岛发电有限公司	所属行业	电力
工艺	超滤＋二级反渗透＋二级混床	进水温度（出水温度）/℃	20（25）
耗材更换周期/年	3（膜件）	浓水排放（处理）方式	排放至海水喷淋泵房前池，用于海水脱硫
吨水耗电/(kW·h/m³)	0.72	电价/［元/(kW·h)］	0.35
吨水成本/(元/m³)	8.5	年节约淡水总量/万 m³	2×10^6

6.2.2.2　烟台市

烟台市位于渤海沿岸，其海水利用历史略晚于青岛市。受制于当地部分地区尤其是海岛上水资源供给不足，烟台市也于 2000 年前后开始发展海水淡化利用。目前已取得显著成果。截至 2015 年年底，烟台市已建成海水淡化工程 11 个，可利用能力 14415m³/d，约占淮河流域总量的 8.62%，实际利用规模 6000m³/d。2017 年 3 月，南山铝业海水淡化项目开工建设，项目占地 40 亩，总投资 3 亿元，建设周期 8 个月。项目采用反渗透工艺，设计产能为 4 万 m³/d，所产淡水质量达到生产和生活用水双重标准，主要为东海热电及航材园各铝业公司提供生产、生活及消防用水。

（1）华电莱州发电有限公司海水淡化工程（Ⅰ期）。华电莱州发电有限公司海水淡化工程（Ⅰ期）是山东半岛重点能源项目，规划装机容量 8×1000MW。Ⅰ期建设 2×1000MW 超超临界燃煤机组，总投资 74 亿，于 2013 年运行。Ⅰ期配套海水淡化工程规模 7200m³/d，采用全膜法制水工艺，于 2011 年开工建设，2012 年 6 月建成投产，产水用于制备锅炉用除盐水、部分辅机设备冷却水、消防用水、生活用水等。市政供暖用水也将采用淡化水，需水量 25 万 m³/a。2016 年淡水消耗 235 万 m³，其中海水淡化供应 105 万 m³，城市中水供应 130 万 m³；Ⅱ期工程在建，预计年淡水需求量增加 220 万 m³，城市中水增加 150 万 m³，海水淡化水增加 70 万 m³[70]。项目概况如表 6-13 所示。

表 6 - 13　　　　　　　华电莱州发电有限公司海水淡化项目参数

企业名称	华电莱州发电有限公司	所属行业	火电
企业规模/（MW/a）	2100	年产值/亿元	47.36
海水利用设施总投资/亿元	0.3	交付运行时间	2012 年 6 月
海水利用方式	海水淡化	淡化水用途	发电用水
总供水规模/（万 m³/d）	0.72	海水利用规模/（万 m³/d）	0.72
年淡水海水总水量/万 m³	270	年总利用海水量/万 m³	270
脱盐工艺类型	膜法	进水温度（出水温度）/℃	20（20）
年总排海水量/万 m³	190	海水利用设施年运行费用/万元	800
制水成本/（元/m³）	7	浓水排放（处理）方式	稀释

（2）长岛县海水淡化工程。长岛县是山东省唯一的海岛县，由 32 个岛屿组成，岛陆面积 56km²，海域面积 3541km²，其中有居民岛 10 个，辖 10 处乡镇（街道、开发管理处）40 个行政村，4.3 万人口。

由于长岛县地处渤海海峡，岛陆分散面积小，降雨量少，无法利用客水，水资源的唯一来源是靠大气降水补给。长岛县内既无河流，也无大型湖泊和水库，多年平均年降水量 504.7mm，属于严重缺水区。长岛县淡水供应方式以跨海引水、海水淡化、屋檐接水、硬化路面接水、船运淡水等方式为主，近年来随着《长岛休闲度假岛开发规划》获山东省批复，海岛建设步伐不断加快，淡水资源缺乏已成为最严重的制约瓶颈之一。

为解决海岛居民吃水难及饮用水安全问题，2000 年 6 月以来，长岛县积极争取上级支持，在省、市政府和上级水利部门的大力支持下，借实施"海水淡化工程技术开发示范"项目的契机，县委、县政府共投资 6000 万元，累计建设运营了 9 处海水淡化站（其中 2 处已经停用）。目前可运行的淡化站淡化规模为 2295m³/d，另有庙岛、小钦岛、螳螂岛、高山岛、车由岛、猴矶岛共 6 处总规模 765m³/d 的海水淡化站已于 2017 年开始建设。2014 年蓬长跨海引水工程建成投运后，一定程度上缓解了长岛县城驻地南长山岛淡水利用紧张状况，但与县城陆路相连的北长山岛受管网漏损严重因素影响，淡水供应现状并未实现根本性好转。庙岛、小黑山岛、大黑山岛、砣矶岛、大钦岛、小钦岛、南隍城岛、北隍城岛 8 处独立的有居民岛屿受降雨逐年减少、苦咸水资源日趋衰减等因素影响，淡水供应困难逐年加剧，加快实施海水淡化已成为解决驻岛军民饮水安全的重要途径。

目前长岛海水淡化存在的主要问题是，海水淡化设备少规模小、工艺陈旧，海水淡化运营成本、吨水成本高。南长山岛军民用水价格高达 6.35 元/m³，其余岛屿居民用水价格平均 15 元/m³ 以上。部分海岛因岛上海水淡化工程规模很小，制水成本最高达 24 元/m³。此外，海水淡化维修成本高，过滤膜一般 5 年需更新，更换成本高昂。

6.2.2.3　威海市

威海市已有几十年海水淡化利用经验。早在 1920 年前后，中国在威海市刘公岛上已建设一座海水淡化蒸馏塔。现代意义上的海水淡化在威海市萌芽缘于 2000 年的大旱。1998—2001 年，山东省大多数城市出现极其严重的供水危机，威海等 30 个城市（含县城）400 万人用水困难。居民生活用水被迫实行定时限量供水，威海、烟台每人每月限量 1m³ 和 1.5m³，用水超过限量实行惩罚性水价。工业用水也实行重点和强制性措施，以水定产，并关停了一大批工矿企业。初步测算每年因供水不足造成的直接经济损失超过 50 亿元[85]。

作为当时威海的第一用水大户，华能威海电厂的日用水量为 12000m³，占到市区日用水总量的 1/10。在严峻形势的逼迫下，2000 年 9 月，华能威海电厂筹资 1980 万元，建造了日产 2500m³ 淡水的海水淡化工程。2001 年 3 月，华能威海电厂的海水淡化工程正式运行。该工程建成后，效益显著。据统计，其每年可在用水方面为华能威海电厂节约 550 万元。

在随后一两年的时间里，华能威海电厂海水淡化工程所展示出的巨大经济效益和企业经济安全保障优势，让不少威海企业动了建海水淡化工程的念头。2003 年 11 月 21 日，由山东石岛水产供销集团总公司投资 4000 万元建设的大型反渗透技术的海水淡化工程成功建成并投入试运行。该工程可日产 5000m³ 淡水，是当时国内最大的海水淡化机组，并开始试水民用领域。2005 年 7 月威海水务刘公岛海水淡化装置投产。

截至 2015 年年底威海市已建成海水淡化工程 4 座，可利用总量 1.49 万 m³/d，约占淮河流域海水淡化可利用总量的 8.91%。威海市的海水淡化应用范围已从工业领域扩展到民用领域，初步形成了产业化。工程用于电力和市政领域，分别占到全市海水淡化总量的 65.1% 和 34.9%。其中，华能威海电厂海水淡化工程规模最大。目前威海市四大海水淡化工程的运营情况不是很理想。刘公岛海水淡化工程，是为解决岛上饮水问题，获得政策支持，通过财政补贴的形式，得以坚持运行。

华能威海电厂海水淡化工程。华能威海电厂建于 1991 年，经过三期建设目前装机容量为 2000MW。2000 年威海遭遇了百年罕见的干旱，市政府限制了威海电厂生产用水量，供水紧张严重威胁到电厂的安全生产。2000 年 9 月电厂投资 1980 万元，仅用 113d 建成当时国内最大的 SWRO 装置，日产水能力 2500m³，目前该装置已停用。在Ⅲ期 2×680MW 机组扩建中，投资 5600 万元配套建设了日产 7200m³ 海水淡化工程，二级反渗透日产除盐水 3500m³，于 2010 年 10 月投运。海水淡化水源取自机组的循环冷却水排水，产水主要用作锅炉补充水。2015 年海水淡化水用量为 65 万 m³。华能威海电厂海水淡化项目概况如表 6-14 所示。

表 6-14 　　　　　　　华能威海电厂海水淡化工程概况

企业名称	华能威海电厂	所属行业	电力
企业规模/(MW/a)	2057	年产值/亿元	43.9774
海水利用设施总投资/亿元	0.2(Ⅱ期淡化)；0.56(Ⅲ期淡化)	交付运行时间	2001 年 2 月(Ⅰ期)2010 年 12 月(Ⅱ期)
海水利用方式	海水淡化	淡化水用途	发电用水
总供水规模/(万 m³/d)	0.72	年总利用海水量/万 m³	65
脱盐工艺类型	反渗透	进水温度(出水温度)/℃	8~30
制水成本/(元/m³)	9	浓水排放(处理)方式	制氯
吨水耗电/(kW·h/m³)	5.39(淡化)	电价/[元/(kW·h)]	0.55(淡化)
膜更换周期/年	4~5	膜生命周期/年	5

6.2.2.4 　盐城市

江苏省除盐城大丰市 10000m³/d 非并网风电淡化海水示范项目外，暂无其他大型海水淡化利用工程。该项目已在 3.2.6 国内典型海水淡化项目中详述。

6.3 　海水利用典型工程与投资

根据调研资料分析，淮河流域典型海水淡化工程按照投运时间、用途、淡化工艺及电价的差别，吨水投资约 7300~10000 元（除大丰项目），制水成本因边界条件不同，约为 4.1~9.0 元/m³，海水冷却工程运行成本分别约 0.05 元/m³（直流冷却）、0.09 元/m³（循环冷却）。各典型工程的吨水投资成本和制水成本比较如表 6-15 和表 6-16 所示。

表 6-15 　　　　　　　淮河流域典型海水直接利用工程

工程名称	海阳核电海水冷却工程	大唐鲁北发电有限责任公司海水冷却工程	魏桥电厂海水利用工程	华电青岛发电有限公司海水直接利用工程
所处城市	烟台	滨州	滨州	青岛
所属行业	核电	电力	电力	电力

续表

工程名称	海阳核电海水冷却工程	大唐鲁北发电有限责任公司海水冷却工程	魏桥电厂海水利用工程	华电青岛发电有限公司海水直接利用工程	
海水利用方式	直流冷却	直流冷却	循环冷却	直流冷却	海水脱硫
海水利用设施总投资/亿元	～200/机组	1.5	2.2	—	
交付运行时间	尚未生产	2009 年	2015 年	1995 年、1996 年、2005 年、2006 年	2006 年
设计规模/(万 m³/d)	578/机组	7.2	12	90×4	54×4
利用规模/(万 m³/d)	578/机组	7.2	12	90×4	54×4
年总利用海水量/万 m³	173400/机组	50000	4380	18500×4①	11250×4①
海水利用设施年运行费用/万元	未运行	2500	300	200	—
海水利用投资成本/(元/m³)	—	0.24	5		
海水利用运行成本/(元/m³)	—	0.05	0.09		
年节约淡水总量/万 m³	—	2500	1800	1560	
国产化情况	国产	国产	国产	国产	国产

① 按 5000 利用小时数计。

表 6-16 　　　　淮河流域典型海水淡化工程投资
成本和制水成本比较

比较项目	青岛百发海水淡化厂	大丰非并网海水淡化示范项目	华能威海电厂海水淡化项目Ⅲ期	长岛县海水淡化示范工程
工程规模/(m³/d)	100000	5000	7200	1000
投运时间	2013 年	2014 年	2010 年	2001 年
工程投资	1.22 亿欧元	2.35 亿元	0.56 亿元	0.075 亿元
脱盐工艺	部分两级反渗透	三级反渗透	两级反渗透	一级反渗透

续表

比较项目	青岛百发海水淡化厂	大丰非并网海水淡化示范项目	华能威海电厂海水淡化项目Ⅲ期	长岛县海水淡化示范工程
电量消耗/(kW·h/m³)	3.50	7.75	5.39	5.50
电价/［元/(kW·h)］	0.55	0.67	0.69	0.35（优惠电价）
当地水价/(元/m³)	3.5	2.8	3.05	3.35
用水性质	市政	市政及高端瓶装水	电力	市政
制水成本/(元/m³)	4.57（不含电价）	—	9.0	4.09

注　数据主要源于企业提供的调查表，辅以相关文献。

6.4　海水利用管理体制与政策

6.4.1　管理体制与模式

淮河流域沿海各市基本都遵照国家及省相关体制规定。由发改部门牵头，海洋、住建、水利、环保、工信、财政、税务等有关部门参与。发改部门负责综合协调和指导推动，视各市情况不同，基本都安排具体的部门落实，其中青岛市主要由城市管理局和经信委落实，盐城市为推动海水淡化利用，成立了盐城新能源淡化海水产业示范园管委会，负责落实海水淡化相关政策、服务企业、加快市场推广，具体见表 6-17。

表 6-17　　　　　　　　淮河流域沿海各市海水利用管理体制

地级市	主管部门	主要的配合部门
青岛市	发展改革委	城市管理局、经信委、海洋与渔业局、水利局、卫生计生监督执法局等
烟台市	发展改革委	海洋与渔业局、水利局等
威海市	发展改革委	海洋与渔业局、经信委、水利局等
日照市	发展改革委	海洋与渔业局、水利局、经信委等
潍坊市	发展改革委	海洋与渔业局、水利局、经信委等
东营市	发展改革委	海洋与渔业局、经信委、水利局等
滨州市	发展改革委	海洋与渔业局、经信委、水利局等

续表

地级市	主管部门	主要的配合部门
盐城市	盐城新能源淡化海水产业示范园管委会	
连云港市	发展改革委	海洋与渔业局、水利局、经信委等
南通市	发展改革委	海洋与渔业局、水利局、经信委等

6.4.2　政策与措施

　　淮河流域各沿海地区政府十分重视海水利用，相继颁布相关促进与优惠政策，详见表 6-18 和表 6-19。

表 6-18　　　　　与海水利用相关的政策措施（省级层面）

时　间	名　　称	内　　容
2011 年	《山东半岛蓝色经济区发展规划》	提出：鼓励有条件的生活小区、工业企业使用海水淡化水，加快建设一批海水淡化及综合利用示范城市
2017 年	《山东省人民政府办公厅关于全面加强节约用水工作的通知》	明确要着力提高非常规水利用率，要求由省水利厅牵头，各地要立足实际、采取有效措施，充分利用好雨洪水、再生水、淡化海水、微咸水和矿井水等非常规水源，并纳入区域水资源统一配置，做到优水优用、分质供水、循环利用，最大程度替代新鲜水源。加快实施《山东省海水淡化工程实施方案》，以沿海缺水城市、海岛、产业园区为重点领域，以电力、钢铁、石化等为重点行业，大力推进海水规模化利用，到 2020 年全省新增海水淡化能力 40 万 m^3/d 左右
2017 年	《山东省"十三五"海洋经济发展规划》	明确以青岛、烟台、潍坊、日照等市为试点，结合电厂、化工、钢铁等高耗水企业项目建设，大力推广海水直接利用。推动青岛、烟台、潍坊、威海等重点城市海水淡化及海水直接利用示范工程建设，提高海岛地区海水淡化利用水平
2017 年	《山东省水安全保障总体规划》	省级统筹。坚持全省一盘棋，省级统筹配置水资源，统筹建设水工程，统筹管理水调度，天上水、地下水、地表水、外调水、再生水、海水淡化等所有可用水资源全部纳入水供给体系，省级统一规划、统一配置、统一管控，强化用水导向性、控制性管理，确保应配尽配、应用尽用、应管尽管；统筹协调各方关系，统筹理顺建管体制，统筹推进水工程规划建设
2011 年	《江苏省"十二五"海洋经济发展规划》	紧密结合沿海产业发展、城镇建设和人口布局的用水需求，超前发展海水直接利用和海水淡化技术，提高海水利用规模和水平。鼓励海水直接利用，适当开展海水淡化，积极推广中小规模的蒸馏法和膜法海水淡化技术及项目应用，"十二五"期间，建立 2～3 个海水淡化示范工程

续表

时　间	名　　称	内　　容
2017 年	《江苏省"十三五"海洋经济发展规划》	积极发展海水淡化与综合利用业。加快饮用淡化水向工业淡化水、医用淡化水、农林灌溉淡化水延伸，形成海水淡化产品系列。积极研发和生产风电、太阳能等新能源海水淡化设备、海岛用海水淡化及海水综合利用设备。推进以"风电水一体化"为主的海水淡化成套装备产业化进程，提升海水淡化装备制造综合水平。发展大型成套海水淡化装备、面向海岛及船舶应用的中小型海水淡化成套装备，形成海水淡化成套装备的设计、研发、生产、配套和技术服务能力，加强海水淡化设备在淡水匮乏的海岛、沿海国家和地区推广应用

表 6 - 19　　　　　　　　与海水利用相关的政策措施（地级层面）

城市	时间	名　　称	内　　容
青岛	2013 年	《青岛市水资源综合规划（修编）》	将海水淡化和再生水利用量，按照不同水平年将其纳入供需水平衡和水资源配置方案中，但从实施情况看比较滞后
	2010 年	《青岛市最严格水资源管理制度建设实施方案》	建立用水总量控制与年度用水控制管理相结合的制度。利用污水处理回用水、海水、淡化海水、矿井排水等不受用水总量控制指标和年度用水控制指标限制
	2014 年	《青岛市实行最严格水资源管理制度考核工作实施方案（试行）》	用水总量指在一定区域和期限内开发利用的地表水、地下水以及区域外调入水量的总和，不含再生水、淡化海水等非常规水源
	2016 年	《青岛市卫生和计划生育委员会海水淡化生活饮用水集中式供水单位卫生规范（试行）》	规范明确，海水取水点和设置的取水湖（池）水源卫生防护必须遵守下列规定：上游 1000m 至下游 100m 的水域不得排入工业废水和生活污水；其沿岸防护范围内不得堆放废渣，不得设立有毒、有害化学物品仓库、堆栈，不得设立装卸垃圾、粪便和有毒有害化学物品的码头，不得使用工业废水或生活污水灌溉及施用难降解或剧毒的农药，不得排放有毒气体、放射性物质，不得从事放牧等有可能污染该段水域水质的活动等。周围半径 100m 的水域内，严禁捕捞、网箱养殖、停靠船只、游泳和从事其他可能污染水源的任何活动

续表

城市	时间	名　　称	内　　容
青岛	2017 年	《海水淡化生活饮用水集中式供水单位卫生管理规范》（简称《管理规范》）	《管理规范》由青岛市卫生计生委和市质量技术监督局联合颁布，是山东省内首个海水淡化饮用水地方标准，于 10 月 30 日正式实施。《管理规范》以《中华人民共和国传染病防治法》《生活饮用水卫生监督管理办法》为制定依据，对海水淡化集中式供水单位的水源选择和卫生防护、卫生管理、生产的卫生要求、输配水的卫生要求、水质检验、信息报告和事件处理、从业人员的卫生要求等内容进行规范要求。《管理规范》提出，海水淡化生活饮用水的水源应达到《海水水质标准》（GB 3097—1997）二类及以上海水要求，同时增加了 TSS、TDS、浊度、TOC、可溶性二氧化硅等指标，对 pH 等指标限值提高了要求。在出厂水调质后水质特征指标部分，通过自来水与淡化海水掺混和调质对城市供水管网腐蚀性的研究和实验数据分析，选取了 6 个关键指标，在《生活饮用水卫生标准》（GB 5749—2006）限值的基础上提高，保障饮用者健康安全和管网的稳定
	2017 年	《青岛市海水淡化矿化规划（2017—2030 年）》	根据城市供水需求，科学确定海水淡化项目的布局、产能、选址、管网布局，并研究推进海水淡化的鼓励政策和约束性措施。工业企业密集的蓝色硅谷、红岛经济区、黄岛区是海水淡化布局重点区域
日照	2016 年	《日照市国民经济和社会发展第十三个五年规划纲要》	按照"主要依靠当地水、科学利用雨洪水、积极引用客水、高效采用非常规水"的思路，积极争引客水济日，推进海水淡化等非常规水源的开发利用，实现城市日供水能力达到 80 万 m³ 以上
	2016 年	《日照市水利发展"十三五"规划》	推进海水、再生水等非常规水源开发利用，将非常规水源纳入区域水资源统一配置。积极推进海水淡化和中水回用工程建设，重点推进山钢海水淡化工程、日钢海水淡化一期工程，实行大型临港企业分质供水

续表

城市	时间	名　称	内　容
烟台	2010 年	《"十二五"烟台市海洋经济发展规划》	实施循环冷却产业化示范工程。在沿海电力、化工等行业发展中推广冷却用海水。发展海水淡化。重点推进蓬莱日产 5 万 m³ 海水淡化工程等项目。扩大海水直接利用范围。逐步扩大生活海水使用范围,建设生活海水技术示范工程;研究海水直接利用预处理技术和滩涂海水灌溉农业技术,发展滩涂海水灌溉农业
威海	2013 年	《关于实行最严格水资源管理制度的实施意见》	做好辖区内地表水、地下水、区域外调水和污水处理再生水、淡化海水等各类水资源的统一调度配置,鼓励并积极发展污水处理再生水、淡化海水等非常规水源开发利用
	2017 年	《威海市节约用水条例》	将所有的城市节水工作上升到地方法规的层面,城市节水工作将更为规范、更有力度、更为严格。明确提出,鼓励和支持使用雨水、再生水、海水等非常规水,并纳入水资源统一配置,优化用水结构。凡有条件使用非常规水的,禁止将自来水作为城市道路清扫、城市绿化、景观用水和洗车使用。鼓励有条件的单位建设海水淡化、海水直接利用等设施,科学开发利用海水资源
潍坊	2012 年	《山东省潍坊市现代水网建设规划》	加强海水淡化,鼓励淡化海水直接用于工业。扩大再生水、海水和微咸水利用规模。大力推进海水直接利用,适度发展海水淡化。 坚持兴利除害相结合、开源节流并举,建设一批海水淡化和海水直接利用工程,实现各种水资源的综合利用和优化配置
	2016 年	《潍坊市地下水超采区综合整治实施方案》	积极推动海水淡化、海水直接利用。在沿海有条件的地区可将淡化海水作为企业生产用水和城镇居民生活用水的补充水源;在沿海地区电力、化工、石化等行业推广利用海水作为循环冷却水和海水直接利用
滨州	2010 年	《滨州市非常规水源利用实施方案与实践》	对滨州市非常规水源的利用尤其是海水利用提供了依据
	2015 年	《滨州市水生态文明建设试点实施方案》	对滨州市海水利用提出了新的要求,要求到试点期结束(2017 年年底)全市海水利用量折合淡水量达到 5500 万 m³/a,目前滨州市已经完成

续表

城市	时间	名　　称	内　　容
盐城	2013 年	《盐城市政府关于同意设立盐城新能源淡化海水产业示范园的批复》	成立专门园区管委会，落实海水淡化利用相关政策，服务企业，支持海水淡化产业发展
	2013 年	《盐城市盐田综合开发利用总体规划（2013—2030）》	积极推进海水直接利用和海水淡化利用，工业用水优先利用海水，如电厂、石油和化工行业等冷却水，也包括其他行业工艺及过程可以用海水的。根据规划，电厂冷却水及其他直接利用海水量占总用水量的30%，利用量约 109 万 m^3/d。 规划共建设 2 个海水利用水厂（工业用，含海水淡化）。规划在浦港河、滨海引潮河的入海处分别建设海水利用水厂（工业用），设计海水淡化供水能力均为 20 万 m^3/d
	2013 年	《盐城市人民政府关于申请落实日产 1 万吨新能源淡化海水示范项目扶持资金的函》	争取落实资金扶持海水淡化企业
	2013 年	《关于 2013 年度第二批市级工程中心的批复》	支持海水淡化产业研究
连云港	2012 年	《连云港市"十二五"海洋经济发展规划》	海水综合利用产业技术集成与产业化。重点开发应用海水淡化技术，带动海水利用产业快速发展。同时，开展海水农业技术集成与产业化，构建滩涂海水生态农业产业化开发体系

　　江苏省明确要积极发展海水淡化与综合利用业，加快饮用淡化水向工业淡化水、医用淡化水、农林灌溉淡化水延伸。山东省明确将淡化海水等所有可用水资源全部纳入水供给体系，省级统一规划、统一配置、统一管控，强化用水导向性、控制性管理，做到优水优用、分质供水，确保应配尽配、应用尽用、应管尽管，最大程度替代新鲜水源。此外，加快实施《山东省海水淡化工程实施方案》，以沿海缺水城市、海岛、产业园区为重点领域，以电力、钢铁、石化等为重点行业，大力推进海水规模化利用，提高海岛地区海水淡化利用水平。明确以青岛、烟台、潍坊、日照等市为试点，结合电厂、化工、钢铁等高耗水企业项目建设，大力推广海水直接利用。

　　标准规范方面，目前淮河流域乃至全国仅青岛市出台了相关标准规范。

通过先后颁布《青岛市卫生和计划生育委员会海水淡化生活饮用水集中式供水单位卫生规范（试行）》《海水淡化生活饮用水集中式供水单位卫生管理规范》，对海水淡化集中式供水单位的水源选择和卫生防护、卫生管理、生产的卫生要求、输配水的卫生要求、水质检验、信息报告和事件处理、从业人员的卫生要求等进行规范要求，形成了完整系统的海水淡化生活饮用水标准。

6.5　海水利用存在问题及原因分析

目前淮河流域海水利用面临的问题，也是我国目前海水利用环境普遍面临的问题。由于海水直接利用成本较低，技术相对成熟，管理体系较为明确，面临的问题相对较少。而海水淡化利用，因成本较高，用户承受能力有限，加之目标用户少且分散，导致产能闲置严重；同时存在研发资金投入不足，装备国产化率低，公共科创平台缺乏等诸多问题。

6.5.1　良性价格体系尚未形成

海水淡化亟待解决的核心是改变水价体系不合理局面，扭转海水淡化在价格上的劣势状况。现阶段海水淡化水价格偏高是相比较而言的，因我国尚未建立符合市场经济要求的良性水价机制，导致价格与价值脱节。多年来，我国一直将水利工程和城市供水工程作为支撑可持续发展的基础性、公益性工程，长期实行价格补贴，造成水价普遍偏低。而海水淡化工程，从一开始就完全按照市场化方式运作，资金来源大多依赖自筹和银行贷款，即使为城镇供水的海水淡化工程，也少有政府资金扶持，多数企业成本倒挂。淡化工程的建设和运营，不仅需要考虑运行成本，还要考虑投资效益[86]。长期以来缺乏扶持政策，水价偏高问题一直存在，生产企业承担着"接收用户不足"和"造水即亏损"的双重风险，制约着海水淡化进入城市供水系统的发展。这种不对等的现象，造成了供水价格的较大差异，难以实现良性运转。

6.5.2　相关法规政策不够健全

作为非常规水源的有效补充，因受地域限制和成本等问题，海水淡化用水仍然缺少相关政策的管理和扶持：①尚未有有效的激励海水淡化发展的产业政策，目前出台的优惠政策对从事海水利用相关的企业扶持力度还不够大，海水利用的发展还需要更多的政策支持；②法律法规和相关配套标准体系不够健全，随着海水利用产业的发展，现有的标准难以解决海水利用尤其海水淡化过程中出现的各类问题，如淡化水入市政管网标准尚未建立，急需建立健全和不断完善。

6.5.3 管理体制不完善

水管理体制不完善，难以对区域水资源进行优化配置和有效管理。调研发现，淮河流域沿海城市近年来海水利用管理体系取得明显进步，较多年前部门间的工作更为细致，衔接更加顺畅。但目前大部分城市的管理体制是分部门综合管理，水利部门管水源，城管部门管城市供水节水，发改部门（或市城市管理局）管海水淡化工程的规划建设实施。由于条块式管理，使海水淡化水和工程缺乏同一区域综合调度运用的协调机制，使海水淡化工程不能充分实现利用效率和效益。水行政主管部门在整个海水利用管理环节与淡化水配置中虽位处从属地位，但一直在积极推进。目前虽未将海水利用纳入水资源规划和统一供给体系，但在取水许可时积极鼓励工业企业直接利用海水和海水淡化。目前，还未能有效调动水利部门的管理积极性，发挥水利部门在水管理中的作用。

6.5.4 认识水平有待提高

当前，对海水利用，尤其是淡化利用战略地位的认识有待提高，对海水淡化是解决缺水问题的重要措施缺乏应有的认同感。对将海水淡化水作为饮用水的安全性，及海水淡化后浓盐水排放对环境的影响等方面，普通民众仍存在质疑与担心。在青岛、烟台等一些已具备海水淡化项目的城市，关于海水淡化后直接进入市政管网供作饮用水的新闻出现后，往往引起民众的普遍担忧，甚至投诉等反对的声音，对民众的宣传教育还需要加大力度。

6.5.5 缺少资金投入和科创平台建设

资金投入不足，规模示范不够，缺乏公共科创平台，技术设备国产化水平有待提高。由于海水淡化产业的技术含量高，目前核心技术仍被国外公司把持，突破技术壁垒需要相当规模的资金人才投入，而海水利用初期投资较高，动辄数亿的投资制约了行业企业的快速发展，导致企业规模普遍较小，特别是对技术创新研究开发、产业化前期成果孵化、中间试验等环节投入匮乏，技术储备不足[69]，制造业基础薄弱，海水利用发展的后续拓展能力薄弱。如青岛百发海水淡化厂的主要技术和设备全部来自国外，增加了投资，加大了成本。另外，目前对海水资源开发利用的投入主要集中在科研领域，虽然海水淡化关键技术基本成熟，具备了规模示范和产业推广的必要技术基础和储备，但在成果转化环节（规模示范和产业培育阶段）衔接不够，资金投入不足，造成规模示范不够，设备国产化水平不高，制约了海水利用发展。

第 7 章

淮河流域及山东半岛

海水利用远景分析

　　江苏、山东沿海地区一直是淮河流域人口、经济的核心分布区，尤其是随着近年来国家新一轮沿海开发战略，及对国家海洋权益的重视、海岛开发力度的加大，使得沿海地区未来对水资源的潜在需求大幅增加。但沿海地区由于气候、地域，以及人为污染等原因造成其淡水资源严重短缺，同时国家近来开始实行最严格水资源管理制度，为海水利用的大力发展提供了市场需求与契机。此外，国家相关部门出台了一系列海水利用的扶持措施，为海水利用的发展提供了政策环境，从而使我国海水利用的发展前景更为广阔。

　　本章在分析淮河流域及山东半岛现状水平年社会经济发展、水资源及开发利用现状的基础上，结合 10 个相关地市经济社会发展规划纲要等规划文件，科学预测流域沿海地区不同（近期、远期）水平年的需水量，综合已有的各项涉水规划等成果，如水资源综合规划、非常规水源利用规划、最严格水资源管理制度实施与考核情况等，整理分析沿海城市近期、远期水平年可供水量，在水资源供需分析基础上，提出不同地区应对水资源短缺的对策和措施。

7.1　水资源供需分析

　　按照《全国水资源综合规划技术细则》《水资源供需预测分析技术规范》（SL 429—2008）等要求，需水预测按"三生"用水分类，即生活、生产和生态环境用水三大类。其中生活用水项目有 2 项：城镇居民生活、农村居民生活；生产用水又分三个产业：第一产业（农业）用水项目有 8 项（水田、水浇地、菜田、林果地、草场、鱼塘、大牲畜、小牲畜），第二产业用水项目有 3 项（火（核）电工业、其他一般工业、建筑业），第三产业用水项目有 1 项；生态环境用水又分城镇生态环境美化用水和河道内生态用水，其中城镇生态环境美化用水项目有城镇绿化、环境卫生 2 项。生活、生产和城镇生态环境美化用水等 16 项统称河道外用水，维持河道一定功能需水量和河口生态环境需水量则谓河道内用水。本次不预测分析河道内生态用水，仅预测分析河道外用水量。

结合各地水资源公报、水资源综合规划、"十三五"国民经济和社会发展纲要、经济社会发展专项规划、水资源管理"三条红线"控制指标等，合理预测不同水平年研究区内各地市的经济社会发展指标和各用水行业用水定额，并与供水规划、水资源合理配置等成果相协调，提出需水方案。

需水预测的基准年为 2015 年，近期为 2020 年，远期为 2030 年。

7.1.1 经济社会发展指标预测分析

7.1.1.1 预测原则

经济社会发展指标预测是需水预测和水资源合理配置的基础。经济社会发展指标预测主要包括人口预测、国民经济发展预测、农业发展与土地利用指标预测等内容。预测的依据主要为研究区内山东省、江苏省各地市现状 2015 年经济社会发展指标、国民经济和社会发展"十二五"规划纲要、"十三五"相关规划及远景目标展望，以及行业发展规划、其他相关规划等有关资料。预测指标主要有地区生产总值（GDP）、人口、灌溉面积、工业增加值等。

7.1.1.2 发展指标

7.1.1.2.1 人口

据《山东省国民经济和社会发展第十三个五年规划纲要》《山东省水资源综合规划》《山东省水资源综合利用中长期规划》等文件和成果，基于山东省人口发展的规律特点，充分考虑国家、省生育政策，人口发展的惯性作用、机械增长特点，生育意愿等，预计 2016—2020 年、2021—2030 年，山东省人口年均自然增长率分别为 8‰、6.5‰。根据国家和山东省加快城乡一体化进程的有关要求，结合《山东省城镇化发展纲要（2012—2020 年）》，今后一个时期，山东省必将进一步加快城镇化进程，有序推进农业人口市民化，走大中小城市和小城镇、城市群协调发展的山东特色城镇化道路。据此测算，到 2020 年、2030 年，全省城镇化率分别达到 65%、75%。考虑到青岛、潍坊、威海、烟台、日照、滨州等现状年城镇化水平及自身发展特点，结合城市总体规划、国民经济和社会发展"十三五"规划纲要、当地有关发展规划等，并参考山东省 2030 年平均水平确定人口有关参数。

据《江苏省城镇体系规划（2015—2030 年）》《江苏省人口发展"十三五"规划》等，"十三五"期间江苏全省人口自然增长率预计为 5‰，预计城镇化速度继续放缓，常住人口城镇化率年均提高约 0.6～0.8 个百分点，逐步向高级城镇化阶段发展，城镇化率达到 72%。到 2030 年城镇化率达到 80%。到 2020 年，据《连云港市国民经济和社会发展第十三个五年规划纲要》，城市功能不断完善，海滨城市特色彰显，户籍人口城镇化率达到 58%；据《盐城市国民经济和社会发展第十三个五年规划纲要》，户籍城镇化率提高到 62%；据《南通市国民经济和社会发展第十三个五年规划纲要》，户籍人口城镇化率达到 65% 左右。考虑到盐城、连云港、南通等现状年城镇化水平及自身发展特点，结合当地有关发展规划等，参考江苏省 2030 年平均水平确定南通、盐城、连云港三个地市的人口有关参数。

研究区内各地市 2020 年和 2030 年人口发展指标预测结果分别见表 7-1 和表 7-2。

表 7-1　　　　研究区各地市 2020 年经济社会主要发展指标

地级行政区	总人口/万人	城镇化率/%	GDP/亿元	工业增加值/亿元	有效灌溉面积/万 hm²
青岛市	946.7	78	13351.5	6141.7	33.99
东营市	227.0	69	4953.8	2724.6	19.60
烟台市	729.9	65	9254.2	4442.0	25.86
潍坊市	965.9	65	7500	3340.3	55.63
威海市	291.9	70	4500	2068.4	12.68
日照市	310.0	63	2550	1103.4	10.95
滨州市	400.0	60	3345	1690.7	39.14
盐城市	741.1	62	7000	3115	74.36
连云港市	458.7	61	3500	1610	37.02
南通市	748.4	65	9000	3996	40.47

表 7-2　　　　研究区各地市 2030 年经济社会主要发展指标

地级行政区	总人口/万人	城镇化率/%	GDP/亿元	工业增加值/亿元	有效灌溉面积/万 hm²
青岛市	1010.0	0.85	23910.4	10759.7	37.55
东营市	234.3	0.78	8871.6	4435.8	21.65
烟台市	778.8	0.70	16572.8	7457.8	28.57
潍坊市	1030.0	0.70	13293.4	5317.4	61.45
威海市	311.5	0.75	7717.0	3472.7	14.01

续表

地级 行政区	总人口/ 万人	城镇化率/ %	GDP/ 亿元	工业增加值/ 亿元	有效灌溉面积/ 万 hm²
日照市	319.8	0.72	4295.6	1804.2	12.09
滨州市	428.5	0.66	6055.5	2785.5	43.24
盐城市	771.3	0.65	12535.9	5265.1	82.13
连云港市	477.3	0.65	6268.0	2507.2	40.89
南通市	778.9	0.7	16117.6	6447.1	44.71

7.1.1.2.2 国民经济发展指标预测分析

1. 山东省国民经济发展指标预测

近年来，山东省经济保持了持续健康发展的良好态势，经济总量、发展效益均领先于全国平均水平。考虑到今后一个时期，国际政治经济形势复杂严峻，国内经济发展进入新常态，转型升级压力加大，经济运行风险已初步显现的实际，结合国家、省"十三五"期间的经济指标预测的初步成果及中长期展望，预计 2016—2020 年、2021—2030 年，山东省 GDP 年均增长率分别为 7.5%、7.0%。按照国家、山东省加大经济结构调整力度，切实加快服务业发展的有关要求，参考发达国家、地区三次产业比例情况，结合近年来山东省服务业占比正逐年大幅提升的实际，以及国家、省"十三五"经济指标预测的初步成果及中长期展望。初步预计，2016—2020 年山东省服务业增加值占比年均提高 2 个百分点左右，2021—2030 年服务业增加值占比年均提高 0.5 个百分点左右，预计到 2020 年、2030 年，山东省三次产业比例分别调整为 6.5∶38.5∶55、5.0∶35.0∶60.0。

山东沿海各城市国民经济发展指标预测分析如下。

据《青岛市国民经济和社会发展第十三个五年规划纲要》，"十三五"期间，青岛市 GDP 年均增速为 7.5%；到 2020 年，服务业比例为 57%，常住人口城镇化率 72%，户籍人口城镇化率 60%；耕地保有量 748 万亩。

据《东营市国民经济和社会发展第十三个五年规划纲要》，"十三五"期间，东营市 GDP 年均增长 7% 左右；到 2020 年，全市总人口 227.0 万人，常住人口城镇化率 69%，户籍人口城镇化率 61%。

据《滨州市国民经济和社会发展第十三个五年规划纲要》，"十三五"期间，滨州市 GDP 年均增长 7.5% 左右，工业增加值年均增长 8% 左右。到 2020 年，地区生产总值达到 3345 亿元，三次产业结构比例调整为 8.1∶45.9∶46；常住人口城镇化率达到 60%，城镇人口达 240 万人；户籍人口城镇化率达到 50%。

据《烟台市国民经济和社会发展第十三个五年规划纲要》，"十三五"期间，烟台市 GDP 年均增长 8% 左右；到 2020 年，三次产业结构调整为 6∶48∶46；耕地保有量达到 659 万亩，常住人口城镇化率达 65%。

据《潍坊市国民经济和社会发展第十三个五年规划纲要》，"十三五"期间，潍坊市 GDP 年均增加 8%，地区生产总值达到 7500 亿元；到 2020 年，常住人口城镇化率达到 65%，户籍人口镇化率达 61%；耕地保有量达 78.2 万 hm^2。

据《日照市国民经济和社会发展第十三个五年规划纲要》，到 2020 年，日照市地区生产总值达到 2550 亿元，耕地保有量达 344.86 万亩；总人口 310.0 万人，常住人口城镇化率 63%，户籍人口镇化率 56%。

据《威海市国民经济和社会发展第十三个五年规划纲要》，"十三五"期间，威海市 GDP 年均增长 8.5%，到 2020 年，地区生产总值达到 4500 亿元；常住人口城镇化率达 70%，户籍人口城镇化率达 68%。研究区各地市 2020 年经济社会主要发展指标见表 7-1。

结合《山东省水资源综合规划》《山东省水资源综合利用中长期规划》等文件和成果，预测 2030 年研究区内山东各市的国民经济主要发展指标，结果见表 7-2。

2. 江苏省国民经济发展指标预测

据《江苏省国民经济和社会发展十三五规划纲要》，到 2020 年，江苏地区生产总值将达到 10 万亿元左右（2015 年价），年均增长 7.5%。

据《连云港市国民经济和社会发展第十三个五年规划纲要》，到 2020 年，连云港市地区生产总值达到 3500 亿元，二、三产业增加值占地区生产总值比例达到 92%，户籍城镇化率达 58%。

据《盐城市国民经济和社会发展第十三个五年规划纲要》，到 2020 年，盐城市地区生产总值达到 7000 亿元，三次产业比例调整为 10∶44.5∶45.5，户籍人口城镇化率提高到 62%；耕地保有量达 1220.81 万亩。

据《南通市国民经济和社会发展第十三个五年规划纲要》，到 2020 年，南通市地区生产总值超过 9000 亿元，服务业增加值占比提高到 50% 左右，耕地保有量达 45.9 万 hm^2，户籍人口城镇化率达 65%。2020 年研究区内江苏各地市国民经济主要发展指标预测结果见表 7-1。

据《江苏省水资源综合规划》等成果，到 2030 年，江苏全省总人口达到 9000 万左右，GDP 达到 11 万亿元左右，并按照研究区内各市经济发展现状预测经济社会发展指标，2030 年研究区内江苏各地市国民经济主要发展指标预测结果见表 7-2。

7.1.1.2.3 农业发展与灌溉面积指标预测分析

按照国家有关土地政策，今后一个时期的耕地总量将保持动态平衡，本次研究按照基准年的耕地面积进行测算。到 2030 年，研究区内各市将进一步加快灌区续建配套与节水改造、农田水利项目、高标准农田等重点工程建设，扩大改善灌溉面积，提升灌溉保证率，并按照《山东省水中长期供求规划》《江苏水资源综合规划》等成果，合理分析 2016—2020 年、2021—2030 年各市有效灌溉面积情况。

2020 年研究区内各地市有效灌溉面积见表 7-1，2030 年研究区内各地市有效灌溉面积见表 7-2。

7.1.2 需水量预测分析

根据《水资源供需预测分析技术规范》（SL 429—2008），需水量预测采用定额法或趋势法。根据经济社会发展指标预测成果，考虑到产业布局与经济结构调整、经济增长、人口增加、城市化进程加快和科技进步、体制机制创新等因素，按照满足经济社会发展最基本用水保障的原则，分别提出不同水平年居民生活、农业、工业、建筑业、第三产业、河道外生态环境等需水定额，进行需水量预测。

由于农田灌溉需水受降水直接影响较大，根据国家有关需水预测技术规范要求，农田灌溉需水量按照平水年、枯水年、特枯水年三种情况进行分析；居民生活、工业、建筑业、第三产业、林牧渔畜、河道外生态环境需水等，受降水直接影响较小，需水量基本稳定，按国家要求不再按不同保证率（三种情况）进行预测。

7.1.2.1 用水指标分析

7.1.2.1.1 居民生活用水定额

依据《山东省水资源综合利用中长期规划》《2015 年山东省水资源公报》《江苏省水资源综合规划》《2015 年江苏省水资源公报》以及各市水资源公报、水资源管理"三条红线"控制指标等，综合考虑各市居民生活实际用水情况，考虑到人民群众生活水平提高和生活质量的改善，居民生活人均用水标准将有所提高，考虑到农村居民生活用水方式变化会更加实际，以及全社会节水型社会建设的有关要求，预计到 2030 年，城镇居民生活、农村居民生活用水定额较现状年分别提高到 2020 年的 102～172L/（人·d）、2030 年的 80～142L/（人·d）。

7.1.2.1.2 农田灌溉用水定额

山东省总体上属于资源性缺水地区，依据《山东省水资源综合利用中长期规划》，以近5年农田实际灌溉统计资料为依据，采用历史资料、调查统计和理论计算相结合的方法，综合确定全省各市农田灌溉需水净定额为100～150m³/亩，全省平均净定额为137m³/亩，考虑农业种植结构调整，"粮食-经济作物"二元结构向"粮食-经济作物-饲料作物"三元结构转变等因素，综合确定全省2020年、2030年农田灌溉平均净定额分别为128m³/亩、126m³/亩。据《2015年山东省水资源公报》，全省农田灌溉水有效利用系数为0.630。随着农业灌溉体系的逐步完善，农业节水水平的提高，预计到2020年、2030年，全省农田灌溉水有效利用系数分别提高到0.646、0.680。山东省地处北方严重缺水地区，全省农田灌溉多为非充分灌溉，考虑到在枯水年、特枯水年情况下，需优先保证民生、工业、三产等用水，农田灌溉用水也很难得到有效保障，考虑山东省水资源特点，将特枯水年（95%）情况下的农田灌溉需水量等同于枯水年（75%）情况下农田灌溉需水量。

依据《江苏省水资源综合规划》以及各地水资源公报，考虑到2030年农业种植结构调整、农艺和工程节水措施的综合利用，全省亩均灌溉用水量可控制在365m³/亩以下，中等干旱年农田亩均灌溉用水量控制在450m³/亩以下。基于此，结合江苏沿海各市农田灌溉用水特点以及"三条红线"控制指标，确定各市灌溉用水指标。

7.1.2.1.3　工业用水定额

据《山东省水资源综合利用中长期规划》，按照国家最严格水资源管理制度约束性指标要求，同时考虑到工业产业结构调整，以及用水技术、节水水平的提高等，到2020年、2030年，全省万元工业增加值用水量分别降至10m³、7.5m³，工业总需水量分别为30.63亿m³、41.08亿m³。结合研究区内山东沿海各市工业用水特点、现状用水水平、产业结构调整状况、用水效率控制红线等因素，分别确定各市万元工业增加值用水量指标。

依据《江苏省水资源综合规划》等，到2030年通过工业结构和产业优化升级，逐步提高水价、提高工业用水重复率和推广先进的用水工业和技术等措施，全省工业万元增加值用水量下降到50m³以下，年均递减4%以上。综合考虑南通、连云港和盐城的工业结构、用水特点、现状用水水平、用水效率控制红线等，分别确定各市2020年、2030年万元工业增加值用水量。

7.1.2.1.4　公共用水定额

公共用水主要包括建筑业、第三产业和城市人工生态环境用水三部分。

依据《山东省水资源综合利用中长期规划》、各地市2015年水资源公报、水资源管理"三条红线"等确定各地公共用水指标。考虑节水边际成本不断提高，到2020年、2030年，全省建筑业万元增加值用水量分别降至5m³、

$3.3m^3$；全省第三产业万元增加值用水量分别降至 $1.6m^3$、$1.0m^3$。根据近 10 年河道外生态用水量年均增长 8.8% 的实际，采用趋势法预测规划期河道外生态用水量增加幅度。由此确定 2020 年全省河道外生态用水量按年均增长 8.8% 测算。考虑到 2020 年以后全省城镇化进程逐步放缓，城市绿地、河湖建设等基本完善，河道外生态需水量增速会大幅放缓的实际，确定到 2030 年全省河道外生态用水量年均增长率 4.0% 左右。综合考虑上述因素，结合山东省沿海地区各市公共用水实际、用水特点、用水水平等，确定公共用水定额。

依据《江苏省水资源综合规划》，到 2030 年，公共用水定额全省平均为 128L/（人·d），其中淮河流域片平均为 66L/（人·d）。综合 2015 年江苏省水资源公报、各市水资源管理三条红线、各地经济社会发展特点等，确定沿海各市公共用水定额。

7.1.2.1.5 "十三五"期间各市用水指标

据《青岛市国民经济和社会发展第十三个五年规划纲要》，青岛市至 2020 年单位地区生产总值用水量 $10m^3$，全市再生水利用率达到 50%。另据《青岛市关于开展全民节水行动的通知》，到 2020 年，全市用水总量控制在 14.73 亿 m^3 以内；农田灌溉水有效利用系数达到 0.68 以上；万元 GDP 用水量降至 $10m^3$ 以下。

据《东营市国民经济和社会发展第十三个五年规划纲要》，2020 年全市用水总量控制在 13.27 亿 m^3，农田灌溉水有效利用系数提高到 0.646。

据《滨州市国民经济和社会发展第十三个五年规划纲要》，规模以上工业增加值每万元取水量降至 $10m^3$ 以下；全市有效灌溉面积达到 560 万亩。据《滨州市水污染防治工作方案》，到 2020 年，农田灌溉水有效利用系数达到 0.65 以上。

据《烟台市"十三五"生态环境保护规划》，全市用水总量控制在 16.32 亿 m^3 以下。据《烟台市落实水污染防治行动计划实施方案》，到 2020 年，全市农田灌溉水有效利用系数达 0.68 以上。

据《潍坊市国民经济和社会发展第十三个五年规划纲要》，全市海水淡化量达 700 万 m^3/a，扩大海水直接利用规模，年利用海水 2.5 亿 m^3/a，折合淡水 1250 万 m^3/a。全市新增节水灌溉面积 315 万亩，其中新增高效节水灌溉面积 294 万亩，农田灌溉水有效利用系数提高至 0.68 以上；万元 GDP 用水量下降至 $23m^3$，万元工业增加值用水量下降至 $10m^3$，工业用水重复利用率大于 95%。据《潍坊市节约用水集中行动工作方案》，到 2020 年年底，城市供水管网漏失率控制在 9.5% 以内，再生水利用率达到 80% 以上。

据《威海市国民经济和社会发展第十三个五年规划纲要》，农业灌溉水利用系数提高到 0.73 以上，全市有效灌溉面积达到 234 万亩。到 2020 年，海水淡化能力达到 1000 万 m^3/a。

据《连云港市国民经济和社会发展第十三个五年规划纲要》，到 2020 年，新建污水再生利用设施 10 座，开发区和工业集中区中水回用率达到 80%。万元工业增加值用水量下降至 $18m^3$ 以下，万元地区生产总值用水量 $130m^3$，农业灌溉水利用系数 0.60。据《连云港市水污染防治工作方案》，到 2020 年，全市用水总量控制在 29.43 亿 m^3 以内。

据《盐城市国民经济和社会发展第十三个五年规划纲要》，万元 GDP 用水量下降 25%。另据《盐城市人民政府关于实行最严格水资源管理制度的实施意见》，到 2020 年，全市用水总量控制在 60 亿 m^3 以内；全市万元 GDP 用水量降低到 $130m^3$ 以下，万元工业增加值用水量（以 2000 年不变价计，不含火电）降低到 $18m^3$ 以下，农田灌溉水有效利用系数提高到 0.65 以上；全市水功能区水质达标率提高到 85% 以上，河流生态显著改善。到 2030 年，全市用水总量控制在 65.5 亿 m^3 以内，全市万元 GDP 用水量降低到 $110m^3$ 以下，万元工业增加值用水量降低到 $16m^3$ 以下，农田灌溉水有效利用系数提高到 0.67 以上。

据《南通市国民经济和社会发展第十三个五年规划纲要》，到 2020 年，城市污水处理厂尾水再生利用率达到 15%。到 2020 年，全市用水总量控制在 46 亿 m^3 以内；万元 GDP 用水量和万元工业增加值用水量分别比 2015 年下降 25%、20%，农田灌溉水有效利用系要提高至 0.65[87]。

基于上述分析，综合确定研究区各地市 2020 年和 2030 年的用水指标，具体见表 7-3 和表 7-4。

表 7-3　　　　　　研究区各地市 **2020 年**用水指标分析

地级行政区	城镇居民生活用水量/[L/(人·d)]	农村居民生活用水量/[L/(人·d)]	农田灌溉/(m^3/亩)			农田灌溉水有效利用系数	单位工业增加值用水量/(m^3/万元)	人均城镇公共用水量/(L/d)
			$P=50\%$	$P=75\%$	$P=95\%$			
青岛市	110	95	156.9	175.8	175.8	0.68	4.18	55.2
东营市	98	80	241.0	256.3	256.3	0.646	6.85	90.0
烟台市	103	76	205.1	221.3	221.3	0.68	3.21	40.4
潍坊市	98	80	161.9	183.5	183.5	0.68	10.00	28.8
威海市	96	74	219.0	236.4	236.4	0.73	4.45	14.6
日照市	100	75	203.3	227.0	227.0	0.65	13.18	55.5

地级行政区	城镇居民生活用水量/[L/(人·d)]	农村居民生活用水量/[L/(人·d)]	农田灌溉/(m³/亩)			农田灌溉水有效利用系数	单位工业增加值用水量/(m³/万元)	人均城镇公共用水量/(L/d)
			$P=50\%$	$P=75\%$	$P=95\%$			
滨州市	96	75	216.7	237.3	237.3	0.65	7.04	14.2
盐城市	135	115	281.0	369.0	369.0	0.65	18.00	70.1
连云港市	150	135	351.7	479.0	479.0	0.60	18.00	47.4
南通市	157	130	293.6	395.7	395.7	0.65	74.21	58.4

表 7－4　　　　　　　　研究区各地市 2030 年用水指标分析

地级行政区	城镇居民生活用水量/[L/(人·d)]	农村居民生活用水量/[L/(人·d)]	农田灌溉/(m³/亩)			单位工业增加值用水量/(m³/万元)	人均城镇公共用水量/(L/d)
			$P=50\%$	$P=75\%$	$P=95\%$		
青岛市	120	105	150	168	168	3	60.98
东营市	105	89	235	250	250	6	99.46
烟台市	115	80	190	205	205	3	44.63
潍坊市	115	89	150	170	170	6	31.81
威海市	110	80	189	204	204	4	16.13
日照市	118	85	197	220	220	10	61.27
滨州市	110	85	210	230	230	5	15.71
盐城市	150	130	268	352	352	13	77.48
连云港市	165	142	340	463	463	15	57.74
南通市	172	141	276	372	372	52	71.21

7.1.2.2　需水量

根据上文中分析得到的不同水平年研究区内各地市经济发展指标及用水指标，预测各地市不同水平年需水量，成果见表 7－5 和表 7－6。

表 7－5　　　　　　　　研究区各地市 2020 年需水量　　　　　　单位：亿 m³

地级行政区	城镇居民生活	农村居民生活	农田灌溉			工业	城镇公共	人工生态	总需水量		
			$P=50\%$	$P=75\%$	$P=95\%$				$P=50\%$	$P=75\%$	$P=95\%$
青岛市	2.74	0.92	7.80	8.74	8.74	2.57	1.37	0.75	16.147	17.084	17.084
东营市	0.56	0.21	7.08	7.54	7.54	1.82	0.51	0.62	10.808	11.260	11.260

续表

地级行政区	城镇居民生活	农村居民生活	农田灌溉			工业	城镇公共	人工生态	总需水量		
			$P=50\%$	$P=75\%$	$P=95\%$				$P=50\%$	$P=75\%$	$P=95\%$
烟台市	1.78	0.71	6.37	6.87	6.87	1.39	0.70	0.61	11.559	12.061	12.061
潍坊市	2.24	0.99	10.81	12.25	12.25	3.42	0.66	0.62	18.741	20.182	20.182
威海市	0.72	0.24	3.33	3.60	3.60	0.96	0.11	0.05	5.408	5.673	5.673
日照市	0.71	0.31	2.67	2.98	2.98	1.55	0.40	0.20	5.843	6.155	6.155
滨州市	0.86	0.43	10.18	11.15	11.15	1.08	0.13	0.51	13.185	14.154	14.154
盐城市	2.26	1.18	31.34	41.16	41.16	5.61	1.18	0.24	41.810	51.632	51.632
连云港市	1.71	0.72	19.53	26.59	26.59	2.90	0.54	0.17	25.568	32.633	32.633
南通市	3.00	1.07	14.26	19.22	19.22	29.65	1.12	0.30	49.402	54.362	54.362

表 7 - 6　　　　　　　研究区各地市 2030 年需水量　　　　　　单位：亿 m³

地级行政区	城镇居民生活	农村居民生活	农田灌溉			工业	城镇公共	人工生态	总需水量		
			$P=50\%$	$P=75\%$	$P=95\%$				$P=50\%$	$P=75\%$	$P=95\%$
青岛市	3.7604	0.581	7.842	8.783	8.783	3.23	1.91	1.34	18.661	19.602	19.602
东营市	0.7240	0.173	7.632	8.119	8.119	2.60	0.69	1.11	12.925	13.412	13.412
烟台市	2.2882	0.682	6.514	7.028	7.028	2.29	0.89	1.09	13.752	14.266	14.266
潍坊市	3.0265	1.004	11.060	12.535	12.535	3.27	0.84	1.12	20.311	21.785	21.785
威海市	0.9379	0.227	3.177	3.429	3.429	1.45	0.14	0.09	6.026	6.278	6.278
日照市	1.0257	0.287	2.858	3.192	3.192	1.92	0.53	0.37	6.988	7.322	7.322
滨州市	1.1354	0.452	10.896	11.933	11.933	1.39	0.16	0.91	14.952	15.990	15.990
盐城市	2.7448	1.281	33.018	43.367	43.367	6.84	1.42	0.44	45.742	56.091	56.091
连云港市	1.8686	0.866	20.854	28.398	28.398	3.26	0.59	0.31	27.745	35.289	35.289
南通市	3.7653	0.922	14.806	19.956	19.956	33.52	1.41	0.54	54.976	60.126	60.126

7.1.2.3　与相关控制指标比较

据《山东省人民政府办公厅关于印发山东省实行最严格水资源管理制度考核办法的通知》及盐城、连云港和南通等的发展纲要、水污染防治方案等文件，研究区内山东、江苏各沿海地市 2020 年、2030 年用水总量控制指标见表 7 - 7 所示。

表 7 - 7 　　　　　　　研究区内沿海各市用水总量控制目标　　　　　　单位：亿 m³

地级行政区	2020 年	2030 年
青岛市	14.73	19.67
东营市	13.02	14.83
烟台市	16.33	17.73
潍坊市	24.01	25.79
威海市	6.52	7.87
日照市	7.27	7.39
滨州市	16.26	19.89
盐城市	60.0	65.5
连云港市	29.43	—
南通市	46.0	46.45

　　青岛、南通 2020 年的需水量预测结果均超过用水总量控制红线（表 7 - 8），说明在具体的水资源配置和管理工作中需要重点加强需求管理，严格节约用水。其他地市的需水预测结果，因各地"十三五"有关指标的不断明确，用水需求不断下降，与 2020 年、2030 年的控制指标相比，需水预测量较小。针对盐城市用水量下降的问题，因农业用水是盐城用水的大头，本次结合《江苏省水资源综合规划》，将亩均农业灌溉用水下降至 281m³/亩。

表 7 - 8 　　研究区内沿海各市需水量预测值与用水总量控制目标差值

单位：亿 m³

地级行政区	2020 年差值	2030 年差值
青岛市	−1.42	1.01
东营市	2.21	1.91
烟台市	4.77	3.98
潍坊市	5.27	5.48
威海市	1.11	1.84
日照市	1.43	0.40
滨州市	3.08	4.94
盐城市	18.19	19.76
连云港市	3.86	—
南通市	−3.40	−8.53

7.1.2.4　合理性分析

（1）居民生活需水方面。研究区各地市受人口自然增长、城镇化进程加快推进、居民生活水平不断提高等影响，居民生活需水量总体上是增长趋势；同时，伴随着节水型社会建设，节水器具普遍应用、节水技术更加先进、节水理念深入人心，将进一步遏制增长趋势。总体而言，各地市居民生活用水呈现增长态势。

（2）农业需水方面。随着农业灌溉基础设施的日益完备，先进节水灌溉技术的普遍应用，加上灌溉制度优化调整等因素，各水平年农业需水量总体上呈稳中有降趋势。

（3）工业需水方面。今后一个时期，为贯彻落实最严格水资源管理制度，受国家工业用水效率约束性指标限制、工业节水先进技术广泛应用、工业结构内部调整优化加快推进，万元工业增加值用水量将大幅下降，但是随工业增加值规模的稳步增长，需水量也必然呈刚性缓慢增长态势。

（4）城镇公共需水方面。第三产业和建筑业是今后一个时期国民经济的主要增长点，占比会逐年稳步提高，虽然单位增加值用水将出现不断下降趋势，但增加值规模不断增加，需水量势必呈稳定缓慢的增长趋势。

（5）河道外生态环境需水方面。随着城市化进程的加快推进，城区绿色化、农村生态化的逐步实现，河道外生态环境用水呈逐步增长趋势。

7.1.3　可供水量预测

7.1.3.1　山东省沿海各市

据《山东省水资源综合利用中长期规划》、各市水利发展"十三五"规划、其他相关涉水规划等成果，预测 2020 年、2030 年可供水量。可供水量预测，一方面要考虑更新改造、续建配套现有水利工程可能增加的供水能力，另一方面要考虑规划的新建水利工程，重点是新建大中型水利工程的供水规模、范围和对象，经综合分析提出不同工程方案的可供水量。

7.1.3.1.1　地表水可供水量

2020 年、2030 年地表水可供水量，是在现状地表水工程供水能力的基础上，充分考虑今后一个时期地表水供给能力逐步提高因素，以地表水用水总量控制指标为上限。

（1）大中型水库增容。根据《山东省雨洪资源利用规划》，2025 年前沿海地区拟对日照水库、青岛棘洪滩水库、米山水库等进行增容工程建设。

（2）新建水库。在山东省沿海地区，新建 10 座水库，总库容 6.03 亿 m³，兴利库容 3.53 亿 m³，详见表 7-9。

表 7-9　　　　　　　山东省沿海地区新建水库列表　　　　单位：万 m³

序号	水库名称	所属流域	所在地级行政区	所在县级行政区	总库容	兴利库容	备　注
1	泊于水库	淮河	威海市	环翠区	7430	4763	列入国家"十二五"中型水库专项规划
2	南寨水库	淮河	潍坊市	昌乐县	1008	605	
3	孟家沟水库	淮河	潍坊市	高密市	2115	1269	
4	沐官岛水库	淮河	青岛市	胶南市	9650	5790	
5	逍遥水库	淮河	威海市	荣成市	1019	611	
6	共青团水库	淮河	潍坊市	诸城市	1503	902	
7	王家沟水库	淮河	潍坊市	安丘市	13600	8160	列入国家"十二五"大型水库专项规划
8	老岚水库	淮河	烟台市	福山区	15300	8000	列入省水利"十二五"规划
9	石泉水库	淮河	潍坊市	诸城市	1100	660	
10	鲍村水库	淮河	威海市	荣成市	7600	4560	
	合计				60325	35320	

（3）新建河道拦蓄工程。规划建设拦河闸坝等工作，增加拦蓄库容以满足供水要求。

7.1.3.1.2　地下水可供水量

2020 年、2030 年地下水可供水量，是在现状地下水工程供水能力的基础上，结合各市实际开采情况，以地下水可开采量为控制，以地下水用水总量控制指标为上限。

地下水主要作为储备水源，利用原则为积极保护，合理开发。对地下水超采区实施压采，减小超采区面积，对地下水尚有潜力的地区可适当增加开采量。山东省沿海地市部分地区地下水超采严重，加之青岛、威海、烟台、潍坊等为南水北调东线一期工程受水区，本身就有地下水压采任务。考虑以上地下水开采原则，基于山东省 2030 年用水总量控制，2030 年地下水总可供水量为 66.7 亿 m³，较现状年压采 1.3 亿 m³。据《山东省水资源综合利用中长期规划》等相关成果，山东省沿海各市地下水可开采量见表 3-10。其中东营市最小，为 1.66 亿 m³，潍坊市最大，为 10.88 亿 m³。

表 7 - 10			山东省沿海各市地下水可开采量		单位：万 m³
序号	地级行政区	山丘区可开采量	平原区可开采量	可开采总量
1	青岛市	42025	21826	60320
2	东营市		16992	16574
3	烟台市	69697	15250	81442
4	潍坊市	53355	65038	108777
5	威海市	29107		29107
6	日照市	28408	3947	31737
7	滨州市	1381	41994	42435

7.1.3.1.3　外调水量

2030 年山东调江水量按 29.51 亿 m³，2020 年黄河水可供水量按 62.19 亿 m³，2030 年黄河水可供水量按引黄总量控制指标 65.03 亿 m³ 考虑。据《南水北调东线第一期工程可行性研究总报告》《山东省水资源综合利用中长期规划》等相关成果，山东沿海各市外调水主要是黄河水和长江水，目前已建成的有引黄工程、南水北调东线一期工程，具体水量见表 7 - 11。

表 7 - 11		山东省沿海各市外调水量指标表	单位：亿 m³
序号	地级行政区	黄河水指标	南水北调东线一期 长江水指标
1	青岛市	2.33	1.30
2	东营市	7.28	2.00
3	烟台市	1.37	0.97
4	潍坊市	3.07	1.00
5	威海市	0.52	0.50
6	日照市		
7	滨州市	8.57	1.50

7.1.3.1.4　非常规水可供水量

非常规水源利用主要为再生水回用、海水利用、雨水集蓄利用、微咸水利用、矿坑水利用等，可开发利用潜力较大。

非常规水源是山东省未来增加供水的主要方向，潜力最大的为污水处理回用。根据《山东省水资源综合利用中长期规划》、水污染防治、污水集中处理及回用等有关规划成果，结合各地现状污水处理能力及回用现状，2020 年再生水可供水量，按照 2020 年全省城市污水处理率达到 95%、县城污水处理率达到 85%、城市再生水利用率达到 25% 等相关指标测算；2030 年再生水可供水量，按照 2030 年全省城市污水处理率达到 99%、县城污水处理率达到 90%、城市再生水利用率达到 30% 等相关指标测算。综合分析确定 2030 年城市污水处理率为 80%，考虑到山东省沿海各市地区差异，参考全省平均水平综合测算 2020 年、2030 年再生水供水量。青岛、淄博、烟台、潍坊、威海等市的污水处理率目标要高于一般城市 5%～20%。2030 年城市污水处理回用率均为 50%。

其他水利用包括雨水集蓄利用、微咸水利用、矿坑水利用等。

7.1.3.2　江苏省沿海各市

依据《江苏省水资源综合规划》《江苏省水中长期供求规划》等相关成果，结合南通、连云港、盐城等相关规划，确定 2020 年、2030 年研究区内各市可供水量。

南通市地处江苏省东南部，境内河网发达，地表水资源相对丰富，过境水量大，2020 年和 2030 年以地表水供水为主（含过境水）；连云港和盐城位于江苏省北部，本地地表水资源相对较少，但江水北调工程已建成运行，可提供充足的外调水，2020 年和 2030 年，区域供水形成以地表水为主（含外调水），地下水合理优化利用，非常规水源加以补充的供水格局。

7.1.3.3　研究区可供水量

研究区各市不同保证率下可供水量见表 7-12。未来山东各市在本地水资源紧缺的形势下，将不断加大黄河水、长江水（南水北调东线一期、二期工程）等外调水源的用水量，同时地下水开发利用逐步趋向合理，再生水、海水等非常规水源不断加大利用强度，但总体占比不会太大。研究区内江苏沿海各市基本以地表水供水为主（含过境、外调水），地下水合理开发为辅，再生水和海水等非常规水源以点状供水为主进行补充。

表 7-12　　　　　　　　研究区各市不同保证率下可供水量　　　　　　单位：亿 m³

地级行政区	2020 年			2030 年		
	平水年	枯水年	特枯水年	平水年	枯水年	特枯水年
	$P=50\%$	$P=75\%$	$P=95\%$	$P=50\%$	$P=75\%$	$P=95\%$
青岛市	14.4	13.2	12.6	20.2	19	18.4
东营市	11.6	11.3	11	12.5	12.2	11.9
烟台市	11.8	10.5	10	14.9	13.4	12.8

续表

地级行政区	2020 年			2030 年		
	平水年	枯水年	特枯水年	平水年	枯水年	特枯水年
	$P=50\%$	$P=75\%$	$P=95\%$	$P=50\%$	$P=75\%$	$P=95\%$
潍坊市	19.3	17.6	16.9	23.3	21.3	20.4
威海市	5.3	4.6	4.3	6.7	5.9	5.6
日照市	6.3	5.4	5	8.3	7.2	6.8
滨州市	15.5	14.9	14.4	17	16.3	15.6
盐城市	58.9	61.6	73.0	59.5	61.7	72.6
连云港市	31.1	35.7	40.9	31.4	35.8	41
南通市	47.6	52.8	61.1	48.2	52.9	60.4

注　盐城、连云港、南通市通过境内过境水、江水北调满足区域不同条件下需水，实现以需定供。

7.1.4　供需分析

7.1.4.1　总体情况

依据前文的需水量预测成果和可供水量分析预测成果，对研究区内各市进行不同水平年的供需平衡分析，具体结果见表 7－13 和表 7－14。

表 7－13　　　　　　　　2020 年研究区各市供水平衡分析

地级行政区	供水量/亿 m³			缺水量/亿 m³			缺水率/%		
	平水年	枯水年	特枯水年	平水年	枯水年	特枯水年	平水年	枯水年	特枯水年
	$P=50\%$	$P=75\%$	$P=95\%$	$P=50\%$	$P=75\%$	$P=95\%$	$P=50\%$	$P=75\%$	$P=95\%$
青岛市	14.4	13.2	12.6	1.75	3.88	4.48	10.8	22.7	26.2
东营市	11.6	11.3	11			0.26			2.3
烟台市	11.8	10.5	10		1.56	2.06		12.9	17.1
潍坊市	19.3	17.6	16.9		2.58	3.28		12.8	16.3
威海市	5.3	4.6	4.3	0.11	1.07	1.37	2.0	18.9	24.2
日照市	6.3	5.4	5		0.75	1.15		12.3	18.8
滨州市	15.5	14.9	14.4						
盐城市	58.9	61.6	73						
连云港市	31.1	35.7	40.9						
南通市	47.6	52.8	61.1	1.80	1.56		3.6	2.9	

表 7-14　　　　　　　2030 年研究区各市供水平衡分析

地级行政区	供水量/亿 m³			缺水量/亿 m³			缺水率/%		
	平水年	枯水年	特枯水年	平水年	枯水年	特枯水年	平水年	枯水年	特枯水年
	$P=50\%$	$P=75\%$	$P=95\%$	$P=50\%$	$P=75\%$	$P=95\%$	$P=50\%$	$P=75\%$	$P=95\%$
青岛市	20.2	19.0	18.4		0.6	1.2		3.1	6.1
东营市	12.5	12.2	11.9	0.4	1.2	1.5	3.3	9.0	11.3
烟台市	14.9	13.4	12.8		0.9	1.5		6.1	10.3
潍坊市	23.3	21.3	20.4		0.5	1.4		2.2	6.4
威海市	6.7	5.9	5.6		0.4	0.7		6.0	10.8
日照市	8.3	7.2	6.8		0.1	0.5		1.7	7.1
滨州市	17.0	16.3	15.6			0.4			2.4
盐城市	59.5	61.7	72.6						
连云港市	31.4	35.8	41.0						
南通市	48.2	52.9	60.4	6.8	7.2		12.3	12.0	

　　总体上，研究区内各市在不同水平年、不同保证率下存在缺水现象，缺水比例较大的为烟台、日照等市；研究区内的江苏沿海地区，因本地水资源条件好于山东地区，而且境内南水北调东线一期工程、江水北调等工程实施，对供水安全具有较好保障。

　　针对南通市不同水平年的供需分析结果，因本次盐城、连云港和南通市的供水量采用的是《江苏省水资源综合规划》中的配置水量，因此可能在分析中会存在一定误差。

7.1.4.2　各市分析

7.1.4.2.1　青岛市

　　该市地处山东半岛，属沿海丘陵地区，经济发达，用水总量大，水资源供需矛盾十分突出。现状当地地表水、地下水利用已达较高水平，进一步开发利用的潜力不大；黄河水、长江水是该市的当家水源，确保引黄、引江安全，用足用好黄河水、长江水，事关全市经济社会持续健康发展大局。

　　青岛市是山东省缺水情况最严重地区。未来该市水资源开发利用的重点：①加快引黄济青改扩建工程建设，完善南水北调配套工程；②实施雨洪资源利用工程建设；③加大海水、再生水等非常规水利用。经测算，2020年三种保证率下缺水率分别为10.8%、22.7%、26.2%；2030年三种情况最基本缺水率分别为不缺水、3.1%、6.1%。

7.1.4.2.2 东营市

该市地处黄河三角洲核心区，黄河在境内入海。多年平均年降水量为全省最小，仅560mm，当地地表水、地下水资源匮乏，且现状利用量已接近总量指标上限；黄河水是东营市的当家水源，现状供水量占全市供水量的72%。

未来该市水资源开发利用的重点：①加快南水北调东线配套工程建设；②优化引黄工程布局，用足用好黄河水；③加大再生水、海水等非常规水的利用。经测算，2020年平水年（50%）、枯水年（75%）可达到供需平衡，特枯水年（95%）基本缺水率为2.3%；2030年平水年（50%）缺水达到3.3%，枯水年（75%）、特枯水年（95%）两种情况下基本缺水率分别为9.0%、11.3%。

7.1.4.2.3 烟台市

该市地处胶东半岛低山丘陵区，现状供水以当地地表水、地下水为主，其中地下水利用已接近用水总量控制指标上限，地表水尚有一定开发利用潜力；区域内胶东调水工程已建成通水，黄河水、长江水是该区的重要补充水源。

烟台市现状年供需矛盾突出。未来该市水资源开发利用的重点：①通过新建水库及现有水库增容等措施，增加雨洪资源利用量；②加快南水北调东线配套工程建设，用足用好长江水、黄河水；③加大再生水、海水利用。2020年三种情况缺水率分别为不缺水、12.9%、17.1%；2030年三种情况最基本缺水率分别为不缺水、6.1%、10.3%。

7.1.4.2.4 潍坊市

该市是农业大市，灌溉用水需求量大，加之工业发展较快，总需水量较大。现状供水主要依靠当地地下水、地表水；部分区域地下水超采严重，寿光市、青州市等地处山东最大的淄博-潍坊地下水漏斗区；引黄、引江虽有指标，但由于工程配套不到位等原因，实际利用量较小。

未来该市水资源开发利用的重点：①完善南水北调配套工程建设，用足用好黄河水、长江水；②通过新建孟家沟水库、扩建南寨水库，以及峡山水库增容等措施，加大雨洪资源利用；③完善区域内水系连通工程，提高水资源调配能力。2020年多年平均条件下基本实现供需平衡，枯水年（75%）、特枯水年（95%）两种情况下缺水率分别为12.8%、16.3%。2030年三种情况下缺水率分别为不缺水、2.2%、6.4%。

7.1.4.2.5 威海市

该市地处胶东半岛低山丘陵区，现状供水以当地地表水、地下水为主，地表水占总供水量的61％。地下水利用已达用水总量控制指标上限，地表水尚有一定开发利用潜力；区域内胶东调水工程已建成通水，黄河水、长江水是该区的重要补充水源。

未来该市水资源开发利用的重点：①通过新建泊于水库，米山、八河水库增容等措施，增加雨洪资源利用量；②加快南水北调配套工程等建设，用足用好黄河水、长江水；③加大海水利用、再生水回用。2020年平水年（50％）、枯水年（75％）、特枯水年（95％）三种情况下缺水率分别为2.0％、18.9％、24.2％。2030年三种情况下缺水率分别为不缺水、6.0％、10.8％。

7.1.4.2.6 日照市

该市地处鲁东丘陵区，沂沭河上游，境内河流众多，蓄水工程较多。现状供水主要依靠地表水和地下水，地表水供水量占总供水量的70％，区域内无外来水源，供水水源单一，应对连枯、特枯年份能力较弱。

未来该市水资源开发利用的重点：①通过新建水库和日照水库增容等措施，增加雨洪资源利用量；②加快沭水东调等区域水网工程建设，推动论证连云港向日照调水工程；③论证实施南水北调东线二期工程建设。2020年，平水年（50％）、枯水年（75％）、特枯水年（95％）三种情况下缺水率分别为不缺水、12.3％、18.8％。2030年，三种情况下缺水率分别为不缺水、1.7％、7.1％。

7.1.4.2.7 滨州市

该市地处黄河三角洲地区，属黄泛平原区，当地水资源匮乏，黄河水是该区的主要水源，地下水及引黄水均已接近总量控制指标上限，开发利用潜力不大。长江水是该区今后重要的补充水源。近几年，滨州北部工业需水量增长较快，供需矛盾突出。

未来该市水资源开发利用的重点：①完善南水北调配套工程建设，用足用好长江水；②优化引黄工程布局，用好黄河水；③加大海水、再生水利用。2020年，平水年（50％）、枯水年（75％）、特枯水年（95％）三种情况下均不缺水，2030年特枯水年（95％）缺水率为2.4％、其他两种情况不缺水。

7.1.4.2.8 盐城市

盐城地处江苏北部，号称"百河之城"，但水资源供需矛盾仍很突出，全市人均水资源量仅为全国人均水平的26.8％，年均调引江水、淮水27.5亿 m³，约占全年用水总量的50％，并存在地下水过量开采等问题。

未来该市水资源开发利用的重点：①完善东引供水工程体系，扩大"二河"（新通扬运河、泰州引江河）引江能力，扩大里下河腹部地区以"三线"输水为主体的河网输水能力，解决供水矛盾；②研究开辟新的水源工程，提高抽引江水量。建设陈家港、滨海、盐龙湖、明湖、弦港等平原水库，调蓄地表径流，增加本地水资源利用量，提高水资源保障程度；③研究开辟临海引江供水线，腾出斗南地区部分水量北送。2020 年、2030 年，盐城市基本不缺水。

7.1.4.2.9　连云港市

连云港位于鲁中南丘陵与淮北平原的结合部，水系基本属于淮河流域沂沭泗水系，多年平均水资源总量 56 亿 m³，利用率达 40%，人均水资源占有量 1600m³，是江苏省供需矛盾较为紧张的地区之一。

未来该市水资源开发利用的重点：①完善淮沭河—蔷薇河供水线，扩大原有江水北调工程能力，安排新的水源工程，提高抽引江淮水量能力，增加有效供水；②通过大温庄、蔷薇湖等平原水库，调蓄地表径流，增加本地地表水资源利用量，实现双线供水、五片输水的水资源配置格局。2020 年、2030 年，基本不缺水。

7.1.4.2.10　南通市

南通地处江苏省中南部，全市多年平均水资源量 31.55 亿 m³。区域水资源总量不大，但过境水量却十分丰富，可利用长江水量为 10.6 亿 m³。水资源浪费现象较为严重，水资源时空分布不均，因本地调蓄水库缺乏，导致供需矛盾严重。

未来该市水资源开发利用的重点：①通过恢复和完善自流引江工程体系建设，研究开辟临海引江供水线，扩大引江水量；②通过长江水源地建设，逐步减少河网水源地及地下水供水规模，实现区域供水、城乡联网供水格局；③建设如东平原水库，调蓄地表径流及自引江水量。2020 年、2030 年，平水年（50%）、枯水年（75%）缺水率分别为 3.6%、2.9%和 12.3%、12.0%。

7.2　海水利用目标与布局

近年来，山东半岛蓝色经济区建设战略、江苏沿海开发战略深入实施，区域社会经济发展加速，沿海地区用水需求不断增加，区域供需矛盾日益紧张，水资源安全保障面临的压力越来越大。

中共十九大报告对实施区域协调发展战略进行了部署，并提出坚持陆海统筹，加快建设海洋强国。未来我国沿海地区包括淮河流域和山东半岛在内，将重点发展海洋生物、海洋可再生能源、海水淡化与综合利用产业，建设国家海洋经济示范区，构建开放型海洋经济体系。伴随相关规划和政策落地，区域工业化、城镇化进程将不断加快，将对水资源保障以及用水方式、用水安全提出新的更高要求。同时，人民日益增长的美好生活需要，将对水资源的总量需求和品质要求越来越高，将造成水资源总量有限而需求不断增长的长期性尖锐矛盾。解决水资源短缺和供需紧张矛盾，必须贯彻落实最严格水资源管理制度，强化需水管理，全面推进节水型社会建设，同时又必须采取开源措施，实施跨流域调水工程的同时，加大再生水、海水淡化水等非常规水源，支撑经济社会可持续发展。

7.2.1 海水利用潜力分析

水资源是影响区域经济发展及产业结构变化特征的重要内在驱动力和制约因素之一。从现状年水资源开发利用形势及未来的水资源供需情况看，淮河流域沿海地区仍将面临严峻的淡水资源短缺问题。尤其是山东省沿海的青岛、潍坊、威海、烟台、日照等市，2020年的缺水率最高达26.2%。这些城市当地水资源十分有限，部分地区地下水存在超采，生态环境恶化趋势未能有效遏制，而且外调水量供应成本较高（如烟台门楼水库综合水价达到黄河水 4.285 元/m^3、长江水 5.567 元/m^3，长岛县调引水更是高达 15 元/m^3），如果计算制水成本和管网配水成本，终端水价可能高达 $10\sim20$ 元/m^3，居民生活用水难以承受，就连承受能力较高的工业行业，也将面临承受压力临界点。而且沿海地区随着经济社会的发展，对水资源的需求量不断增加，并要求达到较高保证率。一般情况下，跨流域调水工程的供水量受水源区丰枯变化影响，而且工程规模一旦确定，可能难以扩大，难以保障受水区不同时期的用水量需求。海水淡化工程建设周期短，需要场地小，海水资源丰富，而且水质稳定，较为适合沿海地区，可以作为水资源的有效补充，不影响区域水资源开发利用，取水不会对当地生态环境产生明显影响。

目前，利用海水替代或满足城市一部分水资源，满足经济社会发展需要，具备了一定基础和可行性：①现有海水利用工程的不断推广和发展，利用技术的开发由高成本、高能耗、低效率逐渐转向低成本、低能耗、低环境影响的可持续发展模式，出现了许多行之有效的低成本、低污染淡化技术，符合绿色发展和国家强化的生态文明建设要求，将为沿海地区大规模实施海水利用奠定更加坚实的基础。②在贯彻落实最严格水资源管理制度，全面推进节水型社会建设和建设水生态文明城市的多措并举下，相关部门对区域水资源保护的力度加大，将合理调减和退还不合理的用水量，加大对海水等非常规水资源的配置强度。同时，沿海地下水水功能区实施限采、禁采、限养、禁养政策，严格控制地下水取用水量，加之正在推动的水资源税改革，通过经济杠杆抑制不合理用水行为，将严格控制区域水资源开发利用，一些大用水户从经济效益、生态环境效益等出发，转而加大对海水等非常规水源的需求，形成海水利用特别是工业大规模利用海水的驱动力。此外，社会各界对水资源的稀缺价值认识程度逐年提高，以节水为核心的水价机制正逐步形成，将逐步缩小与现有供水价格的差距，将进一步支撑海水的大规模利用。③随着经济的快速增长，沿海地区综合实力不断增强，对海水利用成本费用的支撑能力也将日渐强大，加之海洋战略的深入实施，将为海水利用发展提供良好的外部环境和广阔的发展空间。

结合未来的产业发展和用水结构变化，在水量、水质满足相关要求的基础上，在滨海地区或规模产业园区，可以通过海水直接利用、海水淡化利用替代或满足部分新增用水需求，构建以本地水资源为主，以客水资源为补充、海淡互补的多水源保障体系，可为经济社会发展提供更加可靠的水资源支撑和保障。

7.2.2　海水利用基本原则、战略目标

7.2.2.1　指导思想与基本原则

7.2.2.1.1　指导思想

全面贯彻落实科学发展观，落实资源节约与环境保护的基本国策，紧紧围绕经济社会发展的新形势及新时期对水资源的需求，特别是满足沿海地区生活、生产用水对海水利用的需求，坚持有效替代的方针，以提高海水利用规模和水平为目标，以政策创新为动力，因需而用，因地制宜，强化海水淡化工程的水利基建性质，提高海水在解决沿海地区淡水资源短缺问题中的贡献度，促进新能源利用，发展循环经济，促进沿海地区经济社会可持续发展。

7.2.2.1.2　基本原则

（1）因需而用，因地制宜。从实际需求出发，因需而用，大小并举。沿海用水需求量大而淡水资源不足的地区，应发展大型海水淡化工程，并从政策方面鼓励使用海水，支持淡化海水入市政管网。另外，要因地制宜，有条件的地区要积极开展海水利用，严重缺水的沿海地区要扩大海水利用规模，根据情况优先使用海水，不断提高海水利用规模和水平；海岛要根据自身需求和条件，以海水淡化为主，以满足海岛军民生活用水为目标，切实体现以人为本的要求。

（2）坚持统筹协调。从需求和供给两侧入手，统筹国家和地方、部门间的政策、资金等资源，建立促进海水利用规模化应用的综合协调机制，提高海水利用全过程管理水平，为海水利用产业发展创造良好的环境。

（3）坚持分类推进。处理好政府和市场的关系，充分发挥政府在用水安

全、民生保障和公共服务等方面的作用，推进公益性海水利用基础设施和工程建设。充分发挥市场在资源配置中的主体作用，推进商业化海水利用工程建设。

（4）有效替代，优化结构。将有效替代原则贯穿于海水利用的各个方面。要在合理的经济技术条件下利用海水替代淡水，使有条件利用海水的地区或用水行业都能利用海水。同时，通过海水的有效替代，调整和优化水资源结构。流域沿海严重缺水的城市，应充分考虑用海水替代淡水，不断提高海水利用在水资源供给中的比例，使水源结构和用水结构得到优化。

（5）坚持创新驱动。加强海水利用创新链和产业链紧密融合，推进以企业为主体的创新体系建设，突破产业化核心技术，提升关键装备自主创新率，增强海水利用技术创新能力。鼓励应用和商业模式创新，引领海水利用规模化应用。

7.2.2.2　战略目标

"十三五"时期是我国海水利用规模化应用的关键时期。2017 年，国家发展改革委、国家海洋局联合发布《全国海洋经济发展"十三五"规划》，提出在确保居民身体健康和市政供水设施安全运行的前提下，推动海水淡化水进入市政供水管网，积极开展海水淡化试点城市、园区、海岛和社区的示范推广，实施沿海缺水城市海水淡化民生保障工程。在滨海地区严格限制淡水冷却，推动海水冷却技术在沿海电力、化工、石化、冶金、核电等高用水行业的规模化应用。

为保障近远期区域供水安全，依据淮河流域沿海地区的未来用水供需分析结果，结合相关城市海水利用规划，研究提出淮河流域海水利用发展战略目标：到 2020 年，海水直接利用规模达到 340 亿 m^3/a，折合淡水量 17 亿 m^3/a，对新建和改扩建的沿海电厂、钢厂、石油和化工企业的海水冷却用水贡献率力争达到 90％；海水淡化规模达到 80 万 m^3/d，折合年淡化能力 2.6 亿 m^3，力争海水淡化水对海岛新增供水量的贡献率达到 50％以上，鼓励电水联产并向市政供水，鼓励沿海电力、钢铁和重化工企业配套用水使用海水淡化水，鼓励滨海工业园区配套海水淡化工程，青岛作为海水利用试点城市走在全国前列。2030 年，海水直接利用规模达到 500 亿 m^3/a，折合淡水量 25 亿 m^3/a，海水淡化规模达到 193 万 m^3/d，折合年淡化能力 6.4 亿 m^3。淮河流域沿海各市海水利用目标见表 7－15，拟（在）建海水直接利用工程和海水淡化工程汇总分别见表 7－16 和表 7－17。

表 7－15　　　　　　　　淮河流域沿海各市海水利用目标

地级行政区	海水淡化量/（万 m³/d）		海水直接利用量/（亿 m³/a）		海水直接利用折淡量/（亿 m³/a）	
	2020 年	2030 年	2020 年	2030 年	2020 年	2030 年
青岛市	52	90	30	40	1.5	2
东营市	1	1	23	25	1.15	1.25
烟台市	11	24	65	105	3.25	5.25
潍坊市	5	15	4	5	0.2	0.25
威海市	3	20	70	130	3.5	6.5
日照市	7	30	45	50	2.25	2.5
滨州市	0	2	3	15	0.15	0.75
盐城市	1	1	10	15	0.5	0.75
连云港市	0	10	70	90	3.5	4.5
南通市	0	0	20	25	1	1.25
合计	80	193	340	500	17	25

表 7－16　　　　　淮河流域拟（在）建海水直接利用工程汇总表

序号	城市	装　置　名　称	规模/（万 m³/d）	工艺	应用领域	状态
1	日照	山钢日照钢铁精品基地自备电厂工程海水冷却装置	150	直流冷却	工业	在建
2	日照	华能日照电厂 3、4 发电机组海水脱硫装置	480	海水脱硫	火电	在建
3	东营	大唐东营电厂海水冷却工程	690	直流冷却	电力	在建
4	烟台	海阳核电海水直流冷却工程	1156	直流冷却	电力	在建
5	威海	石岛湾核电海水冷却工程	3758	直流冷却	电力	拟建
6	滨州	沾化电厂 2×650MW 机组海水冷却工程	90	直流冷却	电力	拟建
7	连云港	2 处海水冷却工程	1400	直流冷却	—	在建

表 7-17   淮河流域拟（在）建海水淡化工程汇总表

序号	城市	装 置 名 称	规模/（m³/d）	工艺	应用领域	状态
1	威海	荣成石岛湾核电站配套海水淡化工程	12600	SWRO	工业	在建
2	烟台	华电莱州电厂Ⅱ期 2×1000MW 机组海水淡化工程	7920	SWRO	电力	在建
3		龙口南山铝业海水淡化项目	33000	SWRO	工业	在建
4		万华工业园海水淡化装置	24000	SWRO	化工	在建
			26000	SWRO	化工	拟建
5		长岛县海水淡化站（6处）	4590	SWRO	市政	在建
6		华能八角电厂海水淡化工程	20000	SWRO	电力	在建
7		海阳核电Ⅱ期海水淡化装置	13400	SWRO	电力	拟建
8		南长山岛海水淡化站	3000	SWRO	市政	拟建
9		砣矶岛海水淡化站	1000	SWRO	市政	拟建
10		大钦岛海水淡化站	500	SWRO	市政	拟建
11		大黑山岛海水淡化站	500	SWRO	市政	拟建
12		南隍城岛海水淡化站	300	SWRO	市政	拟建
13		北隍城岛海水淡化站	500	SWRO	市政	拟建
14		小黑山岛海水淡化站	200	SWRO	市政	拟建
15		妃母岛化工新材料产业园区海水淡化工程	96000	SWRO	化工、生活	拟建
16	青岛	大唐黄岛电厂三期供热改造配套新增海水淡化项目	5000	SWRO	电力	在建
17		蓝色硅谷即东海水淡化项目	50000	SWRO	市政	拟建
18		董家口钢铁海水淡化项目	200000	SWRO	钢铁	拟建
19	日照	山钢日照钢铁精品基地海水淡化工程	20000	SWRO	钢铁	在建
20			30000	SWRO	钢铁	拟建
21		日照钢铁海水淡化项目	50000	SWRO	钢铁	在建
22			50000	SWRO	钢铁	拟建
23		岚山化工园区海水淡化项目	170000	SWRO	化工	拟建
24	潍坊	滨海中信恩迪海水淡化项目	50000	SWRO	园区	拟建
25		化工园区海水淡化项目	200000	SWRO	园区	拟建

序号	城市	装　置　名　称	规模/（m³/d）	工艺	应用领域	状态
26	滨州	华能沾化热电 2×1000MW 项目海水淡化工程	6640	SWRO	电力	拟建
27		埕口电厂海水淡化项目	40000	SWRO	电力	拟建
28		鲁东石化海水淡化项目	20000	SWRO	石化	拟建
29	东营	大唐东营电厂海水淡化工程	9000	SWRO	电力	在建
30	连云港	澳雅海水淡化工程	100000	SWRO	园区供水	拟建

7.2.3　海水利用重点区域与领域

7.2.3.1　海水利用发展重点

（1）海水直接利用。一是在沿海地区重点行业（如电力、钢铁、石油和化工等行业）大力推广直接利用海水作为原水，替代淡水作为工业用水如冷却水等。要结合沿海高用水行业的节水改造和新建项目，大力推广应用海水直流冷却和循环冷却。这是淮河流域海水利用的重中之重，潜力巨大。二是在有条件的沿海城市，推进海水作为大生活用水（如海水冲厕）。政府要通过法律等有效措施，引导并形成广大用水者自觉利用海水的机制，从根本上改变有条件利用而不利用的现状。

（2）海水淡化。海水淡化水具有洁净、高纯度和供给稳定的特点，是安全可靠的高品位水源，可直接作为饮用水或经处理后作为锅炉补充水或工艺用水。发展重点：①以海水淡化水作为沿海城镇居民用水的重要水源和海岛军民的主要水源，提高沿海城市和海岛军民生活用水的水质和保证率；②以企业为主体生产工业和生活所需的淡化水，特别是生产海水淡化水作为锅炉补水等工业用的高纯水。政府要通过完善海水利用管理法律法规和管理政策、经济手段等，培育海水淡化水市场需求，降低制水成本，使淡化水水价可以与自来水价格相竞争。

7.2.3.2　重点区域与领域布局

受海水利用本身的特点及经济性限制，适宜发展海水利用的范围十分有限，海水利用较为经济合理的应用区域为临海及近海地区。依据淮河流域沿海城市水资源短缺状况，结合区域产业结构、布局和特点，城市经济实力及其未来发展战略，海水利用的基础、条件，因地制宜实施海水利用区域和领域的合理布局，明确建设重点。根据区域水资源的总量分布以及供需平衡分析预测，将海水利用作为解决淡水资源短缺的重要途径之一，确定区域海水利用的布局和发展规模，以增强沿海城市供水的可靠性、安全性和多元化程度，保障沿海地区经济社会良性、可持续发展。淮河流域及山东半岛海水利用重点发展的区域、领域及其布局如下。

7.2.3.2.1　山东省沿海地区

山东省沿海地区由于气候和地域等自然原因，淡水资源严重短缺，城市自来水价格较南方地区高。特别是近些年来干旱频发，沿海新区（经济区）发展快速，尤其是青岛、威海、日照等市 2020 年的缺水率高达近 30%，使山东省沿海地区未来对水资源的潜在需求增大。同时，山东省在海水利用方面的发展起步较早，技术基础较好，发展海水利用潜力巨大。未来山东省将继续是淮河流域海水直接利用、海水淡化利用的重点区域。

围绕山东省沿海地区未来的战略部署，秉承"以需定供、资源最大化利用、节约成本"的原则，拟在青岛、烟台、日照、潍坊、威海、滨州，大力发展大中型规模的海水淡化和海水直接利用。其发展重点是：①在沿海地区电力、化工、石化等行业，大规模推行直接利用海水作为循环冷却等工业用水；②大力发展市政海水淡化工程，逐步纳入供水管网，在电力、石油和化工、钢铁等行业大力发展海水淡化。本着"分质供水、高水高用、低水低用"的原则，将淡化水优先用于对水质要求更高的行业，形成以供给工业用水为主、保障海岛供给、居民生活用水为辅的格局。规划在沿海工业园区建设海水淡化工程 13 个，新增规模 95 万 m^3/d，补充工业生产用水；在沿海缺水城市建设工程 10 个，新增规模 85 万 m^3/d，补充市政供水。到 2020 年，沿海新建、改建、扩建企业锅炉用水积极使用淡化海水，已建企业逐步用淡化海水替代，淡化海水逐步纳入城市供水管网，具备条件的滨海企业循环冷却水尽可能采用海水直流冷却。到 2030 年，淡化海水利用量进一步增加，2030 年前建设新增工程规模 180 余万 m^3/d[88]。

7.2.3.2.2　江苏省沿海地区

与山东省相比，江苏省水网密布，过境客水丰沛，水资源丰富，部分地区存在水质型缺水和季节性缺水问题。随着江苏省沿海开发上升为国家战略，使得这些区域对水资源的潜在需求大幅增加。根据 2020 年、2030 年水资源供需分析，江苏省沿海城市需水缺口不大，现有水资源基本能够满足地区当前及未来发展需要。未来可通过增加过境水利用量、开发再生水等非常规水等途径解决，对海水利用的直接需求不是很迫切。

针对重点区域选择需要考虑的因素，确定江苏省沿海重点发展地区主要为连云港和南通。发展重点是在电力、石油和化工、钢铁等行业大力发展海水直接利用，推广利用海水冲厕，或作为城市消防用水等，以实现淡水资源的有效替代，解决这些地区的水质型缺水和季节性缺水问题。同时，考虑到海水淡化的成本较高，选择一些区域淡水资源匮乏、经济实力强、产业发展水平高的地区，结合当地产业发展和结构调整作出选择。

7.2.3.2.3 海岛

以青岛田横岛、大管岛、小管岛及黄岛区灵山岛、斋堂岛、竹岔岛，烟台市长岛县庙岛、螳螂岛、高山岛、车由岛、小钦岛、喉矶岛、砣矶岛、南长山岛、小黑山岛、大钦岛、大黑山岛、北隍城岛、南隍城岛、养马岛等20个居民较多、经济实力较强、淡水资源匮乏，以及涉及国家海洋权益、具有重要军事战略地位的岛屿为重点，根据发展需要适度发展海水淡化，将淡化海水作为海岛军民的第一水源[88]。加快发展和使用适宜岛屿特点的船载、集装箱式海水淡化装置；因地制宜利用海岛可再生能源，推进新能源与海水淡化耦合技术的应用；同时，积极推广海水冲厕。

淮河流域沿海地区海水利用重点区域与重点领域及其布局详见表7 -18。

7.2.4 重点城市布局分析

7.2.4.1 青岛市

以主城区、西海岸新区、崂山区、蓝色硅谷（简称"蓝谷"）等具备海水利用有利条件的区域为核心，通过积极布局海水直接利用、海水淡化利用，实现海洋经济转型升级，构建"南北贯通、蓄引结合、库河相连、主客联调、海淡互补"的大水网建设工程，有效保障城市供水。

（1）海水直接利用。海水直接利用包括：①在华电青岛发电有限公司、大唐黄岛发电有限责任公司及未来的董家口电厂等滨海电厂继续推广直接利用海水作为原水，替代淡水用作冷却、脱硫用水；②引导青岛市滨海钢铁（如董家口钢铁基地）、石化行业全面应用海水直流冷却和循环冷却；③鼓励沿海有条件的其他企业直接利用海水作为冷却用水；④在青岛市有条件的区域，推进海水作为大生活用水（如海水冲厕）。

（2）海水淡化利用。根据《青岛市海水淡化矿化规划（2017—2030年）》，青岛市海水淡化利用将分"三步走"。按照水源建设适度超前的原则，青岛市规划至 2020 年全市海水淡化厂达到 10 座，总规模 52 万 m³/d；2030 年全市海水淡化厂达到 13 座，总规模 90 万 m³/d。海水淡化水能力占城市供水能力的比例将由目前的 15.5％提高到 27％。此外，坚持规划先行的同时，明确了在蓝色硅谷、红岛经济区、西海岸新区等率先布局并加快实施海水淡化[89]。

表7-18　淮河流域沿海地区海水利用重点区域与重点领域及其布局

重点区域		重点领域	布　局	
			海　水　淡　化	海水直接利用
青岛市	黄岛西海岸新区	钢铁、石油、化工、热电联产	至2030年海水淡化总量达47万 m³/d，其典型工程如下： (1)扩大董家口海水淡化厂供水规模和范围，工程规模10万 m³/d，已外供青钢厂2万 m³/d。 (2)新建华能青港海水淡化工程、工业用。 (3)新建琅琊港海水淡化厂，规模5万 m³/d。 (4)扩建大唐黄岛发电厂海水淡化厂，规模10万 m³/d，除电厂自用外接入市政管网	(1)在青岛电厂、黄岛电厂四期、董家口临港产业园热电厂等滨海电厂继续推广海水直流冷却，替代淡水用作原水，脱硫用水。 (2)引导青岛市滨海产业全面应用海水直接冷却利用海水作为原水。 (3)鼓励沿海有条件的其他企业直接利用海水作为冷却用水。 (4)在青岛沿海有条件的商业区、住宅区推进海水作为大生活用水。
	市内三区、崂山区、即墨市	市政	(1)市内三区，以百发海水淡化厂为依托扩展：①新百发海水淡化海水原水泵房一座，建设规模10万 m³/d；②建百发海水淡化厂，二期规模10万 m³/d，扩展后总规模20万 m³/d。 (2)崂山区。新建王哥庄海水淡化厂，规模15万 m³/d。 (3)即墨市。目前在进行设备招标采购。新建即墨东部海水淡化厂，2017年项目开工，规模4万 m³/d，建成后新增城市供水规模1460万 m³	
	海岛	市政	在即墨田横岛、大管岛、小管岛、及黄岛区灵山岛、斋堂岛、竹岔岛等建设中小型淡化厂，满足居民用水	
日照市	岚山工业园区	钢铁、电力、石化、浆纸	(1)建设日钢10万 m³/d（Ⅰ期2万 m³/d在建）海水淡化项目。 (2)沿海工业园区，如岚山石化园区，将岚山石化淡化海水作为园区市政供水。 (3)结合日照电厂、岚山电厂建设，重点发展热电联产海水综合循环利用示范工程	(1)重点推动日照精品钢基地、山东钢铁基地、日照华能电厂、临港石化产业聚集区等一批高耗水企业的海水冷却利用应用。 (2)完善和新建一批以海水为主的工业用海水冷却示范工程。 (3)结合滨海小区建设，打造大生活用水海水示范小区，开展海水冲厕和洗涤项目

续表

重点区域	重点领域	布局	
		海水淡化	海水直接利用
烟台市 东海工业园区、沁水韩国工业园、万华化学工业园	电力、化工	(1) 牟平区。沁水韩国工业园海水淡化工程已被列入山东省规划，用以补充工业生产用水。 (2) 开发区。华能烟台八角电厂 2×600MW 项目配套海水淡化，工程规模 2 万 m³/d。 (3) 龙口市。①南山铝业海水淡化项目，规模 33000m³/d，为东海热电及航材园提供生产、生活及消防用水。②南山集团海水淡化，规模 9.6 万 m³/d，用于妇母岛化工园区生产，生活并兼顾周边。③百年电力四期、五期热电联产配套海水淡化工程。 (4) 海阳市。海阳核电海水淡化，总规模 4×1.68 万 m³/d，分两期安装，2016 年建成 1.68 万 m³/d。 (5) 莱州市。华电莱州电厂二期 2×1000MW 海水淡化，规模 5 万 m³/d，用作工业循环水等。7200m³/d (6) 蓬莱市。万华工业园区海水淡化，规模 5 万 m³/d，用作工业循环水，锅炉补水、2.4 万 m³/d 在建。	(1) 在电力、化工等重点行业推广应用海水直流冷却、循环冷却、海水脱硫。 (2) 华能烟台八角电厂 2×670MW 项目配套海水冷却和脱硫装置，规划规模 1.92 万 m³/d（冬）、1.35 万 m³/d（夏）、在建中。 (3) 海阳核电三期工程配套海水冷却。电厂规划建设 6 台百万千瓦级压水堆机组，留有两台扩建工程，三期工程总装机容量 870 万 kW。海水利用量为 342m³/s。 (4) 万华化学工业园配套装置汽轮机冷却约 30 万 m³/d，用于全系分装置汽轮机冷却
长岛县	生态保护、旅游、市政	(1) 新建庙岛、螳螂岛、高山岛、小黑山岛、大钦岛、车由岛、小钦岛、喉机岛、砣机岛、南长山岛、北长山岛、北隍城岛、南隍城岛、养马岛等 14 个海岛海水淡化工程，新增规模 1 万余 m³/d。 (2) 升级改造烟台长岛县基本岛 I 期、砣机岛 I 期、大钦岛海水淡化工程，总规模 1400m³/d	

续表

重点区域		重点领域	布局	
			海水淡化	海水直接利用
威海市	荣成市	核电、钢铁、石化	(1)荣成核电配套产业园20万 m³/d 海水淡化工程,主要用于补充市政供水。(2)荣成钢铁、镆铘岛大型石化基地项目配套海水淡化工程	荣成钢铁、镆铘岛大型石化基地、石岛湾核电配套海水冷却、脱硫装置
	文登市	石化	南海新区大型石化基地项目配套海水淡化装置	南海新区大型石化基地项目配套海水冷却装置
	乳山市	核电	乳山红石顶核电建设海水淡化厂	乳山红石顶核电建设海水冷却装置
滨州市	鲁北高新技术开发区		鲁北高新技术开发区海水淡化工程	
潍坊市	滨海经济开发区	市政	建设潍坊清源水源水处理有限公司5万 m³/d 海水淡化工程、中信恩迪(北京)水处理技术有限公司海水淡化项目	
连云港市	徐圩板桥组团	石化、钢铁	盛虹石化配套建设海水淡化工程	在徐圩新区千万吨级大型钢铁基地、大型石化产业基地、建设海水冷却装置
	灌河组团	化工、火电	化学工业园、燕尾港发电厂4×100万 kW 超超临界发电项目配套海水淡化工程	化学工业园、燕尾港发电厂4×100万 kW 超超临界发电、海水冷却、海水脱硫
	经济技术开发区	核电、火电	田湾核电二期、三期4台百万千瓦级、新海发电2×100万 kW、6×39万 kW 热电联产配套海水淡化工程	田湾核电4台百万千瓦级、新海发电2×100万 kW、6×39万 kW 配套海水冷却、脱硫

1）作为工业用水直供企业。广泛用于锅炉补给水、循环冷却水等工业用高纯水和工艺用水，降低企业的水处理成本。重点推行发电、热电、化工、钢铁等行业以及海水淡化厂周边企业单位使用海水淡化水替代自来水。实施青岛董家口经济区海水淡化厂、华能青岛电厂董家口海水淡化工程、大唐黄岛发电有限责任公司海水淡化工程等，重点推进海水淡化水直供工业企业。

2）在即墨市田横岛、大管岛、小管岛，及黄岛区灵山岛、斋堂岛、竹岔岛建设海水淡化工程，将海水淡化水作为相关海岛供水的第一水源。

3）作为市政供水的调蓄、补充和水质提升的重要水源。将淡化海水与自来水掺混，增加自来水出水量，提升出水水质。掺混后的出厂水进入市政供水管网，作为城市供水的重要来源之一。充分利用百发海水淡化厂作为青岛市政供水的重要补充水源，发挥并提高海水淡化水对城市水资源的贡献率。

4）作为城市战略储备用水。将海水淡化水作为黄岛区、红岛区、琅琊港城、董家口相关区域的补充（备用）水源，实施青岛蓝谷海水淡化厂、崂山区王哥庄海水淡化厂、青岛百发海水淡化厂、黄岛灵山卫海水淡化厂、黄岛古镇口海水淡化厂。

7.2.4.2　日照市

大力发展海水利用，对缓解当代水资源短缺、供需矛盾日益突出和环境污染日益严重等系列重大问题具有深远的战略意义。日照市将积极推进海水利用，重点发展海水直接利用和海水淡化技术，同时大力鼓励海水利用设备研发制造。

（1）海水直接利用。加强海水直接利用，在工业用海水方面，重点推动山东钢铁集团有限公司日照钢铁精品基地项目、华能国际电力股份有限公司日照电厂、临港石化产业聚集区等一批高耗水企业的海水冷却与脱硫应用，完善和新建一批以海水直接冷却为主的工业用海水示范工程。在大生活用海水方面，结合日照市滨海小区建设，打造大生活用海水示范小区，开展利用海水冲厕和洗涤项目，为新建滨海居民区大生活用海水提供示范。

（2）海水淡化利用。山东钢铁集团有限公司日照钢铁精品基地项目、日照岚桥集团石化有限公司、日照市山东石大科技石化有限公司等可以考虑将海水淡化水作为锅炉用水和补给水；对于沿海新建的工业园区，可以将淡化水作为园区的市政供水，将淡化水纳入区域水资源统一配置，提高供水保证率。同时结合华能国际电力股份有限公司日照电厂和日照市岚山电厂建设，重点发展热电联产海水淡化技术，建设海水综合循环利用示范工程，逐步扩大海水利用规模。

7.2.4.3 烟台市

从烟台市的水源状况来看，随着南水北调东线工程、胶东调水工程的建成投运，烟台市基本构筑起当地水与外调水"双水源"供水水源保障体系。海水淡化作为当地重要补充水源，其开发利用前景仍十分广阔，可在一些高耗水行业，如钢铁、纺织、电力、煤炭等新上工业项目，大力发展海水直接利用，同时加强海水淡化，替代或补充淡水资源，提高区域供水保障水平。

（1）海水直接利用。在电力、化工等重点行业推广应用海水直流冷却和循环冷却技术。加快推广海水脱硫技术，逐步扩大生活使用海水范围。规划建设华能烟台八角热电有限公司"上大压小"$2×670MW$项目配套海水冷却和脱硫工程（2万m^3/d），海阳核电海水冷却工程（$342m^3/s$），万华工业园直流冷却（30万m^3/d）工程[90]。

（2）海水淡化利用。烟台海水淡化利用主要布局在工业园区应用，以及海岛供水两方面。在工业应用领域，依托东海工业园区、沁水韩国工业园、妃母岛化工新材料产业园区、万华工业园，海阳核电、华能烟台八角热电有限公司、华电龙口发电股份有限公司Ⅳ期$2×660MW$扩建项目、华电莱州发电有限公司Ⅱ期$2×1000MW$发电机组等电力工程，以及山东南山铝业股份有限公司等，配套建设海水淡化工程，以弥补跨流域调水、蓄水、开采地下水等传统手段的不足。海岛供水领域，规划在长岛县新建庙岛、螳螂岛、高山岛、车由岛、小钦岛、喉矶岛、砣矶岛、南长山岛、小黑山岛、大钦岛、大黑山岛、北隍城岛、南隍城岛、养马岛14个海岛海水淡化工程，并完成烟台长岛县本岛Ⅰ期、砣矶岛、大钦岛海水淡化站升级改造工程，总规模$1400m^3/d$，以解决驻岛军民及旅游业用水需求。

7.2.4.4 威海市

（1）海水直接利用。在荣成钢铁厂，可使用海水作为钢铁生产中的循环冷却水，还可用于海水脱硫，替代新鲜淡水。另外在荣成石化产业区，海水直接利用可用于石化行业中的直流冷却和循环冷却。此外，荣成核电、乳山核电项目也可大量利用海水作为冷却用水。

（2）海水淡化利用。荣成的石化企业，华能山东石岛湾核电厂（高温气冷堆核电站示范工程200MW，6台百万千瓦级压水堆核电机组），及规划中的乳山红石顶核电项目，可使用海水淡化水作为锅炉补给水；沿海新建工业园区，也可将淡化水作为园区的市政供水。此外，依托荣成核电配套产业园平台，利用核供热堆产生的热能，现正规划建设热膜耦合海水淡化工程。工程设计规模20万m^3/d，目前处于论证阶段，计划于2019年开工建设。项目建成后，既可满足增加城市淡水供应的需求，又可发电、制冷、供汽、供热，解决周边片区的生活需求。

7.2.4.5　潍坊市

（1）海水直接利用。在北部沿海，包括寒亭、寿光、昌邑三个行政区与滨海经济开发区的电力和化工企业，如山东潍坊海天集团、山东海化集团有限公司、神华国华寿光电厂Ⅰ期工程（2×1000MW）"上大压小"，及规划新建的神华国华寿光电厂Ⅱ期工程（2×1000MW）、钢铁厂等，推行直接利用海水冷却。此外，还可用于电厂烟气脱硫，替代新鲜淡水。

（2）海水淡化利用。一方面，对于沿海新建的工业园区，如滨海经济开发区、化工园区，推行海水淡化，为园区集中供给工业、市政用水；另一方面，对于现有及规划新建工业企业，尤其是神华国华寿光电厂、钢铁厂，建设配套海水淡化工程，以保障工厂供水和正常运行。

7.2.4.6　连云港市

（1）海水直接利用：①在田湾核电续建工程、新海发电公司 2×100 万 kW 超超临界发电项目 6×39 万 kW 燃气热电联产项目、灌云县燕尾港发电厂 4×100 万 kW 超超临界发电项目等滨海电厂推广直接利用海水作为原水，替代淡水用作冷却、脱硫用水；②引导连云港市滨海钢铁（如徐圩新区精品钢基地、镔鑫特钢和兴鑫钢铁）、石化行业（如盛虹石化）全面应用海水直流冷却和循环冷却；③鼓励沿海有条件的其他企业直接利用海水作为冷却用水。

（2）海水淡化：①徐圩新区精品钢基地，以及滨海电力、石化等重点行业的锅炉用水可利用淡化海水；②以海水淡化水作为海岛供水的第一水源。

第 8 章

结论与建议

基于上述工作，要通过合理发展海水利用，实现水资源结构调整，保障淮河流域及山东半岛经济社会可持续发展，需要从行政管理、技术创新、优惠政策、宣传教育、价格杠杆等方面，出台一些促进海水利用的保障措施。

8.1 主要结论

课题组在问卷调查、典型城市现场调研、资料收集分析和文献整理的基础上，开展了国内海水利用现状分析及经验总结；以研究区内 10 个重要地市为重点，对各地区的现状供用水情况、用水水平、海水利用等进行了评价，梳理了研究区水资源及海水利用存在的主要问题；以 2015 年为现状年，开展了 10 个重要地市 2020 年、2030 年需水量预测，并进行了供需平衡分析；结合海水利用和水资源综合利用等相关规划，针对研究区提出了海水利用总体目标及布局，形成主要结论如下。

（1）国内海水利用得到了各级政府的高度重视，近年来发展迅速，主要用于解决沿海地区高耗水行业工业用水和部分生活用水，有效缓解了水资源紧缺形势。

海水利用作为一种解决水资源短缺问题的有效途径，得到了中央和沿海地方各级政府的高度重视，在多部法规政策以及有关规划中明确提出对沿海地区鼓励和支持海水利用，节约水资源。目前主要利用方式包括以海水冷却、大生活海水利用等为主的直接利用和海水淡化。直接利用以海水冷却为主，用于沿海火核电、石化、钢铁等行业，年利用海水量稳步增长，节水效果显著。海水淡化分布于全国沿海 9 个省（直辖市），其中以天津、河北、山东及浙江的产能最大，主要用于电力、石油和化工及钢铁等高耗水行业，以及部分市政供水，近年来供水量增长迅速。

（2）研究区内海水利用集中在山东半岛沿海地区，用于工业用水和市政供水，近年来建设规模不断扩大，仍以"点对点"供水模式为主，对缓解供用水紧张形势、保障经济社会发展发挥了重要作用。

淮河流域 9 个主要沿海城市均有海水冷却工程分布，截至 2015 年年底已建海水直接利用工程 28 处，年利用规模 138.46 亿 m^3，主要用于火电、核电、化工、钢铁等行业用水。海水淡化方面，截至 2015 年 12 月，淮河流域仅青岛、烟台、威海、潍坊、盐城 5 个城市建有海水淡化利用工程，工程数量共计 31 个，淡化利用能力 16.73 万 m^3/d，约占全国总量的 19.4%，其用途主要为工业用水和市政用水，大大缓解了山东半岛沿海地区用水紧张问题，对地区促进节约用水、提高供水保证率、支撑经济社会发展发挥了重要作用。为了更好地利用海水，沿海各地区还出台了各项措施，多项规划、多部政策均支持沿海地区鼓励和支持海水利用。

（3）研究区各级有关部门结合域内水资源条件和供需形势，综合采用市场、行政、经济等手段积极推动海水利用，但因供水成本、政策落地、资金保障等问题，制约海水利用效益发挥。

随着淮河流域海水利用规模的不断扩大，应用水平稳步提升，政府相关部门也积累了一定的管理经验。淮委及辖区内地方各级政府十分重视海水利用，综合规划将海水利用纳入水资源统一配置，安排了重大水资源配置工程；逐步形成以中央和有关部门出台的规划和政策为核心的政策体系，各地进一步理顺管理体制，推进工程建设，不断加大海水利用；以水资源高效利用为核心，严格取水许可审批，按照国家有关要求，对沿海有条件的新建工业项目，特别是钢铁、石油和化工、电力等高耗水项目，以海水作为工业用水优先考虑，合理开发利用淡水资源。作为淡水资源的有效补充，充分结合工业园区建设，发挥供水规模效应。虽然淮河流域海水利用取得了长足进步，但因成本高企、管理体系不健全、政策落地困难、国家扶持不到位、民众对水质认知差异以及资金投入不足等问题，影响海水利用在本地区的规模使用。

（4）研究区本地水资源十分紧缺，域外调水成为缓解本地区水资源供需紧张矛盾的重要途径。域内两省沿海各地的用水水平和节水水平相对较高，仍具有一定节水潜力。

通过对淮河流域沿海地区 10 座城市的经济社会发展和水资源情况分析可知，江苏境内水资源条件相对较好，本地水资源虽然紧缺，但过境水和外调水却十分丰富，而山东沿海地区，因地理位置等因素，本地水资源十分匮乏，加之黄河水量近年来出现衰减，外调水源供水量有限，严重制约本地区经济社会可持续发展。就用水水平，研究区内山东省各地市水平相对好于江苏省沿海地市，尤其是农田亩均灌溉水量以及万元工业增加值用水量等指标，山东省各地市水平明显高于江苏省内地市，主要原因是因水资源匮乏倒逼节水型社会建设加快推进，贯彻落实最严格水资源管理制度，实施灌区节水改造，强化工业产业结构升级。

（5）结合区域发展战略、水资源条件，对 2020 年、2030 年域内沿海进行了水资源供需平衡分析，未来山东沿海地区缺水较为严重。

水资源需求以 2015 年为现状年，结合"十三五"国民经济和社会发展纲要、山东省水资源综合利用中长期规划、江苏省水资源综合规划、江苏省水中长期供求规划等，合理分析了各市 2020 年、2030 年需水量和可供水量，并对各地进行了供需平衡分析。总体上，研究区内山东省缺水较为严重，尤其是青岛市等水资源供需更为紧张。江苏省内江水北调工程以及相关配套工程体系进一步完善，供水量不断加大，同时部分地市过境水量丰富，可有效保障经济社会用水。山东省沿海地市经济社会发展较好，用水刚性需求不断增加，同时节水潜力相对有限，加之本地水资源十分匮乏，引黄工程和引江工程供水较为有限，2030 年区域供水十分紧张。

（6）综合域内沿海各地缺水形势，海水利用应重点布局在青岛、日照、烟台、威海、潍坊和连云港，近期应优先用于工业冷却、脱硫以及淡化后锅炉补水、工业园区供水等，远期实现市政供水。

1）海水直接利用和海水淡化利用应重点布局在山东省的青岛、日照、烟台、威海、潍坊和江苏省的连云港 6 座城市。山东省的东营市和滨州市依傍黄河，未来水资源缺口通过抑制不合理用水需求，提高用水效率，适当加大外流域调水解决。沿海地区工业发展可通过加大海水直接利用和再生水解决。江苏省的盐城市和南通市，由于地处降水条件相对丰沛的地区，平原河网水系发达，江水北调工程供水和过境水丰富，未来解决区域水资源短缺问题的重点应放在过境水开发利用、再生水及雨洪资源等非常规水资源开发领域，海水直接利用和海水淡化的需求存在，但对规模化生产的要求不高。而山东省的青岛、日照、烟台、威海、潍坊和江苏省的连云港 6 座城市，由于受地理位置、降水条件以及区域水资源条件等影响，本地水资源十分有限，而且开发利用程度相对较高，同时随着节水水平和用水效率的不断提高，区域进一步节水挖潜的可能性不大。为保障区域经济社会发展和国家蓝色经济发展战略的实施，海水直接利用和海水淡化利用应作为区域供水的重要补充水源，进一步提高供水保证率，促进经济社会可持续发展。

2）海水直接利用和海水淡化近期应优先用于工业冷却、脱硫以及淡化后锅炉补水、海岛零星供水、工业园区供水等，远期随着技术发展和认识水平的提高，再逐步推广到市政供水。针对 6 座城市缺水的实际，近期将石油和化工、钢铁、火电、核电等高耗水行业项目作为海水直接利用和海水淡化应用的重点。结合工业园区布局，重点布设海水淡化厂、海水直接利用工程等，大大缓解当地水资源紧缺形势。

8.2　对策和建议

8.2.1　对策

（1）加快理顺海水利用管理体制，实现高效、统一管理。发改、海洋、水利等国家有关部门加快建立完善部际协调机制，进一步理顺海水利用管理体制，将区域海水利用及其他非常规水源纳入水资源统一管理，确定海水利用在国家水资源配置及沿海经济社会发展中的战略地位，实现统一配置、统一调度，进一步促进水资源合理开发、优化配置、高效利用、全面节约和有效保护，充分发挥海水利用综合效益，提高区域供水保证率，保障国家水安全战略。

（2）建立长效稳定的水资源管理投入机制，形成与实行最严格水资源管理制度相适应的海水利用管理能力。在统筹考虑地区经济发展与缺水问题和以降低能耗与新型低碳能源相结合，在逐步解决政策与投资，需求与发展和高水高用等问题的基础上，合理有序地推动淮河流域沿海地区的海水利用。加大各级政府对海水利用的扶持力度，从源头落实海水利用各项政策措施，加大对已建在用和在建、拟建的海水利用工程的扶持力度，进行不同程度不同形式不同比例的投资扶持、建设扶助和运行补助等，破除当前海水利用水源工程财政投资不足的问题。

（3）出台相关指导意见，进一步加强海水利用管理。海水利用作为水资源开发利用的有效补充，从节约用水和保护水资源的角度，出台海水利用指导意见，把海水利用与严格取水许可审批和水资源论证结合。在沿海地区，禁止限制高耗水行业取用淡水资源的用水量，严格要求电力、钢铁、石化等高耗水企业优先考虑包括海水在内的非常规水源；对于新建或改建的工业园区，应以"海水利用链"为核心布局园内企业，优化园区产业布局，对于改建、扩建或新建工业用水项目，引导高耗水企业主动使用海水。

（4）建立健全海水开发利用技术体系。编制全国备用水源地建设实施方案中海水利用的规范，制定备用水源管理的海水利用相关要求和标准，指导各地加强海水淡化作为备用水源建设。在国家安全和可持续发展的前提下，积极探索将海水利用作为战略水资源和补充水资源的技术储备途径和办法，研究将海水淡化水资源纳入市政管网，保证淡化海水满足生活饮用水各项指标要求。面向海水利用的实际需求，强化对海水利用等非常规水源的技术支撑能力，应充分利用高校院所、科研机构等的研究成果、人才和技术优势，搭建海水利用等非常规水源开发利用科技联合平台，为海水利用发展提供服务和科技支撑，解决生产中的实际问题，形成发展合力，满足海水利用技术长兴和产业发展的需要。

8.2.2 建议

（1）加强顶层设计、统筹兼顾、全面规划淮河流域海水利用。海水利用规划是一项系统工程，涉及方方面面，必须强化顶层设计，尽早全面规划。针对淮河流域沿海地区和水资源时空格局，依据《全国海洋经济发展"十三五"规划》《全国海水利用"十三五"规划》《淮河流域及山东半岛水资源综合规划》等，早日启动海水利用规划编制工作。规划以中共十九大报告关于绿色发展、建设海洋强国，推进生态文明建设等为指导，以加快海水利用，提高区域供水安全为目标，明确区内海水开发利用的总体目标和阶段实施目标，提出开发利用海水的工作重点和保障措施，积极开展工程布局，确定优先发展的重点地区和重点工程，制定相关政策措施，并将其纳入淮河流域相关规划，指导各地加大海水开发利用。

（2）在淮河流域沿海地区积极开展示范建设。鉴于海水利用的重要性和现阶段各种条件的限制性，建议先行推动小范围的项目实践。开展产业试点，加大海水淡化水应用和推广力度。统筹考虑水资源供需状况，选择适宜地区，开展海水淡化利用与配置示范，统筹考虑区域常规水资源和非常规水资源，将水资源配置工程、水处理工程、输配水工程建设统一规划、建设和运行管理。建立纳入区域水务运营一体化体系的海水淡化示范项目。探索建设运营模式，运用补贴等各种相关政策手段，为建立适应淡化水发展的水利管理制度和政策体系累积经验。

（3）建议地方政府加大政策扶持力度，强化科研投入、技术创新，建立技术革新机制与公共创新平台。充分发挥价格杠杆作用，积极推进水价综合改革，形成良性的海水利用价格体系，实现"供水有利，卖水有赚，买水有惠"的良好局势。充分发挥大数据、大资金优势，针对淮河流域及山东半岛海域水质情况，结合区域节水型社会建设、"十三五"水资源"双控"行动、全民节水行动等，联合地方政府和区内各用水企业，建立联创机制，开展适合流域的环保、节能、高效的海水淡化技术、工艺的推广应用；积极开展工程示范，促进技术成果转化，以降低成本，提升国内企业的竞争力，提高装置与工程的国产化率。

（4）建议加大科普宣传力度，扩大海水利用宣传。积极推动公众参与节水与水资源保护的认知度，进一步提高全社会，尤其是用水企业对海水利用重要

意义的认识。加强海水利用工程示范建设，建立海水利用开放中心，鼓励民众免费参观和品尝海水淡化水，打消人们对淡化海水饮用安全的顾虑，在观念上牢固树立海水利用的安全性。

（5）建议继续深化开展淮河流域及山东半岛再生水、雨洪水等非常规水源开发利用项目，保持非常规水源利用相关工作的延续性。作为保障区域水安全问题的战略举措之一，将非常规水源利用看作一项系统工程，以习近平新时代中国特色社会主义思想为指引，坚持"节水优先"，综合施策，进一步联合各地深入非常规水源开发利用有关工作，形成系统、全面、可操作的区域非常规水源利用方案，促进流域非常规水源与常规水资源的统一配置、统一调度，推进水资源全面节约、高效利用、有效保护和科学管理，提升区域水资源开发利用水平，为全面实施国家节水行动、推进节水型社会建设、建设美丽中国提供一定支撑。

附录 A　我国海水利用主要通用标准详情表

序号	标准号	标准名称	发布部门	发布日期	实施日期	起草单位	适用范围
1	GB 3097—1997	海水水质标准	国家环境保护局	1997-12-3	1998-7-1	国家海洋局第三研究所	本标准规定了海域各类使用功能的水质要求。本标准适用于中华人民共和国管辖的海域
2	GB/T 30070—2013	海水输送用合金无缝钢管	国家质量监督检验检疫总局、国家标准化管理委员会	2013-12-17	2014-9-1	攀钢集团成都钢钒有限公司、衡阳华菱钢管有限公司	本标准规定了海水输送用合金无缝钢管的分类、代号、尺寸、外形、重量、技术要求、包装、试验方法、检验规则、标志和质量证明书。本标准适用于海水输送用合金无缝钢管
3	GB/T 22413—2008	海水综合利用工程环境影响评价技术导则	国家质量监督检验检疫总局、国家标准化管理委员会	2008-10-20	2009-5-1	国家海洋环境监测中心	本标准规定了海水综合利用工程建设项目环境影响评价的原则、主要内容、工作程序和要求。本标准适用于在中华人民共和国管辖海域内从事海水综合利用工程建设项目的环境影响评价工作

续表

序号	标 准 号	标准名称	发布部门	发布日期	实施日期	起草单位	适 用 范 围
4	GB 18486—2001	污水海洋处置工程污染控制标准	国家环境保护总局，国家质量监督检验检疫总局	2001-11-12	2002-1-1	国家环境保护总局	本标准规定了污水海洋处置工程主要水污染物的排放浓度限值、初始稀释度、混合区范围及其他一般规定。本标准适用于水下扩散器向海域或排放管向海域排放概率大于5‰的河口水域排污水（不包括温排水）的一切污水海洋处置工程
5	HY/T 129—2010	海水综合利用工程废水排放海域水质影响评价方法	国家海洋局	2010-2-10	2010-3-1	国家海洋环境监测中心	本标准规定了海水综合利用工程废水排放海域水质影响评价的主要内容、技术要求和评价方法。本标准适用于在中华人民共和国管辖海域内从事海水综合利用工程废水排放海域的水质影响评价工作

附录 B 我国海水冷却主要标准详情表

序号	标 准 号	标准名称	发布部门	发布日期	实施日期	起草单位	适 用 范 围
1	GB/T 23248—2009	海水循环冷却水处理设计规范	国家质量监督检验检疫总局，国家标准化管理委员会	2009－3－11	2009－11－1	国家海洋局天津海水淡化与综合利用研究所，天津海水循环化工集团规划设计院	本标准规定了海水循环冷却水处理中设计一般要求、海水补充水处理、海水循环冷却水处理和检测监测与控制等的设计要求与方法。本标准适用于以海水作为补充水的新建、扩建、改建工程的海水循环冷却水处理设计
2	GB/T 16166—2013	滨海电厂海水冷却水系统牺牲阳极阴极保护	国家质量监督检验检疫总局，国家标准化管理委员会	2013－11－27	2014－5－1	中国船舶重工集团公司第七二五研究所、青岛双瑞海洋环境工程股份有限公司、中国核电工程有限公司，华东电力设计院，华北电力设计院，沈阳电力机械总厂	本标准规定了滨海电厂海水冷却水系统在海水和土壤环境中牺牲阳极阴极保护的设计准则、安装、更换、保护效果检测及验收等。本标准适用于滨海电厂海水冷却水系统牺牲阳极阴极保护。对滨海其他化工厂、河口电厂和高电导率地下水地区的内陆电厂冷却水系统牺牲阳极阴极保护亦可参照使用

续表

序号	标 准 号	标准名称	发布部门	发布日期	实施日期	起草单位	适 用 范 围
3	GB/T 31404—2015	核电站海水循环环系统防腐蚀作业技术规范	国家质量监督检验检疫总局、国家标准化管理委员会	2015-5-15	2015-10-1	苏州热工研究院有限公司、阿克苏诺贝尔防护涂料（苏州）有限公司、北京碧海舟防护工业股份有限公司、中国工业防腐蚀技术协会、浙江永固为华涂料有限公司等	本标准规定了核电站海水循环系统防腐蚀作业的总则、涂层、阴极保护和监测等技术要求。本标准适用于滨海核电厂海水循环系统的防腐蚀作业
4	GB/T 33584.1—2017	海水冷却水质要求及分析检测方法 第1部分：钙、镁离子的测定	国家质量监督检验检疫总局、国家标准化管理委员会	2017-5-12	2017-12-1	国家海洋局天津海水淡化与综合利用研究所、浙江国华浙能发电有限公司	本部分规定了海水冷却水质要求和采用EDTA络合滴定法测定海水中钙、镁离子含量的方法。本部分适用于海水冷却水中钙含量200～1000mg/L、镁含量800～3200mg/L的测定
5	GB/T 33584.2—2017	海水冷却水质要求及分析检测方法 第2部分：锌的测定	国家质量监督检验检疫总局、国家标准化管理委员会	2017-5-12	2017-12-1	国家海洋局天津海水淡化与综合利用研究所、国家海水及苦咸水利用产品质量监督检验中心	本部分规定了海水冷却水质要求和采用分光光度法测定海水冷却水中锌的方法。本部分适用于海水冷却水中锌含量在0.2～5.0mg/L的测定

续表

序号	标 准 号	标准名称	发布部门	发布日期	实施日期	起草单位	适 用 范 围
6	GB/T 33584.3—2017	海水冷却水质要求及分析检测方法 第3部分：氯化物的测定	国家质量监督检验检疫总局、国家标准化管理委员会	2017-5-12	2017-12-1	国家海洋局天津海水淡化与综合利用研究所、浙江国华浙能发电有限公司、天津市塘沽海防腐技术开发公司	本部分规定了海水冷却水质要求和采用硝酸银容量法测定海水冷却水中氯化物的方法。本部分适用于海水冷却水中氯化物含量在10000～42000mg/L的测定
7	GB/T 33584.4—2017	海水冷却水质要求及分析检测方法 第4部分：硫酸盐的测定	国家质量监督检验检疫总局、国家标准化管理委员会	2017-5-12	2017-12-1	国家海洋局天津海水淡化与综合利用研究所	本部分规定了海水冷却水质要求和采用分光光度计比浊法测定海水冷却水中硫酸盐含量的方法。本部分适用于海水冷却水中硫酸盐含量在1000～6000 mg/L（以 SO_4^{2-} 计）的测定
8	GB/T 33584.5—2017	海水冷却水质要求及分析检测方法 第5部分：溶解固形物的测定	国家质量监督检验检疫总局、国家标准化管理委员会	2017-5-12	2017-12-1	国家海洋局天津海水淡化与综合利用研究所、浙江国华浙能发电有限公司	本部分规定了海水冷却水质要求和采用重量法测定海水冷却水中溶解固形物的方法。本部分适用于海水冷却水中溶解固形物含量在10～100g/L的测定

续表

序　号	标　准　号	标准名称	发布部门	发布日期	实施日期	起草单位	适　用　范　围
9	GB/T 33584.6—2017	海水冷却水质要求及分析检测方法 第 6 部分：异养菌的测定	国家质量监督检验检疫总局，国家标准化管理委员会	2017－5－12	2017－12－1	国家海洋局天津海水淡化与综合利用研究所，浙江国华浙能发电有限公司	本部分规定了海水冷却水质要求和采用平皿计数法测定海水冷却水中异养菌的方法原理、试剂与材料、仪器与设备、分析测定、菌落计数、菌落总数的计算和报告方式。本部分适用于海水冷却水中异养菌的测定，也适用于原海水中异养菌的测定
10	GB/T 34550.1—2017	海水冷却水处理药剂性能评价方法 第 1 部分：缓蚀性能的测定	国家质量监督检验检疫总局，国家标准化管理委员会	2017－9－29	2018－1－1	国家海洋局天津海水淡化与综合利用研究所	GB/T 34550 的本部分规定了水处理药剂抑制冷却海水中金属材料腐蚀的缓蚀性能测定方法。本部分适用于海水处理药剂抑制冷却海水中金属材料均匀腐蚀的缓蚀性能测定
11	GB/T 34550.2—2017	海水冷却水处理药剂性能评价方法 第 2 部分：阻垢性能的测定	国家质量监督检验检疫总局，国家标准化管理委员会	2017－9－29	2018－1－1	国家海洋局天津海水淡化与综合利用研究所，天津市塘沽中海防腐技术开发公司，天津国投津能发电有限公司	GB/T 34550 的本部分规定了水处理药剂抑制冷却海水中碳酸钙析出的阻垢性能测定方法。本部分适用于海水处理药剂抑制冷却海水中碳酸钙垢析出的阻垢性能测定及评价

续表

序号	标准号	标准名称	发布部门	发布日期	实施日期	起草单位	适用范围
12	GB/T 34550.3—2017	海水冷却水处理药剂性能评价方法 第3部分：菌藻抑制性能的测定	国家质量监督检验检疫总局，国家标准化管理委员会	2017-9-29	2018-1-1	国家海洋局天津海水淡化与综合利用研究所，浙江国华浙能发电有限公司	本部分规定了海水冷却水处理药剂菌藻抑制性能的测定方法。本部分适用于海水冷却水处理药剂菌藻抑制性能的测定
13	GB/T 34550.4—2017	海水冷却水处理药剂性能评价方法 第4部分：动态模拟试验	国家质量监督检验检疫总局，国家标准化管理委员会	2017-9-29	2018-1-1	国家海洋局	本部分规定了海水循环冷却水动态模拟试验测定海水冷却水处理药剂缓垢、阻垢、菌藻抑制性能的试验方法
14	GB/T 19229.3—2012	燃煤烟气脱硫设备 第3部分：燃煤烟气海水脱硫设备	国家质量监督检验检疫总局，国家标准化管理委员会	2012-11-5	2013-6-1	北京博奇电力科技有限公司，浙江大学热能工程研究所，机械科学研究总院，北京龙源环保工程有限公司等	GB/T 19229 的本部分规定了燃煤烟气海水脱硫设备的术语和定义、工艺系统、技术要求、检验验收、标牌、标志、包装、运输和贮存等内容。本部分适用于新建、扩建和改建燃煤火电厂锅炉或供热锅炉同期建建设或已建锅炉海水脱硫工程所采用的设备。其他行业的燃煤、燃油、燃气锅炉烟气海水脱硫措施时可以参考执行

续表

序号	标准号	标准名称	发布部门	发布日期	实施日期	起草单位	适用范围
15	HY/T 187.1—2015	海水循环冷却系统设计规范 第1部分：取水技术要求	国家海洋局	2015－7－30	2015－10－1	国家海洋局天津海水淡化与综合利用研究所	本部分规定了海水循环冷却系统取水工程设计的技术要求。本部分适用于新建、改建和扩建的海水工程冷却系统取水工程设计，其他系统的海水取水工程设计可参照执行
16	HY/T 187.2—2015	海水循环冷却系统设计规范 第2部分：排水技术	国家海洋局	2015－7－30	2015－10－1		本部分规定了海水循环冷却系统排水工程设计的技术要求。本部分适用于新建、改建和扩建的海水工程冷却系统排水工程的设计，其他系统的海水排水工程设计可参照执行
17	HJ 2046—2014	火电厂烟气脱硫工程技术规范 海水法	环境保护部	2014－12－19	2015－3－1	北京龙源环保工程有限公司，中国环境科学学会	本标准规定了火电厂烟气海水脱硫工程的设计、施工及安装、调试、验收和运行管理技术要求。本标准为指导性标准

续表

序号	标　准　号	标准名称	发布部门	发布日期	实施日期	起草单位	适　用　范　围
18	DL/T 5436—2009	火电厂烟气海水脱硫工程调整试运及质量验收评定规程	国家能源局	2009–7–22	2009–12–1	北京博奇电力科技有限公司、北京龙源环保工程有限公司	本标准规定了火电厂烟气海水脱硫工程启动调整试运和验收评定的基本标准和要求。本标准适用于新建、扩建和改建火电厂烟气海水脱硫工程调整试运及质量验收评定工作
19	NB/T 25008—2011	核电厂海水冷却系统腐蚀控制与电解海水防污	国家能源局	2011–7–28	2011–11–1	苏州热工研究院有限公司、江苏核电有限公司、国核工程有限公司	本标准规定了核电厂调试文件体系的主要构成文件和各调试文件应涉及的主要内容。本标准适用于核电厂调试所涉及技术文件的编制。不包括调试质保大纲、调试管理相关的文件和程序

附录 C 我国海水淡化主要标准详情表

序号	标 准 号	标准名称	发布部门	发布日期	实施日期	起草单位	适 用 范 围
1	GB 5749—2006	生活饮用水卫生标准	卫生部、国家标准化管理委员会	2006-12-29	2007-7-1	中国疾病预防控制中心环境与健康相关产品安全所、广东省卫生监督所、浙江省卫生监督所	本标准规定了生活饮用水质卫生要求、生活饮用水水源水质卫生要求、集中式供水单位卫生要求、二次供水卫生要求、涉及生活饮用水安全产品卫生要求、水质监测和水质检验方法。本标准适用于城乡各类集中式供水的生活饮用水。也适用于分散式供水的生活饮用水
2	GB/T 5750.1～5750.13—2006	生活饮用水标准检验方法	卫生部、国家标准化管理委员会	2006-12-29	2007-7-1	中国疾病预防控制中心环境与健康相关产品安全所、广东省卫生监督所、浙江省卫生监督所等	本标准规定了生活饮用水质卫生要求、生活饮用水水源水质卫生要求、集中式供水单位卫生要求、二次供水卫生要求、涉及生活饮用水安全产品卫生要求、水质监测和水质检验方法。本标准适用于城乡各类集中式供水的生活饮用水。也适用于分散式供水的生活饮用水

续表

序号	标准号	标准名称	发布部门	发布日期	实施日期	起草单位	适用范围
3	GB/T 23609—2009	海水淡化装置用铜合金无缝管	国家质量监督检验检疫总局、国家标准化管理委员会	2009-4-15	2010-2-1	浙江海亮股份有限公司、中铝上海铜业有限公司负责起草，高新张铜股份有限公司参与起草	本标准规定了海水淡化装置用铜合金无缝管的要求、试验方法、检验规则和包装、标志、运输、贮存及订货单（或合同）内容等。本标准适用于海水淡化及其他脱盐装置用铜合金无缝管
4	GB/T 32569—2016	海水淡化装置用不锈钢焊接钢管	国家质量监督检验检疫总局、国家标准化管理委员会	2016-2-24	2017-1-1	湖南湘投金天新材料有限公司、山东泰山钢铁集团有限公司、江苏武进不锈股份有限公司、成都共同管业有限公司、山西太钢不锈钢管有限公司、湖南格仑新材股份有限公司	本标准规定了海水淡化装置用不锈钢焊接钢管的尺寸、外形及允许偏差、技术要求、试验方法、检验规则、包装、标识和质量证明书。本标准适用于海水淡化装置热交换器用不锈钢焊接钢管
5	GB/T 31327—2014	海水淡化预处理膜系统设计规范	国家质量监督检验检疫总局、国家标准化管理委员会	2014-12-5	2015-6-1	杭州水处理技术研究开发中心有限公司、天津膜天膜科技股份有限公司、山东招金膜天有限责任公司、西斗门膜工业有限公司、南京工业大学、华东理工大学	本标准规定了海水淡化预处理膜系统的组件选择、设备选型、系统设计、以及自动化控制等。本标准适用于以超（微）滤膜过滤海水淡化表水的压力驱动型膜系统设计，应用于其他水处理工程的超（微）滤膜系统的设计可参照使用

续表

序号	标准号	标准名称	发布部门	发布日期	实施日期	起草单位	适用范围
6	GB/T 31328—2014	海水淡化反渗透系统管理运行规范	国家质量监督检验检疫总局，国家标准化管理委员会	2014-12-5	2015-6-1	杭州水处理技术研究开发中心有限公司，国家海洋局天津海水淡化与综合利用研究所，西斗门膜工业（火炬）有限公司，蓝星（杭州）膜工业有限公司，中国冶金科工集团有限公司，舟山市六横水务有限公司，天津膜天膜科技股份有限公司	本标准规定了海水淡化反渗透系统运行管理的工作内容，包括运行准备、运行管理，安全、健康和环境要求等。本标准适用于日产千吨级以上的海水淡化反渗透系统的运行管理，其他反渗透系统的运行管理参照使用
7	GB/T 32359—2015	海水淡化反渗透膜装置测试评价方法	国家质量监督检验检疫总局，国家标准化管理委员会	2015-12-31	2016-5-1	杭州水处理技术研究开发中心有限公司，国家海洋局天津海水淡化与综合利用研究所，蓝星（杭州）膜工业有限公司，山东招金膜天有限责任公司，国家海洋标准计量中心，天津膜天膜科技股份有限公司，中国海洋大学，天津工业大学	本标准规定了开展海水淡化反渗透膜装置测试评价的要求、项目以及对膜装置进行测试，计算海水为进水、产水规模不小于100 m³/d，采用海水淡化的一级反渗透海水膜装置。其他规模和类型的海水淡化反渗透膜装置测试评价可参照使用

续表

序号	标 准 号	标准名称	发布部门	发布日期	实施日期	起草单位	适 用 范 围
8	GB/T 30299—2013	反渗透能量回收装置通用技术规范	国家质量监督检验检疫总局，国家标准化管理委员会	2013-12-31	2014-8-1	中冶海水淡化技资有限公司，中冶连铸技术工程股份有限公司，南方泵业股份有限公司，天津大学，天津膜天膜工程技术有限公司	本标准规定了反渗透能量回收装置的分类与型号、要求、试验方法、检验规则，以及标志、包装、运输和贮存的要求。本标准适用于反渗透法海水淡化、苦咸水淡化等能式能量回收系统的功交换式能量回收装置
9	GB/T 33542—2017	多效蒸馏海水淡化装置通用技术要求	国家质量监督检验检疫总局，国家标准化管理委员会	2017-3-9	2017-10-1	国家海洋局天津海水淡化与综合利用研究所	本标准规定了多效蒸馏海水淡化装置的技术要求、试验方法及检验规则。本标准适用于多效蒸馏海水淡化装置的设计、制造、检验及验收
10	GB/T 33463.1—2017	钢铁行业海水淡化技术规范 第1部分：低温多效蒸馏法	国家质量监督检验检疫总局，国家标准化管理委员会	2017-2-28	2017-11-1	首钢京唐钢铁联合有限责任公司，中冶海水淡化投资有限公司，北京首钢国际工程技术有限公司，冶金工业信息标准研究院	本部分规范了钢铁行业低温多效蒸馏海水淡化系统的术语和定义、介质要求、系统要求、材料及设备要求、运行、维护与监测、检验方法。本部分适用于钢铁行业采用低温多效蒸汽通过低温多效蒸馏海水淡化系统制取淡水，其他行业也可参照执行。对低温多效蒸馏海水反渗透耦合系统（MED-SWRO）中"低温多效蒸馏系统（MED）"也适用

续表

序号	标 准 号	标准名称	发布部门	发布日期	实施日期	起草单位	适 用 范 围
11	GB/T 51189—2016	火力发电厂海水淡化工程调试及验收规范	住房和城乡建设部、国家质量监督检验检疫总局	2016 - 8 - 26	2017 - 4 - 1	中国电力企业联合会、西安热工研究院有限公司、神华国华（北京）电力研究院有限公司、华能国际电力股份有限公司玉环电厂	主要技术内容涵盖海水淡化系统设备单体调试、海水淡化系统预处理系统调试、海水淡化反渗透系统调试、系统调试适用于采用反渗透技术或低温多效蒸馏技术海水淡化工程的调试及验收。本规范适用于低温多效蒸馏技术的火力发电厂海水淡化工程的调试及验收
12	HY/T 074—2003	膜法反渗透海水淡化工程设计规范	国家海洋局	2003 - 12 - 24	2004 - 4 - 1	国家海洋局杭州水处理技术研究开发中心	本规范规定了以反渗透技术为核心的海水淡化工程设计的一般原则和方法。本规范适用于反渗透海水淡化的工程设计，对反渗透法苦咸水淡化工程和其他方法海水淡化的工程，其公用和辅助设施的设计可参照使用
13	HY/T 108—2008	反渗透能量回收装置	国家海洋局	2008 - 3 - 31	2008 - 4 - 1	国家海洋局天津海水淡化与综合利用研究所、石家庄海阔捷能科技有限公司	本标准规定了反渗透用能量回收装置的分类、技术要求、测试方法、检验规则、标志、包装、运输和贮存。本标准适用于反渗透海水或苦咸水淡化用能量回收装置的生产、检验

续表

序号	标 准 号	标准名称	发布部门	发布日期	实施日期	起草单位	适 用 范 围
14	HY/T 109—2008	反渗透高压泵技术要求	国家海洋局	2008-3-31	2008-4-1	国家海洋局天津海水淡化与综合利用研究所、沈阳水泵股份公司	本标准规定了反渗透适用高压泵的分类与型号、要求、检测、检验规则、标志、包装、运输和贮存
15	HY/T 034.2—1994	电渗析技术 异相离子交换膜	国家海洋局	1994-12-17	1995-7-1	国家海洋局杭州海水淡化和水处理技术开发中心	本标准规定了电渗析异相离子交换膜的技术要求、试验方法、检验规则、标志、包装、运输、贮存。本标准主要适用于电渗析水处理过程中异相离子交换膜的系列产品
16	HY/T 115—2008	蒸馏法海水淡化工程设计规范	国家海洋局	2008-3-31	2008-4-1	国家海洋局天津海水淡化与综合利用研究所负责、国家海洋标准计量中心参与	本标准规定了蒸馏法海水淡化工程的厂址选择、厂区设计、划、海水预处理、工程设计、产品水水质、浓盐水、冷却水及清洗液排放的基本要求
17	HY/T 106—2008	多效蒸馏海水淡化装置通用技术要求	国家海洋局	2008-3-31	2008-4-1	国家海洋局天津海水淡化与综合利用研究所负责、众和海水淡化工程有限公司参加	本标准规定了多效蒸馏（不包括机械压汽蒸馏）法海水淡化装置的技术要求、试验方法、检验规则及标志、包装和贮存。本标准适用于多效蒸馏海水淡化装置的设计、生产、验收、检验

续表

序号	标　准　号	标准名称	发布部门	发布日期	实施日期	起草单位	适　用　范　围
18	HY/T 116—2008	蒸馏法海水淡化蒸汽喷射装置通用技术要求	国家海洋局	2008-3-31	2008-4-1	国家海洋局天津海水淡化与综合利用研究所	本标准规定了蒸馏法海水淡化装置所使用的蒸汽喷射装置的技术要求、试验方法、标志、包装和运输。本标准适用于多效蒸馏、机械压缩蒸馏、多级闪蒸海水淡化装置使用的蒸汽压缩喷射泵、蒸汽喷射真空泵等蒸汽喷射装置
19	YB/T 4256.2—2016	钢铁行业海水淡化技术规范 第2部分：低温多效水电耦合共生技术要求	工业和信息化部	2016-7-11	2017-1-1	首钢京唐钢铁联合有限责任公司、冶金工业信息标准研究院	本部分规定了钢铁行业低温多效水电耦合共生技术的术语和定义、工艺及原理、介质要求、系统要求、运行与维护。本部分适用于钢铁行业低温多效水电耦合共生系统、电力、化工等其他行业也可参照执行
20	YB/T 4256.3—2016	钢铁行业海水淡化技术规范 第3部分：低温多效蒸发器酸洗要求	工业和信息化部	2016-7-11	2017-1-1	首钢京唐钢铁联合有限责任公司、北京科泰兴达高新技术有限公司	本部分规定了钢铁行业低温多效蒸馏海水淡化装置酸洗的术语和定义、酸洗总则、酸洗前准备工作、酸洗过程与监测、酸洗效果的要求，全保证低温多效酸洗装置安全。本部分适用于蒸馏海水淡化装置多效、电力、化工等其他行业也可参照执行

续表

序号	标准号	标准名称	发布部门	发布日期	实施日期	起草单位	适用范围
21	HY/T 113—2008	纳滤膜及其元件	国家海洋局	2008-3-31	2008-4-1	国家海洋局天津海水淡化与综合利用研究所	本标准规定了纳滤膜及其元件的分类与型号、要求、检测、检验规则、标志、包装、运输与储存。本标准适用于纳滤膜及其元件的生产、验收、检验
22	DL/T 1285—2013	低温多效蒸馏海水淡化装置技术条件	电力行业电站汽轮机标准化技术委员会	2013-11-28	2014-4-1	神华国华（北京）电力研究有限公司	本标准规定了低温多效蒸馏海水淡化装置性能、结构、制造、检验、储存、运输和安装等方面的总体技术要求。本标准适用于低温多效蒸馏海水淡化装置的选型、监造和验收
23	DL/T 1280—2013	低温多效蒸馏海水淡化装置调试技术规定	电力行业电站汽轮机标准化技术委员会	2013-11-28	2014-4-1	神华国华（北京）电力研究有限公司	本标准规定了低温多效蒸馏海水淡化装置调试的基本工作程序和要求。适用于火力发电厂低温多效蒸馏海水淡化装置的调试

续表

序号	标准号	标准名称	发布部门	发布日期	实施日期	起草单位	适用范围
24	CB 1397—2008	板式海水淡化装置规范	国防科学技术工业委员会	2008-3-17	2008-10-1	中国船舶工业综合技术经济研究院、秦皇岛山船重工机械有限公司、常州飞华船用设备有限公司	本规范规定了板式海水淡化装置的要求、质量保证规定和交货准备等。本规范适用于板式大于间介质设计压力不大于0.6MPa，以缸套水、低压废汽或饱和蒸汽为热源，蒸发器和冷凝器为板式结构，采用真空沸腾蒸馏将海水转化为淡水的装置的设计、制造和验收
25	CB/T 3753—1995	反渗透海水淡化装置	中国船舶工业总公司	1995-12-19	1996-8-1	常州能源设备总厂、中国船舶工业总公司603所	本标准规定了反渗透海水淡化装置的分类、技术要求、试验方法、标志、包装、运输和贮存。本标准适用于设计压力不大于7.0MPa，进水温度为0~35℃，采用反渗透法从海水中制取淡水的装置
26	CB/T 841—1999	管式海水淡化装置	中国船舶工业总公司	1999-4-30	1999-8-1	中国船舶工业总公司第七研究院704研究所	本标准规定了管式海水淡化装置的产品分类、技术要求、试验方法、检验规则和标准、包装、贮存等。本标准适用于以柴油机缸套水废热或蒸汽为热源，采用真空沸腾蒸馏法，将海水转化为淡水的淡化装置

续表

序号	标　准　号	标准名称	发布部门	发布日期	实施日期	起草单位	适　用　范　围
27	CB/T 3803—2005	喷淋式海水淡化装置	国防科学技术工业委员会	2005 - 12 - 12	2006 - 5 - 1	中国船舶工业综合技术经济研究院、常州能源设备总厂有限公司	本标准规定了喷淋式海水淡化装置的分类、要求、试验方法、检验规则以及标志、包装、运输和贮存。本标准适用于以热水或蒸汽为热源、采用喷淋方式、真空沸腾蒸馏、将海水转化为淡水的喷淋式海水淡化装置的设计、制造和检验喷淋式海水淡化
28	JB/T 13152—2017	反渗透海水淡化高压泵	全国泵标准化技术委员会	2017 - 4 - 12	2018 - 1 - 1	江苏大学、山东双轮股份有限公司、上海东方泵业（集团）有限公司等	本标准规定了反渗透海水淡化高压泵的术语和定义、型式与基本参数、技术要求、工厂检查和试验、交付准备、标识、包装、运输和贮存。本标准适用于反渗透海水淡化装置中的多级海水淡化高压泵
29	JB/T 13153—2017	反渗透海水淡化高压增压泵	全国泵标准化技术委员会	2017 - 4 - 12	2018 - 1 - 1	合肥华升泵阀股份有限公司、南方泵业股份有限公司、嘉利特荏原泵业有限公司等	本标准规定了反渗透海水淡化高压增压泵与反渗透海水淡化高压泵的型式与基本参数、技术要求、工厂检查和试验、交付准备、标识、包装、运输和贮存。本标准适用于反渗透海水淡化装置中卧式、单级、离心式高压增压泵

参 考 文 献

［1］　阮国岭，高从堦. 海水资源综合利用装备与材料［M］. 北京：化学工业出版社，2017.

［2］　栾维新，等. 我国海水利用产业化研究［M］. 北京：海洋出版社，2010.

［3］　乔世珊，田玉龙，史晓明，等. 海水淡化技术及应用［M］. 北京：中国水利水电出版社，2007.

［4］　高从堦. 海水利用（含海水淡化）在中国的发展［C］//东北亚地区地方政府联合会海洋与渔业专门委员会. 海洋资料科学技术论坛论文集. 烟台，2011：1.

［5］　侯纯扬. 海水冷却技术［J］. 海洋技术学报，2002，21（4）：33－40.

［6］　胡明明，陈冲，姚深，等. 我国海水利用及其环境影响分析［J］. 广东化工，2016，43（12）：118－120.

［7］　张晓波，潘卫国，郭瑞堂，等. 海水脱硫技术应用及比较［J］. 上海电力学院学报，2011，27（1）：37－41.

［8］　张雨山，王静，寇希元，等. 大生活用海水技术［J］. 海岸工程，2000（1）：73－77.

［9］　苗英霞，王树勋，郝建安，等. 对我国海水冲厕立法的思考［J］. 水资源保护，2014（4）：93－96.

［10］　高从堦，陈国华. 海水淡化技术与工程手册［M］. 北京：化学工业出版社，2004.

［11］　中华人民共和国科学技术部，国家海洋局. 海水淡化与综合利用关键技术和装备成果汇编［G/OL］.（2015－11－02）［2017－06－13］. http://www. most. gov. cn/tz-tg/201512/W020151204509620781148. pdf.

［12］　张百忠. 多级闪蒸海水淡化技术［J］. 一重技术，2008（4）：48－49.

［13］　尹建华，吕庆春，阮国岭. 低温多效蒸馏海水淡化技术［J］. 海洋技术学报，2002，21（4）：22－26.

［14］　孙小寒，苏成龙，王建友. 离子选择性电渗析处理海水淡化浓海水［J］. 水处理技术，2015（11）：86－91.

［15］　SDPLAZA 海水淡化网. 沙特太阳能海水淡化项目 Al Khafji 运行模式视频［EB/OL］.（2016－07－27）［2017－06－15］. http://www. sdplaza. com. cn/article－3511－1. html.

［16］　华贲，熊永强. 中国 LNG 冷能利用的进展和展望［J］. 天然气工业，2009（5）：107－111.

［17］　唐娜，弓家谦，何国华，等. 海水淡化水矿化工艺研究［J］. 水处理技术，2014，40（07）：29－31，35.

［18］　翟晓飞，张宇峰，孟建强. 海水除硼方法研究进展［J］. 天津工业大学学报，2013，

32（03）：28 – 32，36.

[19] 刘艳辉，潘献辉，葛云红. 反渗透海水淡化脱硼技术研究现状 [J]. 中国给水排水，2008，24（24）：91 – 93.

[20] 左世伟，解利昕，李凭力，等. 海水淡化水矿化过程研究 [J]. 化学工业与工程，2010，27（02）：163 – 166.

[21] 孙权，张蕾，程鹏高，等. CO_2溶解天然石灰石法矿化海水淡化水中试研究 [J]. 水处理技术，2015（10）：116 – 118.

[22] 樊娟，李浩宾，王文琴，等. 海水淡化水进入市政管网的水质化学稳定性研究进展 [J]. 供水技术，2016，10（5）：1 – 5.

[23] 成玉，王树勋，姜天翔，等. 大生活用海水技术研究现状及进展 [J]. 海洋开发与管理，2013，30（S1）：52 – 55.

[24] 刘万兵. 海水淡化膜法与热法方案综合比较 [J]. 广东化工，2014，41（16）：114 – 115.

[25] 中国科学院兰州文献情报中心，中国科学院资源环境科学信息中心. 联合国发布《2017 年联合国世界水资源发展报告》[J]. 科学研究动态监测快报（资源环境科学专辑），2017（8）：6 – 7.

[26] 柳文华，苏仁琼. 国内外海水利用发展与趋势对比分析 [J]. Advances in Marine Sciences，2015，2（1）：1 – 6.

[27] 张佩，冯丽娟，张静伟，等. 烟气海水脱硫工艺技术基础研究及工业应用发展现状 [J]. 化工进展，2009，28（S2）：267 – 271.

[28] 郭鲁钢，王海增，朱培怡，等. 海水脱硫技术现状 [J]. 海洋技术，2006（03）：10 – 14.

[29] 阮国岭. 海水淡化工程设计 [M]. 北京：中国电力出版社，2013.

[30] Rittenhouse R – C. Salt water cooling tower retrofit experience [J]. Power Engineering，1994，98（6）：26 – 29.

[31] 石诚，罗书祥，廖内平，等. 德国大型自然通风冷却塔、海水自然通风冷却塔和烟道式自然通风冷却塔简介 [J]. 电力建设，2008，29（5）：82 – 85.

[32] 国家海洋局. 2015 年全国海水利用报告 [R/OL]. （2016 – 08 – 31）[2017 – 07 – 03]. http://www.soa.gov.cn/zwgk/hygb/hykjnb_2186/201608/t20160831_53086.html.

[33] 国家发展改革委，国家海洋局. 关于印发《全国海水利用"十三五"规划》的通知：发改环资〔2016〕2764 号[A/OL]. （2016 – 12 – 28）[2017 – 07 – 10]. http://www.ndrc.gov.cn/zcfb/zcfbghwb/201612/t20161230_833749.html.

[34] 阮春菊. 推进海水利用规模化的思考与建议 [N/OL]. 中国海洋报，2018 – 04 – 10 [2017 – 07 – 10]. http://www.oceanol.com/content/201804/10/c75872.html.

[35] 付健，王亦宁，钟玉秀. 关于我国海水淡化利用管理体制的思考 [J]. 水利发展研究，2012，12（01）：6 – 10.

[36] 李明昕. 2017 年上半年海水利用业运行情况[R/OL]. （2017 – 09 – 27）[2017 – 10 – 16]. http://www.cme.gov.cn/info/1459.jspx.

[37] 吴水波，赵河立，邵天宝. 我国海水淡化行业标准化现状分析 [J]. 给水排水，2011，47（6）：123－127.

[38] 张大全，樊智峰，高立新. 我国海水淡化领域标准体系建设探讨 [J]. 质量与标准化，2016（10）：42－45.

[39] 全国人民代表大会常务委员会. 中华人民共和国标准化法 [A/OL]. （2017－11－04）[2017－12－07]. http://www. npc. gov. cn/npc/xinwen/2017－11/04/content_2031446. htm.

[40] 久岚颖，吴水波，侯平平. 海水利用工程装备标准化工作探析 [J]. 标准科学，2017（3）：65－68.

[41] 刘伟忠，徐友浩. 天津市水资源可持续利用对策研究 [J]. 水资源与水工程学报，2007，18（6）：92－94.

[42] 邓方方. 沧州市现状水水资源供需分析及对策 [J]. 水利规划与设计，2017（3）：25－28.

[43] 聂汉江，陈莹，赵辉，等. 海岛型城市开发利用非常水源存在的问题与对策——以舟山市为例 [J]. 水利经济，2015，33（4）：62－65.

[44] 佚名. 深圳建成我国首家海水脱硫示范工程 [J]. 河南化工，1999（5）：23.

[45] 吕慧，兰凤春. 海水法烟气脱硫工艺在国内火电厂的应用研究 [J]. 吉林电力，2007（4）：23－26，30.

[46] 李勇. 后石电厂 600MW 机组海水脱硫工艺特点及调试介绍 [J]. 山东电力技术，2001（2）：57－59，64.

[47] 张国辉. 青岛市海水综合利用及海水淡化产业发展战略研究 [J]. 建设科技，2015（1）：29－31.

[48] 浙江省物价局. 关于转发国家发展改革委调整销售电价分类结构有关问题的通知：浙价资〔2013〕273 号 [A/OL]. （2013－10－25）[2017－12－12]. http://jx. zjzw-fw. gov. cn/art/2014/5/30/art_24517_23986. html.

[49] 浙江省财政厅，浙江省水利厅. 关于印发浙江省水利骨干工程专项资金管理办法的通知：浙财农〔2011〕5 号 [A/OL]. （2011－01－06）[2017－12－10]. http://www. zjczt. gov. cn/art/2011/1/6/art_1175034_1669303. html.

[50] Candy. 青岛百发及董家口两大海水淡化项目将享优惠电价 [N/OL]. 青岛日报，（2017－11－29）[2017－12－12]. http://www. sdplaza. com. cn/article－4817－1. html.

[51] 王锐浩，刘玮，黄鹏飞，等. 海岛地区非常规水资源开发利用现状及保障对策研究 [J]. 环境科学与管理，2015，40（10）：18－21.

[52] 郭继山. 发展海水淡化矿化打造城市战略水源 [R/OL]. （2017－09－07）[2017－12－15]. http://www. sdjs. gov. cn/art/2017/9/7/art_5829_393071. html.

[53] 天津市人民政府办公厅. 关于转发市海洋局拟定的天津市建设海洋强市行动计划（2016－2020 年）的通知：（津政办发〔2017〕4 号）[A/OL]. （2017－01－09）[2017－12－15]. http://www. tjzb. gov. cn/2017/system/2017/01/20/010001483. shtml.

[54] 舟山市发展和改革委员会（统计局）.舟山市海水淡化产业发展"十三五"规划（2016—2020 年）［A/OL］.（2016 - 05）［2017 - 12 - 16］.https://max.book118.com/html/2016/1204/68045410.shtm.

[55] 山东省地方志办公室.地理资源［R/OL］.（2014 - 05 - 14）［2017 - 07 - 10］.http://www.shandong.gov.cn/art/2014/5/14/art_2961_71095.html.

[56] 《中国河湖大典》编撰委员会.中国河湖大典：淮河卷［M］.北京：中国水利水电出版社，2010.

[57] 秦玉生，王安娟，孟玲，等.日照市地表水资源特性分析［J］.山东水利，2003（4）：29，31.

[58] 龚政，张东生.江苏入海河道河口治导线研究［C］//中国海洋湖沼学会水文气象分会、中国海洋湖沼学会潮汐及海平面专业委员会、中国海洋湖沼学会计算海洋物理专业委员会、山东海洋湖沼学会.中国海洋湖沼学会水文气象分会、中国海洋湖沼学会潮汐及海平面专业委员会、中国海洋湖沼学会计算海洋物理专业委员会、山东（暨青岛市）海洋湖沼学会 2007 年学术研讨会论文摘要集.2007：74 - 76.

[59] 汪宁.黄渤海海洋水文气象环境极值分布特征研究［J］.环球人文地理，2014（18）：85 - 86.

[60] 徐韬，段衍衍，杨涛，等.南通市水资源供需平衡与承载力研究［J］.水电能源科学，2015，33（7）：34 - 38.

[61] 王德维，冉四清，周云，等.连云港市水资源量调查评价［C］//中国水利技术信息中心、东方园林生态股份有限公司.2016 第八届全国河湖治理与水生态文明发展论坛论文集.2016：237 - 243.

[62] 中华人民共和国水利部.2015 年中国水资源公报［M/OL］.北京：中国水利水电出版社，2015.

[63] 吉玉高，张健.江苏省农田灌溉水有效利用系数测算分析研究［J］.中国水利，2016（11）：13 - 15.

[64] 烟台市水利局.烟台市历年供用水量统计表（2013—2016）［DS］.（2017 - 07 - 14）［2017 - 08 - 04］.

[65] 佚名.青岛海水能综合利用迎接新辉煌［N/OL］.青岛日报，2006 - 12 - 18［2017 - 07 -13］.http://www.qingdaonews.com/gb/content/2006 - 12/18/content_7705757.htm.

[66] 陈东景，于婧，江世浩，等.大生活用海水使用状况调查与思考——以青岛市海之韵小区为例［J］.海洋经济，2013，3（5）：10 - 14.

[67] 张相忠，于连莉.沿海缺水城市水资源开发利用的新途径——大生活用海水技术应用初探［C］//中国城市规划学会.多元与包容——2012 中国城市规划年会论文集（07.城市工程规划）.2012：396 - 400.

[68] 李志毅.关于我市海水综合利用的建议［EB/OL］.（2016 - 08 - 02）［2017 - 12 -12］.http://www.rzzx.gov.cn/ta/view.asp? fid＝153&id＝1946.

[69] 日照市水利局.日照市海水利用状况简介［R］.（2017 - 07）［2017 - 08 - 13］.

[70]　烟台市水利局. 烟台市海水淡化工作汇报 [R]. (2017 - 07 - 04) [2017 - 08 - 14].

[71]　住建部. 山东威海: 大力开发非常规水利用, 建设国家节水型城市 [R/OL]. (2017 - 05 - 16) [2017 - 08 - 20]. http://news. 163. com/17/0516/10/CKI63O8O00014SHF. html.

[72]　华能威海发电有限责任公司. 华能威海电厂海水利用情况汇报 [R]. (2017 - 07) [2017 - 08 - 16].

[73]　华能威海发电有限责任公司. 华能威海电厂用水、节水情况汇报 [R]. (2017 - 07 - 07) [2017 - 08 - 16].

[74]　刘洁. 一电厂日用水仅为 500 吨 [N/OL]. 大众网-齐鲁晚报, 2010 - 03 - 23 [2017 - 08 - 23]. http://news. sina. com. cn/c/2010 - 03 - 23/080217259204s. shtml.

[75]　威海热电集团有限公司. 威海热电集团有限公司中水深度加工资源化利用项目简介 [R]. (2017 - 07) [2017 - 08 - 23].

[76]　佚名. 海水利用现状 [R/OL]. [2017 - 08 - 23]. https://max. book118. com/html/2015/0911/25149797. shtm.

[77]　山东省环境保护科学研究设计院. 山东国华寿光电厂 "上大压小" 新建项目环境影响报告书 [R/OL]. (2013 - 06) [2017 - 09 - 05]. https://max. book118. com/html/2017/0410/99736389. shtm.

[78]　山东海化集团有限公司. 山东海化集团一水多用情况介绍 [R]. (2017 - 07 - 21) [2017 - 09 - 07].

[79]　大唐鲁北发电有限责任公司. 大唐鲁北发电有限责任公司循环水 (海水) 使用情况说明. (2017 - 07 - 24) [2017 - 09 - 07].

[80]　李森. 海水 "榨" 出百种产品沾化着力发展海洋循环经济 [EB/OL]. (2011 - 10 - 04) [2017 - 09 - 10]. http://news. 163. com/11/1004/15/7FHHLNM100014JB5. html.

[81]　盐城市水利局. 盐城市海水利用调查表 [DS]. (2017 - 08) [2017 - 09 - 11]

[82]　束德方, 范兴业. 连云港市非传统水源利用现状与思考 [J]. 江苏水利, 2015 (4): 33 - 34.

[83]　苑祥伟, 于军亭, 张克峰, 等. 青岛市海水利用的现状分析与对策措施 [J]. 净水技术, 2011, 30 (06): 1 - 4.

[84]　青岛市水利局. 关于印发《青岛市水源建设及配置 "十三五" 规划》的函: 青水发 [2016] 347 号 [A/OL]. (2016 - 09 - 10) [2017 - 09 - 12]. http://www. qingdao. gov. cn/n172/n24624151/n24627235/n24627249/n24627263/170103111912105276. html.

[85]　刘长余, 赵培青. 论南水北调东线山东段工程规划 [J]. 水利规划与设计, 2007 (2): 4 - 6.

[86]　李鹏, 肖飞, 高海菊. 我国海水淡化产业发展趋势与探讨 [J]. 东北水利水电, 2016, 34 (2): 66 - 68.

[87]　南通市人民政府. 落实五大发展理念推进最严格水资源管理——最严格水资源管理制度解读 [R/OL]. (2017 - 12 - 31) [2018 - 01 - 12]. http://jyj. nantong. gov. cn/

ntsrmzf/zjjd/content/22560169 – 6d67 – 4249 – 98da – c6c005fbc40b. html.

[88] 山东省水利厅. 山东省水安全保障总体规划［A/OL］.（2017 – 12 – 23）［2018 – 01 – 16］. http://www. sdwr. gov. cn/zwgk/xxgk/xxgkml/201801/t20180105_1063832. html.

[89] 傅春晓. 青岛海水淡化将"三步走"提升城市供水保证率［N/OL］. 青岛晚报, 2017 –11 – 26［2017 – 12 – 05］. http://www. dzwww. com/shandong/sdnews/201711/t20171126_16707738. htm.

[90] 烟台市农业与海洋渔业局. 万华烟台工业园海水综合利用项目取排海水设施工程海洋环评公示（第一次）［EB/OL］.,（2015 – 11 – 23）［2018 – 01 – 13］. http://www. ye-da. gov. cn/xxgk_xiangqingxxgk – 26be65581dc142d6aaf088071151e517. htm.